水危機　ほんとうの話

沖大幹

新潮選書

目次

水危機　ほんとうの話

まえがき

私は「水文学」の研究者である。「水文学」は「すいもんがく」と読む。天文学が「天」(宇宙)のすべてに関する学問であり、人文学が「人」に関わるすべてを取り扱う学問であるのと同じ様に、水文学は「水」にまつわる森羅万象を対象とする学問である。
国際連合教育科学文化機関(UNESCO：ユネスコ)が1964(昭和39)年に国際水文学10年計画(IHD)を立案した。政府間パネルによって合意されたその計画文書には、次のような定義が掲げられている。

水文学(hydrology：ハイドロロジー)は地球上の水を扱う科学である。この惑星上での水の発生、循環や分布、水の物理的ならびに化学的特性、そして物理的・生物的環境と水との相互作用を対象とし、人間活動に対する水の応答を含む。水文学は地球上の水循環全体の「体系的記述」を取り扱う分野である。

人間活動を自然科学の対象に含めることには当時異論も出されたようだ。しかし今では、我々を取り巻く「現実の(real)」環境は人間活動の影響を強く受けており、人間活動の影響が全くないと仮定した、いわば仮想的な「自然の（natural）」環境とは大きく異なっている。そのため人間活動も含めた現実の環境がどうなっているのかを解明する学問の重要性が高まっているのである。

ユネスコによるこの水文学の定義は、人間活動を研究対象に含んでいるのみならず、分野横断的かつ統合的である点も含めて、21世紀に発展が期待されている本来の意味での環境科学のあり方を先取りしている。すなわち、科学的真理（アリストテレスの言うエピステーメ）の追求を超えて、技術（テクネ）を踏まえた上で、水という切り口から賢慮（フロネシス）を追求しようとしているのが水文学の進む道である。

本書では地球をめぐる水と、水をめぐる人間との関わりについて、水文学的な視点から紹介する。その前にまず、いくつかのポイントを披露しよう。

水と水循環、いわゆる水危機や水問題、水ビジネスを理解する基本原理は次の通りである。

- 地球上の水は無くならない。水は太陽エネルギーによって循環している再生資源である。
- 貯留されている量（ストック）ではなく、流れている量（フロー）が持続可能な水資源である。
- 利用可能な水資源量は時空間的に偏在しており、変動も激しい。変動の低減が水資源開発である。
- 水は地域的な（ローカルな）資源である。だからこそ愛着が湧く。
- 水を使うということは、水を汚して他人の利用可能性を奪うことである。
- 足りないのは、水質が適切で、安価かつ大量に利用可能な水である。汚れた水はないのと同じだ。
- 水資源は重さあたりで考えると非常に安いが、たくさん必要である。

●水は貯めておいたり運んだりする費用が相対的に高価なので、必要な時に必要な場所に存在しないのなら、利用可能な水資源だとはいえない。
●水が得られない理由は乾燥した気候といった自然環境の問題ではなく、どちらかというと社会の格差や資源の分配、貧困が原因。
●誰かが水を浪費し過ぎているせいで水が使えなくて困っている人がいるというよりは、社会経済的な理由により健康で文化的な生活を送るのに必要充分な水を使えない人がいるのが問題。
●水が足りなくなるとお腹が減る。飲み水が足りなくなるのは最後。

さて、どれかひとつでも何のことかわからなかったとしたら、ぜひ第1章からぱらぱらと眺めて読んでいただきたい。

さらに、水に関する我々の七不思議として本書で指摘する主な点は次の通りである。

●節水は善行で、たくさん使うのはいけないことだと無批判に思っている。
●カロリーベースの食料自給率が低いことよりも、仮想水（バーチャルウォーター）輸入が多いことに驚く。実は日常生活で仮想水を大量に輸入しているとか、ウォーターフットプリントが大きいということを知ると、それだけで罪悪感を覚える。
●ワインやビールだと外国産の輸入に抵抗感を覚えないのに、外国産の水だともったいなく感じる。ペットボトルの水はゴミが問題だと思っても、ペットボトル入りの他の清涼飲料には抵抗がない。
●使ったら無くなるとわかっていても、石油や天然ガスなどの化石燃料の使用はやむを得ないと気にしないのに、化石水（29ページ）は使ってはいけない気がする。
●木を植えると、どんな洪水も渇水も解消されると思っている。
●古い地下水ほど良質で、ありがたい水だと思っている。
●暮らしに欠かせない社会インフラの中で食料供給やエネルギー・交通・通信サービスは民間が担っていても平気なのに、水供給の運営だけは民間よりも官がいいと思う。

以上の7つを読んで、別にそうは思わない、という方もいるかもしれない。しかし、願望に近いものも含めて水に対する多くの人々のこうした思いが、水をめぐる我々の行動を規定している。なぜ水問題が生じているのかを理解し、どういう風に解決すれば良いのかを考える際には合理的な判断だけでは不十分である。本書を読み、科学的、論理的にはどう理解するのが適切かを踏まえた上で、さらに、水をめぐる多くの人々の心象や心情にも配慮できるようになっていただければ大変幸いである。

また、水と人との関わりの紹介を通じてお伝えしたい点は、次の通りである。必ずしも同じ文章が本書のどこかに書かれている、というわけでもない点はご容赦いただきたい。

●世の中には正しいこと、正しくないことに加えて、どうでもいいこと、あるいは判断がつかないことがたくさんある。また、間違ってはいないが正しいともいえないこともいっぱいある。
●水問題の解決だけを考えていてはいけない。作家の椎名誠さんは、以前、対談した際に「人は水のみにて生きるにあらず、生ビールも必要」とおっしゃっていた。さらに、生ビールに加えて、冷蔵庫を冷やすためのエネルギーと肴になる食料も不可欠である。
●水問題に万能の解決策はない。英語では、「銀の弾丸はない」（万能の解決策はない）という言い方をする。
●たいていの人間活動は功罪相半ばする。何か自然に働きかける際にはいいことばかりのはずがない、副作用を忘れていないだろうか、と事前に考えねばならない。
●水や地球環境を守るためには人類は死んだ方がまし、は間違っている。地球を救うのではなく、楽しく豊かな人類の暮らし、夢と希望に満ちた未来を守るために地球環境を守るのだ。生きているだけで丸儲け、と言うではないか。健康であれば、人生は歳を重ねるほど楽しくなる、とコーネル大学の著名な水文学者であるウィルフリード・ブルッツァート先生もおっしゃっている。
●相手を脅して自分の思うようにしむけるのは強盗と同じ。危機を煽るのは良くない。
●良くも悪くもグローバリゼーションが進んだ現代では、世界中、様々な地域の資源、サプライチェーン、土地、労働力、消費力に我々の暮らしは支えられている。主権が及ぶ領土内だけではなく、世界に広がり、直接・間接に我々を支えてくれている「国土」の保全や防災に気を配り、問題の解決に努力するのは自分たちの暮らしを守るためにも当たり前である。

そもそも化石水、処女水、仮想水、緑のダム、白いダム、ウォーターフットプリント、ウォーターニュートラルといった言葉をご存じだろうか。本書では、こうした言葉や概念の解説に加えて、次のような疑問にも答えたい。

- 21世紀は水紛争の世紀になるのか。
- 文明はなぜ限られた大河のほとりにしか勃興しなかったのか。
- なぜ日本の森林は山にあるのか。
- 水は誰のものか。
- ダムは無駄か。
- 貯水池建造による水資源開発におけるレバレッジ効果とは何か。
- なぜ都市の川は暗渠化されたのか。
- 空気（二酸化炭素）の次は水に課金される時代になるのか。
- 水道水がまずいからミネラルウォーターの売り上げが伸びたのか。
- 海洋深層水はなぜ高価なのか。
- 外国資本による水源林の買占めで日本の水資源は失われるのか。
- 水害はなぜ繰り返されるのか。
- なぜ地球温暖化に伴う気候変動ばかりが国内外で注目されるのか。
- 海水淡水化で水問題はすべて解決できるのか。
- なぜもっと人工降雨、気象改変が普及しないのか。
- 世界の水問題を解決するのに一般市民にできることは何なのか。

水ブームとも言える昨今、水や水ビジネスに関する様々な本が出版されている。中には実際の経験に基づいており、非常に勉強になる本もあるが、一方で、孫引き、ひ孫引きで、誰かの言説をまとめただけの本もある。地球上の水の約97・5%は海水だとか、rivalの語源はriverだ、とか書いてある本には要注意である。(29ページと162ページに正答あり)もちろん、悪気はなく、単なる勘違いであったり、希望的思い込みを事実であるかのように書いてある本を鵜呑みにしただけであったり、正解がない話題に対して単に個人的な見解を示しているだけ、という場合もあるだろう。

水をめぐる虚実を明らかにし、誤った論説を糺《ただ》すことは、時として常識を覆し、水に対する美しい誤解を解いてしまうことにもつながりかねない。しかし一方で、なんとなくすっきりしなかった水をめぐる構図が、すとんと腑に落ちて理解できるようになることが期待できる。

私は大学4年生の春に河川水文学を専門とする研究室に配属されて以来、四半世紀以上、水文学の教育・研究に携わってきた。当初の専門はむしろ気象学、大気科学に近く、雨の観測やその時空間変動に関する研究をしていた。1990年頃からは大気と陸域をつなぐグローバルな水循環の研究に取り組み、21世紀になってからは世界の水資源需給といった人間社会が関わる分野にも手を広げた。グローバルな水循環と世界の水資源需給に関する科学技術・学術分野を我々の研究グループが世界的にリードしているという自負がある。

熱帯アジアモンスーンエネルギー水循環観測研究計画や全球水システムプロジェクトなど地球規模の水循環に関わる国際的な共同研究計画の策定やその実行、さらには気候変動に関する政府間パネル(IPCC)の評価報告書の作業部会メンバーなど、研究者としての役目を果たすのみならず、さらに大学人の社会的責任として、日本の水マネジメントの適正化や国際化、あるいはいわゆる水ビジネスの興隆にも水循環の専門家として意見を述べたりお手伝いをしたりもしてきた。

最近では大学での講義以外に、一般市民向けや企業向け、あるいはまったく水とは関係ない学会での講演を頼まれることも多くなったが、水文学の範囲は筆者が関連している部分だけでも広く、短時間ではとても紹介しつくせない。また、新聞やテレビなどマスメディアでの報道は断片的で、それだけを見た人からは不要な誤解を受けることも多々ある。そういうわけで、「これを読めば今お話ししたいことはほぼ全て書いてあります」と言えるようにと取りまとめたのが本書である。

ここで取り上げるのは、読めば儲かったり、健康になったり、あるいは危機や困窮を余儀なくされる危険性を警告する話ではない。しかし、一読していただければ、水から、地球環境と人間社会のある側面がわかった気になることは間違いない。ついでに、研究者の営みも垣間見えることと思う。さらに、水ビジネスで損をしないために知っておく必要のある基礎知識がちりばめられている。

初の単著ということで、本書には新書3冊分もの内容がぎゅっと濃縮されているが、専門家向けではなく、成人文系を想定して平易に書いたつもりである。数式は出てこない。一方、可能な限り幅広く体系立てて書いたつもりなので、一般の方だけではなく、水を専門としているが自分の専門以外の水分野がどうなっているのかに興味がある、あるいは、水分野について幅広く勉強を始めたい、といった方々のお役にも立てることと思う。

尚、各章末に、その章の要諦を箇条書きにしてある。著者の筆力不足のため、難解な部分でつっかえてしまった読者は、その部分を飛ばして、この箇条書きだけにでも目を通していただきたい。最低限、伝えたいことをそこに記しておいた。

第5章で紹介する『ミネラルウォーター・ショック』の著者のロイトは「石油がなくても生きて

いけるが、水がなければ生きられない」と書く。人類1万年の歴史の中で、化石燃料に頼っているのはせいぜいこの200年。しかし、水なしに暮らした時期はない。現代文明に電気は不可欠だが、電気のない時代にも人類は高度な文明を築き、豊かな暮らしを実現してきた。しかし、水だけは必要であり、化石燃料を大量に使う以前から、電気がなくとも水をなんとか確保し供給してきたのである。地球温暖化問題の有無にかかわらず化石燃料の利用は非持続的であり、できるだけ少ない再生可能なエネルギーで我々の存亡に関わる水を上手に利用できるようにしていくことが、持続可能な社会を構築するには不可欠である。

本書がそうしたこれからの社会のあり方を考える一助となれば幸甚である。

第1章　水惑星の文明

乾燥地にあった四大文明

世界の四大文明はいずれも大河のほとりで勃興した、とされる。「エジプトはナイルの賜物」とギリシアの歴史家ヘロドトスが形容しているくらいナイル川なしにエジプト文明の興隆は考えられない。コムギ栽培を生み出したメソポタミア文明はチグリス・ユーフラテス川の肥沃な大地に育まれた。インダス文明も黄河文明もそれぞれインダス川、黄河という川の名前で呼ばれているように、古代文明には大河が不可欠であったという説明はもっともに聞こえる。

そもそも、ヒトを含む動物の生存には水と食料が不可欠であり、食料の生産にも、また、水が必要である。大河の流れが文明構築に欠かせない要素であったというのには何の不思議もない。

私もある時までは「文明は大河のほとりに生まれた」と無邪気に信じていた。しかし、2000年にNHKスペシャルで「四大文明」が取り上げられ、その書籍化の際に四大文明の地を流れる各河川の流量などについての情報提供をNHKから求められた際、奇妙なことに気付いた。それは、「四大文明」はいずれも現在の乾燥地帯に勃興した、という点である。

エジプト・カイロの年降水量は35㎜、メソポタミアの中心地バグダッドの年降水量は69㎜、どちらも東京の年間約1530㎜の1／20にも満たず、平地で草原が維持される目安の降水量、年間200㎜よりもずっと少ない。3000年も4000年も前にはこれらの地域の気候が今とはまったく違っていたという可能性もゼロではないが、気候学的には亜熱帯高圧帯の下降域に覆われる中緯度の半乾燥地域に位置し、昔から雨はそう多くなかったと考えられる。

大河があるからたとえ沙漠であっても構わないはずだ、というのはもっともな意見だが、では逆に、水の存在、あるいは水が使える環境が文明の発生に必要なのであれば、近くを大河が流れていなくとも、雨が多い地域に文明がもっと数多く発生していても良かったのではないだろうか。さらに言えば、いわゆる四大文明の地を流れている川（四大文明河川と、以下呼ぶことにしよう）よりも大きな川が世界にはたくさんあるのに、どうしてそれらの川沿いに古代文明が発達しなかったのであろうか。

四大文明河川のうち、もっとも大きいのはナイル川であり、流域（降った雨がその川へと流れ込む分水嶺で囲まれた地域）の面積が287万㎢で世界第6位、白ナイルのビクトリア湖から河口までの長さ6700㎞にも及ぶ延長は世界第1位である。チグリス・ユーフラテス川、インダス川、黄河はいずれも日本の川に比べると堂々たる大陸の大河であるが、アマゾン川やミシシッピ川、コンゴ川に比べると大河中の大河、というわけではない。つまり、川の大きさだけの問題ではないのだ。

では、四大文明河川は、他にないどういう特徴を持っていたので古代文明を育むことができたのだろうか。

四大文明発祥の地は乾燥地であるが、しかし、四大文明河川の水源域はいずれも多雨地帯である。

多雨地帯に水源を持つ大河川は世界中にあるが、乾燥地を通って海に流れ込んでいる大河川はごくわずか、四大文明河川くらいのものである。沙漠に流れ込んで徐々に流れがやせ細り、消えてしまう内陸の大河川としてはタクラマカン沙漠（のイリ川）などにもあり、彷徨える湖ロプノール湖の畔に栄えたという楼蘭を想起させるが、舟運が物資輸送の主要な手段であった時代には、海に繋がらない水路（河川）沿いの発展には限界があり、文明と呼ばれる規模にはならなかったのだろう。

一方、なぜ乾燥している地域で文明が勃興したのであろうか。植物の光合成量が多ければ多いほど食料生産にはよい条件だが、小学校でも習う通り、光合成には二酸化炭素と水と太陽エネルギーが必要である。

それらのうち、二酸化炭素は大気中に含まれ、地域的な差は大きくない。しかし水に関しては地域的な差が大きい。日本のような稲作社会で暮らしていると、水がないとイネがよく育たなかったり枯れてしまったりするため、食料生産のためには水はあればあるほどいいだろう、と思いがちである。しかし、現代の日本では「日照りに不作なし」と言われる。すなわち、それなりの渇水時にも困らないほどに水を確保する手段がすでに備えられているので、日照りであっても、イネの生育には影響が出ないように水を手当てできるのである。

一方で、現代の日本でも、雨が多いと日照、すなわち太陽エネルギーが不足し、気温も低く冷涼な天候となり、むしろ生育は悪くなる。オホーツク海高気圧の影響で東北地方に冷たい北東風（北東方向から南西方向へ向かう風）が持続的に吹く「やませ」がコメの不作の典型的な要因である。コメの緊急輸入をした1993年も全国的な冷夏で、水不足ではなく日照不足、低温の影響で大不作となった。

逆に、インドシナ半島に位置するタイ王国では、乾季には太陽エネルギーは十分にあるが、まだ水を十分に確保できていない地域が多い。そのため、雨の多さによって作付面積が変わり、雨が少ない年には水が確保できる条件のいい場所にしかそもそも作付けないため、結果として乾季のコメの取れ高が少なくなる、といった状況が観察される。

つまり、川の水が確保できる場所であれば、雨が少なく太陽エネルギーが安定して供給される沙漠的環境の方が農業にはむしろ有利なのである。そして、その「川の水を確保」できる技術を持つようになった社会を我々が文明と呼んでいるからこそ、四大文明は多雨地域を水源に持ち乾燥地を流れる大河沿いに生まれたのである。

さらに、乾燥しているため木材が相対的に貴重であり、貴重な木材は主に燃料として用いられたため石造りの建物が多く、結果として木造建築物よりも後世に残りやすかったこと、そして石造建築物を造るためにも技術が発展したことが文明と呼ばれるに至った要因だろう。また、船が通れないような低湿地では徒歩や家畜に乗った移動が容易ではなく、水系伝染病の危険性とも常に向き合う必要がある。それに対して乾燥地は、雨が降らない限りは舗装せずとも強固な乾燥地面があり、病害虫も少ないなど、様々な利点があり発展しやすかったのである。

インドを挟んでインダス文明の逆側、独立以前は東パキスタンと呼ばれていたバングラディシュの低平地は、雨季には1～2mの水深となる。そうした環境に順応して、水深が深くなるに連れて急激に背を伸ばし、水没して枯れたりせずに育つ浮稲と呼ばれる品種が伝統的に栽培されていた。

しかし、この品種は、せっかく光合成して得た有機物を主に背丈を伸ばすために使うため、人間にとって関心のある食べられる部分にはあまり栄養が回らない。これに対し、1940～60年代に

写真１－１：エジプト・アスワンのナイル川河畔のナイロメーター。右側の壁に刻まれた溝でナイル川の水位が計測されていた。上への階段は10m以上つながっている。（2004年10月著者撮影）

行われた「緑の革命」で導入されたＩＲ８に代表されるような高収量品種は、背丈は低く頭でっかちで倒伏しやすいが、その分面積当たりの収穫量は多い。そこで、近年ではバングラディシュでも、地下水を汲み上げて灌漑をしてまで乾季に栽培をしようとする傾向が強まっているほどである。

写真１－１は、アスワンハイダムのすぐ下流に遺跡として残るナイロメーターという川の水位を定量的に測定する施設で、約４０００年前に作られたものである。ここはカイロから約９００km上流であり、今なら、ナイル川の洪水を予測するのに使うとちょうど良いと考えるかもしれない。しかし、この装置によって測定される水位は、人々の安全を守るためではなかった。

ナイル川の水位上昇量に応じて、周辺

地域のどの範囲まで氾濫するかが決まり、氾濫した面積に応じてコムギなど作物の収穫量が決まるので、どの程度年貢を徴収できるかを見積もるために使われたのである。つまり、ナイル川が氾濫した水が到達した土地では土壌の中に水が浸みこんで貯えられ、コムギを育てることが可能となるが、氾濫水が来なかった地点には水を運ぶこともできず、その年はコムギを植えることすらできなかったのである。

「ナイルの賜物」は、洪水氾濫によって河川周辺の耕地にもたらされる栄養分だ、という解釈が一般的だが、ナイロメーターの利用法から推察すると、雨がほとんど降らないこの地域で、コムギが育つのに必要な土壌水分をもたらす洪水、水そのものがナイルの賜物であったのではないだろうか。現代のエジプトの衛星画像を見ても、ナイル川沿いのほんの狭い範囲だけが緑の植生に覆われ、そのすぐ後ろ側には広大な沙漠が広がっている様子がうかがえる。

近年では、安田喜憲国際日本文化研究センター名誉教授らの研究により、長江にも古代文明があったことが報告されているし、そもそも四大文明という呼び方は日本だけらしい。海外には古代文明が4つ、という概念はないようで、「四大」文明にこだわる必要は実はあまりない。とはいえ、単に文明は大河のほとりに生じた、と考えるよりは、多雨地域を水源とし海へと流れ込む大河の下流乾燥地域に灌漑農業が発達し、そうした灌漑施設を構築し維持する技術の痕跡が現代に至るまで残っているのを指して我々は古代文明と呼んでいる、と考える方がより核心に迫っているのではないだろうか。

地球は水の惑星なのか？

地球は水の惑星、とよく言われる。確かに、宇宙から撮影された地球を見ると、表面の約6割は液体や固体の水の粒である雲で常に覆われており、雲の隙間からは液体の水である海洋が地球表面の約70％を覆っている様子がわかる。大陸上も南北の極域や標高の高い地域は固体の水である雪や氷で覆われていて、さらには水なしでは繁茂できない植物が大陸の広い部分を覆っている。

しかし、地球表面を覆う水の総量は1・4×10の21乗（ゼロが21個並ぶ）kg、約14億㎦と推定されており、地球全体の重さ約6×10の24乗kgのわずか0・02％に過ぎない。地球の重さの約5000分の1である。

たまたま、ヒトの体の6〜7割くらいが水であるということから、「地球の7割も私の7割も水だ……」と感激する方もいるようだが、重さからいうと地球は鉄とニッケルでできた惑星で、表面を水がほんの少しごく薄く覆っているだけ、「水めっき」の惑星なのである。

体積で考えると、約14億㎦の水は直径約1400㎞の球となり、これはほぼ青森から鹿児島くらいの距離、地球直径の約1／10に相当する。つまり、体積に換算すると水の量は地球全体の約1000分の1、約0・1％になる。

さて、地球の水はどこから来たのだろうか。東京大学大学院理学系研究科地球惑星科学専攻の阿部豊准教授と、「人間圏」で有名な惑星科学者の松井孝典東京大学名誉教授等の理論によると、原始地球が形成される最終段階で、微惑星の衝突によってもたらされるエネルギーがある閾値を下回ると、大量の二酸化炭素と水蒸気を含んだ原始大気が冷え始め、凝結した水蒸気が雨となって地上に降り注いで約40億年前に原始海洋が形成されたとされる。この際、原始地球の表面温度は約400K（130℃）、200気圧以上であったと推計されている。

大気上端に存在する水蒸気は、太陽からの光エネルギーによって水素と酸素とに分解され、軽い水素が地球系外に逃げてしまい、結果として地球上の水の量は徐々に減ってしまう。しかし幸いなことに、原始海洋が形成された頃の地球では、地球が冷え始めたおかげで大気上端に含まれる水蒸気の量が少なくなり、失われてしまう水の量は1年あたり約100kg、40億年かけても4×10^{11}kgと、現存する総量約1.4×10^{21}kgに比べると極めてわずかであったと推計されている。

温泉や海底からの噴出水などの一部は、地球が形成されて以来ずっと岩石中に閉じ込められていた水が、地殻深くから新たに浸出してきたものだとみなされ、初めて地球表層の水循環に加わったという意味で「処女水」(juvenile water) と呼ばれていた時代もあった。しかし、そのほとんどは降った雨や雪（降水）が一旦土壌に浸みこんだ後に流出してきたものであると考えられることが溶け込んでいる成分の分析から判明し、現在ではこうした呼び方はほとんどされない。そもそも地球の水が原始地球に降る熱い雨によって表層にもたらされたのだとすれば、はじめから処女水は存在しなかった、ということになる。

高圧高温下のマントルは物性（物質の性質）としてそれなりの量の水を含みうることから、マントルには我々が認識している地球表層の水の3倍もの水が含まれている可能性があるという研究もあるが、まだ実際にどのくらいの水がマントル中に含まれているのか、どの程度表層の水とやりとりがあるのか実証的に確認されているわけではない。また、仮にマントル中に大量の水が含まれているとしても、容易に取り出すことができなければ、水資源としてはないのと同じである。

そういうわけで、地球上の水の総量は約40億年前からほとんど変わらず、地球表層をめぐり続けてきたと考えてよい。

水資源の枯渇、地球の水が危機に瀕している、といった煽り文句に出会うと、あたかも石油や石炭といった化石資源のように、どこかに貯まっている有限の水資源があり、人類がそれを浪費しているためにどんどん埋蔵量が減ってしまっている、といった印象を受けるかもしれないが、そうした見方は間違いである。

では、なぜ、水が足りなくて困っている人がいたりするのだろうか。その前に、まず、地球上の水がどこにどのくらい存在しているのかをみてみよう。

地球の水はどこにあるのか?

図1－1は、地球表層の水がどんなふうに貯えられ循環しているのかを模式的に示したものである。

地球表層の水は、そのほとんど、約96・54%が海洋に貯えられている。地球表面の70%（約3億6000万㎢）を占める海の平均水深は約3700mであるが、もしすべての陸を削って海を埋め立てようとしても、2700mの深さの海が広がる惑星となってしまうほどである。

次に多いと推計されているのが氷河・氷床や積雪など固体の水であり、地球表層の水の約1・74%である。といっても、そのほとんどは南極、そしてグリーンランドに横たわる氷の塊、氷床

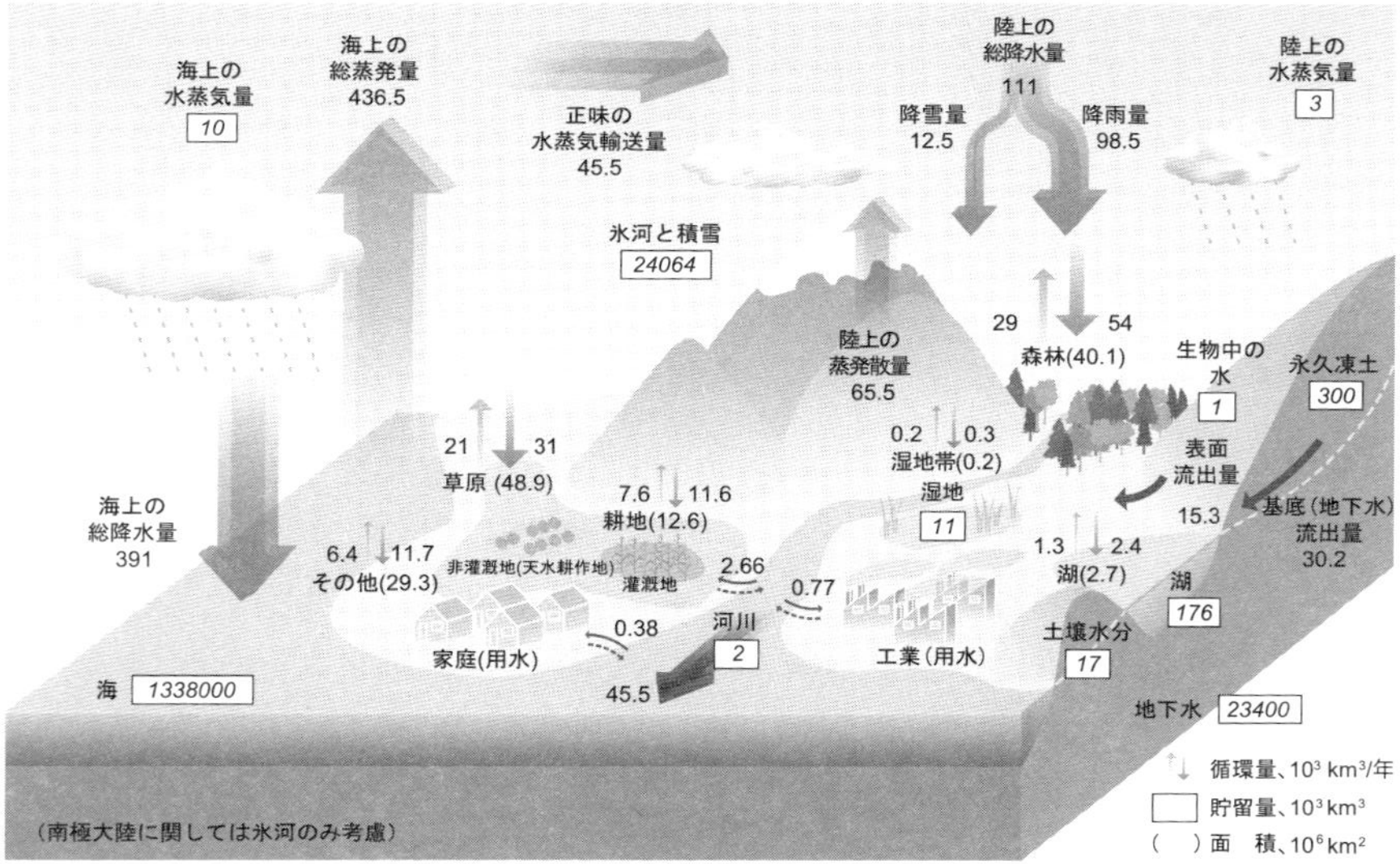

図１－１：地球上の水循環の模式図で循環量（1000㎦/年）と貯留量（1000㎦）が示されている。南極大陸に関しては雪氷の分のみ算入されている。大きな矢印は陸上と海洋上における年総降水量と年総蒸発散量（1000㎦/年）を示し、陸上の総降水量や総蒸発散量には小さな矢印で主要な土地利用ごとに示した年降水量や年蒸発散量を含む。（　）は主要な土地利用の陸上の総面積（100万㎢）を示す。河川流出量の約10％と推定されている地下水から海洋への直接の流出量は河川流出量に含まれている。（Oki and Kanae、『Science』2006）

であり、残りが大陸氷河などである。海の場合には、曲がりなりにも全海洋の海底地形が測定されているので、深さから海水の体積を求めることができるが、南極やグリーンランドの氷の場合には、その下の基盤岩部分までの氷の厚さを測定する必要があり、観測精度が上がれば現在の推計値が将来書き換えられる可能性も高い。

氷とほぼ同じくらいの量があると推計されているのが地下水で、地球表層の水の約1・69%を占める。ただし、そのうち約3分の2、全体の約1%相当分は海洋下の地下水である。大陸近傍の地下水は海洋下であっても淡水の場合があり得るが、沿岸域以外の海洋下の地下水は基本的には塩水であると考えられている。

つまり、地球上の水のうち、海に貯まっている海水と海洋下に貯まっている地下水、そして後述する塩水湖の水、合計約97・5%を除いた残り2・5%が淡水なのである。地球上の水のうち海水が97・5%である、という記述をしている文献もみかけるが、それは厳密には正しくない。地球上の水の約97・5%は塩水である、とするべきである。

地下水も水循環の一部をなし、大気中や河川中の水に比べるとゆっくりとではあるが移動している。そうした中で、特に循環速度が遅く、停滞していて、実質的には動いていないとみなせる地下水が化石水（fossil water）と呼ばれ、前述の1・69%の中に含まれている。

化石水が貯まっている帯水層へは地表面などからの涵養（ここでは地表水が浸み込んで地下水になること）がなく、化石燃料と同様、汲み上げて使ってしまうと人類の時間スケールでは回復せず、徐々に枯渇に向かってしまう。現在とは気候が異なり、その地域が湿潤であった時代に貯えられた地下水、非常に古い、という意味で化石水と呼ばれているが、学術的に厳密な定義はない。

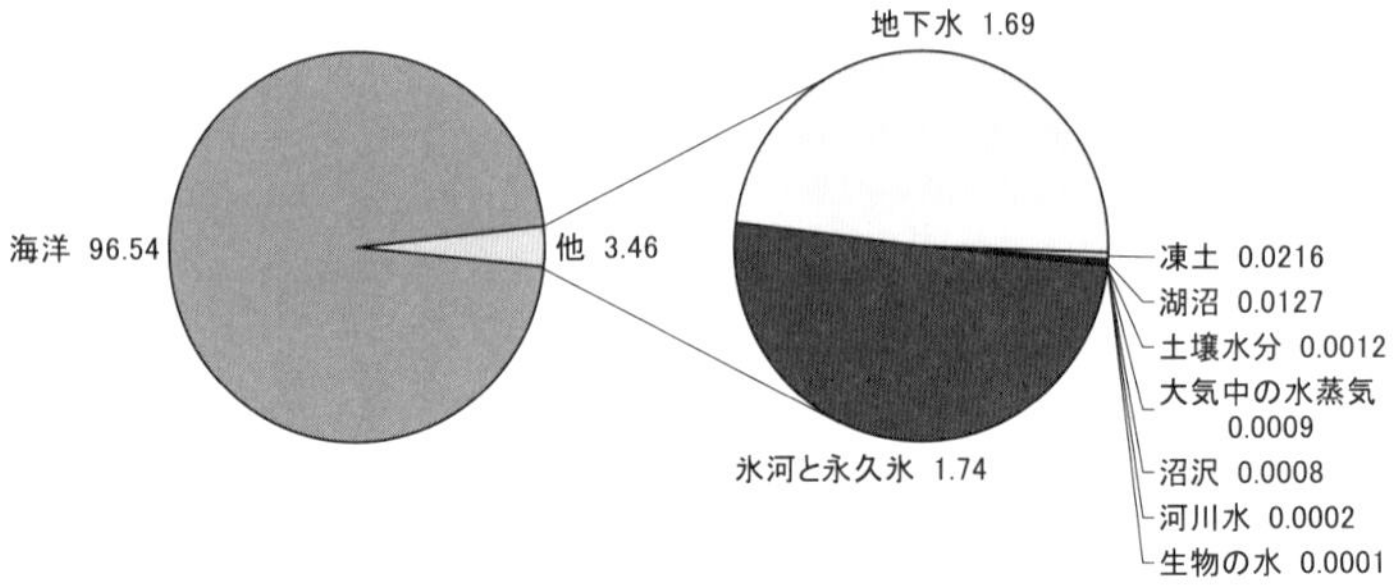

図1-2:地球表層に存在する水の割合(%)。地球表層の水は1385×10^9㎦(約140京㎥=約1.4エクサ㎥)で、地球全体の重さの0.02%、地球の体積の0.1%。淡水は水全体の約2.5%で、使いやすい淡水は全体の約0.01%。(Korzun、1978に基づいて作成)

次に多いと考えられているのが固体の水として貯えられている永久凍土であり、地球表層の水の0・02%を占める。ここで紹介している値は主に旧ソ連の水文科学者ヴァレンティン・I・コルツンが推計した値であるが、彼らにとってシベリアに広がる凍土地帯の水は、存在するのに使えない水資源として研究の興味の対象となっていたのだろう。

そして、湖に貯えられている水が約0・013%となっていて、この半分強が淡水湖、残りの半分弱が塩水湖、あるいは汽水湖と呼ばれる薄い塩水の湖である。ちなみに黒海は海に、カスピ海は湖に分類する、というのがコルツンによる世界の水集計の基準であり、約2・5%が淡水という値には影響しないが、カスピ海のような塩水湖の水は淡水資源ではない方に数えられている。

これまでにあげた海洋、氷床・氷河、地下水、永久凍土、湖の割合を足すとほぼ100%となり、他の形態で貯えられている水の存在は、地球表層の水の量全体から考えると無視できる(図1-2)。しかし、より身近に存在していて、量としては少なくとも循環の速度が速いため、水資源としてはむしろ重要な水もある。

そうした水の中でもっとも量が多いのは土壌水分で、地球上に1万6500㎦程度、沙漠を除いた陸地8200万㎢に平均約20㎝分存在する。飽和している地下水とは異なり、地下水面よりも地表面に近い土壌粒子の隙間に毛管張力によって保持されているのが土壌水分である。

大気中の水蒸気量は、地球全体で平均すると水の高さに換算して25㎜分、約1万2900㎦。これに続くのが沼沢地に貯まっている水で、1万1470㎦となっている。

コルツンの推計では全世界の河川に貯まっている水の量は2000㎦となっているが、彼の報告書では河川の平均流速は毎秒1mという暗黙の仮定が置かれてしまっており、悪い近似ではないがやや怪しい。

最後に、生物に含まれている水の量は地球全体で1120㎦と推計されている。

人類に関係した水の貯留としては、ダムなどによって人工的に形成された貯水池の容量が世界全体では8000㎦にも上ると推計されている。もし人工貯水池を満杯にしたとすれば、海水面を25㎜程度押し下げることができるほどの量であり、瞬間瞬間に河川に貯留されている2000㎦よりもはるかに多い。

ちなみに、IPCCの第4次評価報告書（AR4）によると、1993〜2003年の海水面上昇量の半分程度が大陸氷河や氷帽、グリーンランドや南極大陸の氷床の融解によるもので、残り半分は海洋表層の温度上昇による膨張が原因である。しかし、そうした推計値と実際に観測された値との間には、1年あたり0・7㎜程度の差があり、これは陸面に貯留された水の変化によるものではないか、と推測されていた。

これに対し、我々のグループで化石水の汲み上げが海水面変動に及ぼす影響を推計したのはネパールからの留学生、ヤドゥ・ナト・ポカレル博士である。彼は化石水の汲み上げのみならず、ダムへの貯留分や、土壌水分、積雪などの変動が海水面変動に及ぼす影響を一貫した数値シミュレーションによって推計した。その結果では、20世紀の終わりごろになると、人類は化石水を年間400〜500㎦汲み上げていて、一部は地下水に戻るものの正味300㎦程度が新たに地球表層の水循環に加わり、換算すると1年あたり0・7㎜程度の海水面の上昇に寄与している可能性があると推計された。陸面に貯留された水の影響を考えないと説明できない、とAR4で指摘された分にちょうど相当する値となっており、水循環に対する人間の水利用の影響は、長期的にはやはり海水面を押し上げることになるようだ。

前述のコルツンの推計は1960年代後半以降にユネスコによって推進された国際水文学10年計画で設定された課題「地球の水収支」の枠組みで推進され、1970年代に発表されたものであり、全球的に気温の上昇、降水量分布の変化が顕在化してきた昨今では大きく変わっている可能性もある。しかし残念ながら、地球上の水がどこにどの程度貯まっているのかを定期的に調査推計する組織的な研究活動は国際的にも行われていないのが現状である。そういう意味では、今、地球ではどのくらい水が使えて世界人類はそのうちのどのくらいを使おうとしているのか、といったことがまったくわからないままに、我々は水の恩恵を受けつつ日々暮らしているのだ。

水の惑星でなぜ水が足りなくなるのか?

多くの書籍や新聞、雑誌、テレビなどのメディアで「地球の水が足りなくなる、淡水資源は貴重だ」という説明をするのに、人間が容易に利用可能な淡水は地球の水の0・01％だから、という理由がしばしば持ち出される。この0・01％という数字は前に紹介した地球上の水の貯留量のうち、淡水の湖、土壌や沼沢地、河川に貯えられている水の総量である。0・01％というのは1万分の1ということなので、割合としては極めて小さいことは確かだが、だから地球上の水は貴重だ、そして、だから淡水資源は足りなくなるのだ、という論法には飛躍がある。

当たり前の話だが、地球上の水全体に対する割合がどれほど小さくとも、それが人類にとって十分であれば問題はない。例えば、今のペースで使い続けてもあと10万年は使い続けられるとすれば、とりあえず資源枯渇の心配はしなくても良いだろう。個人の金融資産は日本全体で1500兆円近くだそうだが、その0・01％、1500億円を持っている人が「私の財産は1500億円、日本の個人金融資産の0・01％とほんのわずか、貴重な財産です」と言ったとしても、なかなか「なるほど、その通り！」とは同意できないだろう。つまり、貴重であるかどうかは、あくまでも必要な量と存在量、あるいは需要と供給のバランスで判断する必要がある。

もう一点、「0・01％だから淡水資源は貴重だ」に違和感を覚える理由は、水資源は循環資源なので、その持続可能な利用を考える場合には、淡水の貯留量（いわゆるストック）ではなく、時間当たりに利用可能な水資源の量、つまり循環量（いわゆるフロー）で考えるべきだからである。もちろん、化石水の様に使ったらなくなる水資源の利用は深刻な問題であるが、人類が利用している水資源のほとんどは循環している水である。

では、循環している水資源はどの程度利用可能なのであろうか。地球全体で眺めると、1年間に平均深さ1m弱分、地球表面の面積が約5億1000万㎢なので、体積にして約50万㎦程度の水が雨や雪として降る。このうちの8割近く、39万㎦が海洋上に降り、残りの11万㎦が陸上に降る。降る雨や雪を併せて降水量、と呼ぶが、陸上への降水量のうち9割が雨、1割が雪として降ると推計されている（図1－1）。

地球上に降る降水量が、海陸平均でなぜ年間約1m、1000㎜相当なのか。これに関する明快な科学的説明は今のところない。名古屋大学に大気水圏科学研究所があった頃の教授、故武田喬男《たかお》先生は、もっとエアロゾル（大気中の塵や埃）が大気中に存在し、それが核となって雲ができやすく、年中弱い雨がしとしとと降り続いているような地球が大気科学的にはあり得るのではないか、といったお話をされていた。映画「ブレードランナー」に描かれたように、気候変動でしとしとと雨が降り続くようになったロサンジェルスの姿も、あながち空想の世界とは限らないのかもしれない。

陸への降水量の6割は土壌表面や湖沼からの蒸発、あるいは植物の葉からの蒸散（蒸発と蒸散を併せて蒸発散と呼ぶ）によって再び大気に戻る。戻らなかった年間4万〜5万㎦程度が陸から海へと河川を通じて戻っているはずだが、実際には地下水のまま大陸から海洋へと流出している分が、河川流出量の1割程度はあるものと考えられている。東京湾横断道路（アクアライン）の建設時には、海底から真水が湧き出たという話もあるし、総合地球環境学研究所教授の谷口真人先生は、そうした海底からの真水の地下水の湧き出しを、グローバルに集計するプロジェクトに参加されている。

ヒトの住む陸を通過して海へと流れ込むこの年間4万〜5万㎦という水の流れが地球全体の水資源賦存《ふそん》量に相当し、循環する再生資源量である。賦存量という言葉は本書の中でこれから数多く出てくるが、要するにその地域で潜在的に最大限使える水の量のことである。水資源賦存量は降水量から蒸発散量を差し引くことによって地域ごとに推計することもできる。現実的には、人里離れた地域を流れる水は容易には利用できないし、洪水時にまとまって大量に流れる水も全部利用できるわけではない。

ちなみに、貯留量を循環量で割ると、平均滞留時間が求められる。水槽があり、新たに入ってくる水と出ていく水の量が釣り合っていて、貯まっている量が変化しないような状態の場合、そこに貯まっている水の量を、例えば1分あたりの流入量（＝流出量）で割り算すると、水分子が平均何分間この水槽に貯まっていたのかが求められる。一旦水槽に入るとなかなか出て行かない水分子もあるだろうし、入ったかと思えば、さっさと出て行く水分子もあるだろうが、その平均は先の割り算で求められる値になる。この平均滞留時間は水文学的に興味深いのみならず、例えば地下水の水質形成にも関係する。

つまり、滞留時間の長い地下水ほど、周囲の岩石からの浸出が多く、ミネラル分の多い地下水になる。

また、平均滞留時間は河川、湖沼、地下水、海洋の順に長くなるが、河川の汚染はすぐに誰の目にも明らかとなり、対策が講じられると時を経ずそれなりに浄化されるが、湖沼では対策をしてもなかなかすっきりとは浄化されず、地下水ではそもそも汚染が意識されるまでに長い年月がかかることになる。長期的に懸念されるのは「海はすべての汚染を飲み込んでくれる」とばかりに現在負荷をかけている海洋の汚染がいずれ顕在化し、顕在化した時点では手遅れで、なかなかすぐには水質が回復しないだろうという点である。

さて、この地球全体で年間4万～5万㎦という水資源賦存量は、果たして十分なのだろうか、稀少なのだろうか。

　人類が年間に利用している水の総量は、ロシアの水文学者、イゴー・シクロマノフ氏の推計によると1995年時点で一年間に農業用水として約2500㎦、工業用水として約750㎦、生活（水道）用水として約350㎦、合計3800㎦程度と推計されている。つまり、陸から海へと流れる水の約1割を人類は田畑や工場、家庭や公共施設内に引き込み、利用してまた自然の水循環に戻しているのだ（69ページ、図1−11）。

　なお、シクロマノフ氏による合計値には、人工貯水池からの蒸発量も人間が利用し消費した水だということで含まれていて、年間200㎦にも上るとされている。人間がそこに貯水池を造らず森林や草原であったとしても、それなりの量の蒸発や蒸散があったと考えられるので、人間活動によって200㎦丸々増加した、というわけではないが、水面を維持すると年間の蒸発量は一般に多くなる。それも人類の水資源使用量とみなすべきなのではないか、というのが彼の主張なのだ。

　ＩＰＣＣにおける水資源への影響評価に第1次評価報告書以来関わっていたシクロマノフ氏だが、残念ながら2010年夏に帰らぬ人となってしまった。彼が属していたロシアの水資源研究所は旧ソ連以来世界の水資源研究の一翼を担っていたし、彼に限らず、先に紹介した地球の水収支を推計したコルツン、さらに古くはミハイル・イ・ブディコなど、広域の水循環と気候に関する研究に関して旧ソ連は多くの研究者を輩出し、存在感を示していた。広大な国土を流れるオビ、エニセイ、レナ、アムール、ボルガなどの大河の資源管理の必要性に迫られてのことであろう。そのため、水文気候を勉強するにはロシア語が読み書きできた方がいい、とまで言われた時代もあったし、ロシア語で出版された論文や書籍などが積極的に英訳されたりしていた。

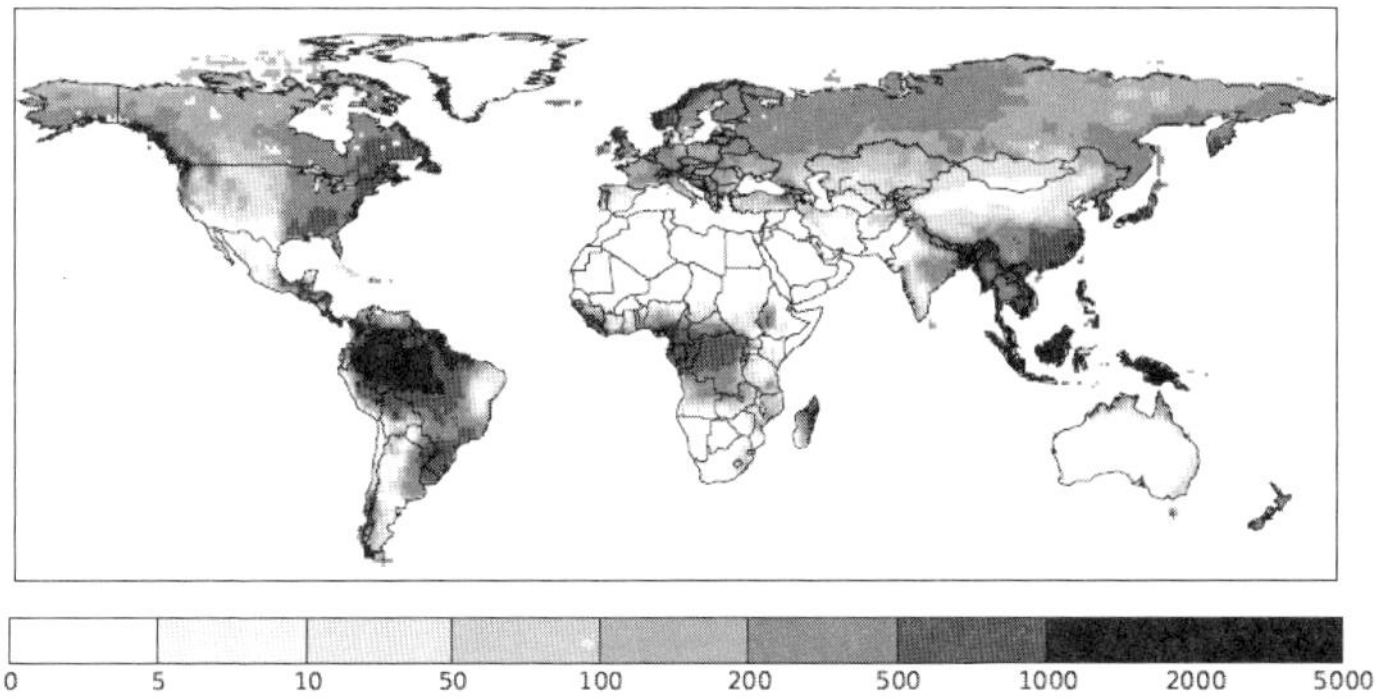

図１−３：年水資源賦存量に相当する流出量（㎜／年）。河川へと流れ込む量であり、長期間平均では降水量と蒸発散量との差に相当する。Kim ほか（2009）に基づき、1979～2007年の29年間の平均値である。

そういう意味では、本当に抜きんでた研究をしていたら日本語で論文を書いたとしても誰かが英訳してくれる、というのはおそらく真実であろう。ただし、当時と昨今とでは発表される論文や書籍の数も格段に違う。よほど優れていない限り、読めない人々からは日本語文献は見向きもされず、誰の目に留まることもなく消えていく運命にある。

循環する水資源は無限か？

潜在的には最大年間４万～５万㎦利用可能な陸から海への水の流れのうち、人類はせいぜい１割程度しか使っていないのだとしたら、水が足りなくなったり水で困ったりすることはなおさらありえないように思えるだろう。しかし、世の中にどれだけお金がたくさんあったとしても、自分の手元にめぐってこない限りは不足するのと同様、マクロにみて需要を満たせる水供給が十分であったとしても、個々に対して水は足りなくなり得る。

水もお金と同様、天下の廻りものである。しかし、空間的に偏在しているので利用者の近くを通過するとは限らないし、時間的な変動が激しく、使いたいときに使えるとも限らない。

図1－3は、世界の水資源賦存量の年間総量の分布である。南米、アマゾン川流域／ブラジルのあたり、アフリカコンゴ川流域、そしてインドネシアからパプアニューギニアにかけての地域など、熱帯域で多く、アフリカのサハラ沙漠からアラビア半島、アジア内陸部のゴビ沙漠といった中緯度で少なく、シベリアなど高緯度ではまあまあ水資源が利用可能である。南半球でも同様にアフリカ南部カラハリ沙漠のあたりは乾燥している。

沙漠は水が少ないから沙漠と書くとも聞くが、砂漠と書くと砂の砂漠だけを指していると勘違いされる可能性があるのでここでは沙漠と表記する。世界的には砂の沙漠（砂漠）は2割程度で、岩石や礫が覆っている岩石沙漠や礫沙漠の方が多い。ちなみに、鳥取砂丘は砂漠のイメージの観光名所であるが、日本海側であることも手伝って年降水量は2000㎜を超えており、乾燥しているわけではない。沙漠ではなく、あくまでも冬の季節風に巻き上げられた砂が貯まった海岸砂丘なのである。

インドからインドシナ半島のタイ、韓国から日本にかけては雄大なアジアモンスーン地域であり、ムンバイ、バンコック、ソウル、東京はモンスーン地域に属している。モンスーンとは、季節風のことであるが、ロシアの気候学者コロモフによって、季節によって主風向が120度以上変化する地域、と定義されていて、サヘル以南で赤道よりは北のアフリカから南アジア、東南アジア、東アジアにかけての広い地域が該当する。

モンスーン地域では風の変化と共に雨季がやってくる。モンスーン地域の多くでは雨季と乾季の差が極めて明瞭であり、ムンバイやソウル、バンコックなどでは年降水量の8～9割が雨季（ムンバイでは6～9月、ソウルでは5～9月、バンコックでは5～10月）の間に降る。イネの生育には100～120日くらいかかり、ちょうどその雨季の間に育つようになっている。

これに対し日本では、場所による違いも大きいが、多くの地域で季節を問わずそこそこの雨や雪が降る。時間的な偏在が水資源の不足を招く、という観点からすると、日本が水に恵まれているというのは、単に平均年降水量約1700㎜が世界の陸地平均降水量約800㎜の倍以上であるというだけではなく、季節的な変動が比較的少ない、あるいは、雨や雪の少ない月でもそれなりに、蒸発してしまう量よりは多く降る、という点である。

なお、我々は日本には四季がある、と思っているが、もちろん、季節の変わり目は人間の主観による。地理学の松本淳先生（首都大学東京教授）によると、日本は四季というよりは梅雨と秋霖《しゅうりん》（秋の長雨）を加えて六季あると考えた方がいいそうである。それでは春、梅雨、夏、秋霖、秋、冬が各2カ月ずつか、というとそうでもない。各季節が3カ月ずつ、というのも勝手な先入観であり、同じ中緯度でも、大陸性気候のアメリカ東海岸に2年住んだ経験からすると、長い夏と冬の間に遷移期間としての春と秋があり、例えば秋の初めはまだ暑く、時々涼しくなり、一気に涼しくなったと思ったら、時々暑い日があって、いつの間にか冬になる、ということで、「今が秋なんだなぁ」としみじみ実感する日は少なかった。

これが熱帯モンスーン地域では、三季になる。インドシナ半島のタイやアフリカ・サヘル地域のマリなどでは、雨季、雨季の後の比較的涼しい季節（現地では「冬」と呼んだりする）、そして、雨季前で最も乾燥していてかつ太陽高度の高い暑季の3つが季節として認識されている。まだ私が助手になりたての頃、タイにおける水文・水資源調査に同行させてもらった際、調査団長であった筑波大学教授（当時）の椎貝博美先生は、「四季がはっきりしている日本と違って年中気温が高いタイでは季節感がなく、タイ人には季節を愛でる感性がない、と馬鹿にする人がいるが、それは逆だ。ほんのわずかな気温や湿度の違いに季節を感じる方がずっと繊細な感性を持っているのではないか」とおっしゃっていた。

クーラーが普及した今でも、比較的涼しい11〜2月にちょっと寒い日があると、タイの人々は喜んでニットを着たりしている。ちなみに、暑い季節は3〜5月なので、タイの夏休みは日本の春休み頃である。誰彼かまわず水を掛け合うことで知られるソンクランというお祭りもちょうど暑い盛りの4月に行われる。

高い水、安い水

水資源は時間的・空間的なばらつきが大きく偏在しているためにその利用可能性が著しく低下しているのであれば、水資源が豊富な地域から稀少な地域に輸送したり、過剰な時期に貯留して、欠乏している時期に貯めていた分を利用したりすればいいではないか、と思うのが普通だろう。

それがやすやすとは実現できないところに水不足、水問題の本質がある。

水はとても安い。様々なモノの1t＝1000kgあたりの価格を図1－4に示す。縦軸は対数軸で示した価格で、1目盛で10倍になる。横軸には日本における年間の販売量から推計した国内市場規模の概算値をとり、やはり対数軸になっていて1目盛で10倍の市場規模である。

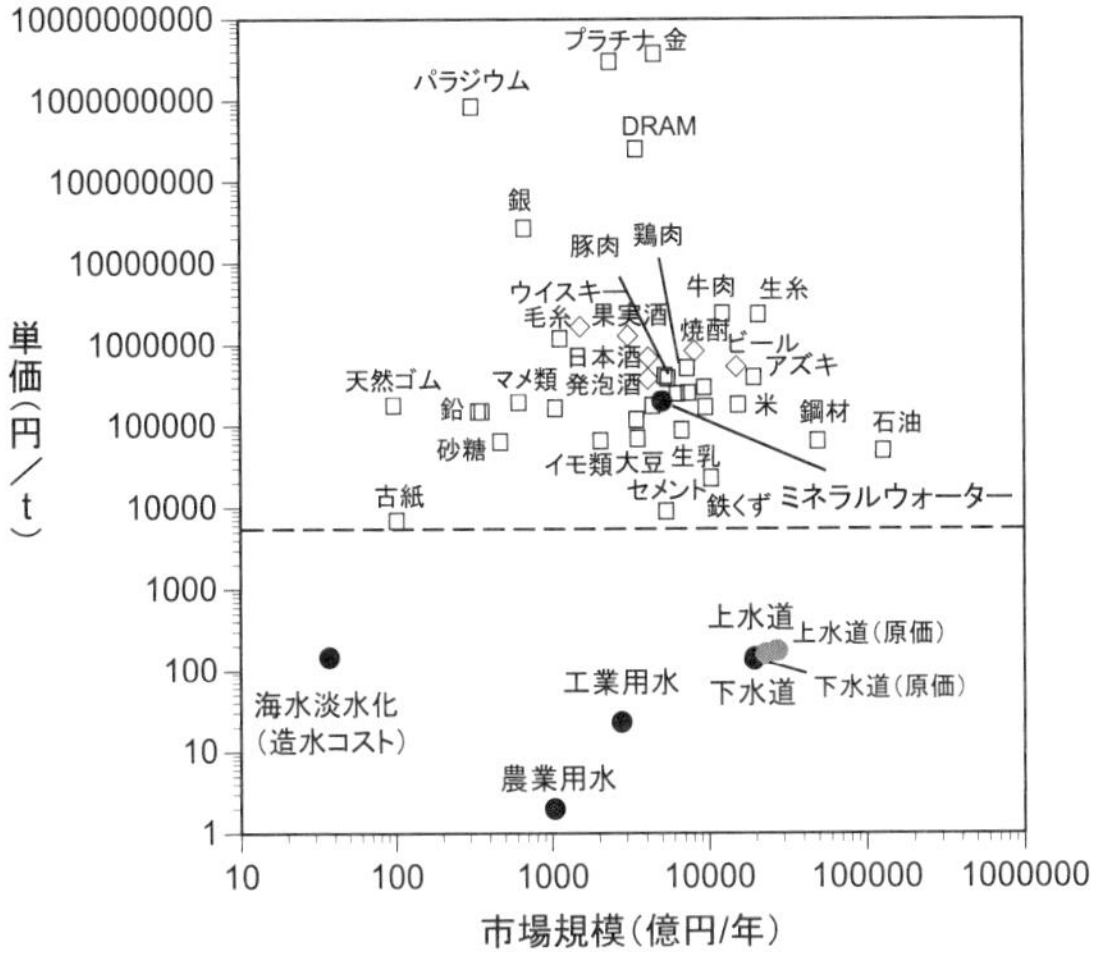

図１-４：重さ1ｔあたりの価格と日本におけるおおよその市場規模。新聞やウェブなどから著者等作成。

水道料金は１㎥＝１０００ℓ＝１０００kg＝１ｔあたり全国平均で約２００円である。厳密には、平均給水原価は１７６円、10㎥あたりから換算した家庭用水道料金は１４５円となっている。水道原価の内訳は減価償却費が１／４、受水費と人件費が１／６ずつなどである。さらに上水道使用量に応じて下水道に接続されていれば料金が徴収される。20㎥あたりから換算すると１㎥あたり１２０円である。

工業用水は１㎥あたり23円。農業用水の料金は使用量に応じて支払われているわけではなく、灌漑面積に応じた施設維持費（水利費）を農家が負担している場合が多く、10ａ＝０・１haあたり年間約５５００円である。１㎥／秒の取水量を６００haに〝かける〟（灌漑する）のはかなり節約、普通は５００haくらいに灌漑するので、１haあたり年間１７３㎥程度利用している計算になる。これから換算すると、農業用水は１㎥あたり約３〜４円となる。

図１－４に戻って眺めてみると、１ｔあたり１万円を切るようなモノはほとんど売られていないことがわかる。１０００円／ｔに満たない

のは水だけである。古新聞古雑誌として10～15円／kgで引き取ってもらえるとすると古紙は1万～1・5万円／t、鉄くずスクラップは2万～3万円／tである。リサイクルされるとはいえ、古紙やスクラップなど、いわばゴミにくらべて、安全な飲み水の価格は重さあたりで比較するとわずか1／100でしかない。工業用水や農業用水の価格はさらにその1／10、1／100程度である。

一方、瓶やペットボトルに入って売られている水（瓶詰水）は高い。500㎖が100円だとすると1ℓ＝1kgあたり200円、1tあたりに換算すると20万円となり、水道水の1000倍である。これだけ価格に差がある瓶詰水と水道水とを同じモノとして議論するのには無理があり、瓶詰水は「水」というよりも、カフェインの入っていないお茶、甘くないジュースで、清涼飲料水の一種だと考えるべきである（第5章237ページ）。

しばしば、「水の方がガソリンよりも高い」と言われるが、それは瓶詰水の話であって、水道水はもちろんガソリンよりも遥かに安い。

瓶詰水と同じ1tあたり数十万円という価格帯には食品がぞろりと並んでいて、普段食べているものはだいたいそのくらいだ、ということがわかる。生産技術研究所の良き同僚である岡部徹教授は日本を代表するレアメタルの権威だが、しばしば飲み会の席で私にいろいろと教えてくれる。レアメタルとしては生産量の多いプラチナは、精製後なら1tあたり50億～60億円だそうだが、鉱石には1tあたり10g程度しか含まれていないそうなので、鉱石1tに含まれるプラチナの価値はせいぜい5万円程度、ということになる。

最も高い水はおそらく化粧水である。何を間違ったか、私のところに「水ビジネスで儲けたいのですが」という相談に来る企業の方がいる。「単価が高い水製品というと、やはり化粧水ですよ」

と言うと、「そうですか……」と帰って行かれるが、100㎖で1000円なら、1㎥では1000万円である。どうせ新規事業を立ち上げるのなら、単価が高いモノを売るのが商売の常道なのではないのだろうか。もっとも、あれは水を売っているのではないのだろうが。

重さあたりの値段が安い、という水の特徴は、「価格は安ければ安いほど良い」という観点からは悪くないかもしれない。しかし、瓶詰水以外の水はあまりに安いので、貯めておいたり運んだりするコストの方が通常ははるかにかかってしまう。例えば、東京―大阪間をトラックで運ぶ場合、1tあたり輸送費が約1万円かかる。1tあたり20万円の瓶詰水であれば、コストが5％加わるだけであるが、1tあたり200円の水道水は価格が50倍になってしまう。安いモノを大量に配送するにはパイプライン、水の場合には水道管が最適な輸送手段である。石油やガスも、水ほどではないがやはり重さあたりの価格が安いので、パイプラインが使われているのである。

水道管だけではなく、原油などと同様、遠く離れた地域にまで水を送るためにパイプラインが用いられることもある。例えば、リビアでは南部の沙漠地帯の地下に広がる化石帯水層から水をくみ出し、リビア人工大運河と呼ばれる4000㎞のパイプラインで水不足に悩む北部に運んでいる。アメリカ合衆国カリフォルニア州でも、パイプラインにより遠く流域外から水を運んでいる都市が数多くある。

世界の水問題解決に向けて日本の技術を活かすとか、日本からの水ビジネスで何かできないか、と考えた場合に、非常によく出る案が、タンカーで中東から日本へ原油を輸送した後、日本から中東へ向かう際に船の安定を保つために入れているバラスト水を水資源として先方で利用できるようにしてはどうか、というものである。高分子（プラスチック）製の巨大な膜でタンク内を仕切って、原油を入れていた空間に淡水を汚すことなく貯蔵し輸送することが技術的には可能である。しかし、コストの面からなかなか実用化の壁は厚いようである。

日本でも、水が慢性的に不足していた福岡市と北九州市との間には工業用水の有効利用、という名目でパイプラインが敷設され、いざという際にはどちらの方向にも水を送って融通することができるようになっている。しかし、ポンプなどを用いて水を送るには大量の電力が必要になるため、遠距離輸送にパイプラインが用いられるのはそうした運転コストの面からも限られている。

さらには、パイプラインの敷設には大規模な初期投資が必要なため、インフラ投資をした先進国では安全で安心な水を安定して得ることができるが、その余力がない国や、同じ途上国でも投資が後回しにされている地域では水道管が敷設されていない。そうなると、豊かな地域では1㎥あたり数十円程度のコストで水道水が利用できるのに対し、貧しい地域では水売りの行商から、1ℓ数円、しかし1㎥あたりに直すと数百円もする高い水を買わざるを得ない。結果として経済的理由により限られた量しか使えなくなってしまう。

2008年に讀賣新聞との共同研究調査で記者の方がケニヤに行って調べて教えてくれた例では、家族11人用合計約200ℓの水を歩いて往復30分の泉から毎日5往復して汲んでくる家庭の場合、隣の人に頼むと、当時のレートで150円分のお礼をする、ということであった。1㎥あたりに換算すると750円と、日本の平均的な水道料金の4倍近い負担である。

唯一、安価に水を運ぶ方法は、重力にしたがって水を流すことである。実際、伝統的な灌漑用水などでは、川の上流で取水し、川の勾配よりも緩くなるように、山腹に沿ってできるだけ川よりも高いところを通るように用水路を設置して、可能な限り水の位置エネルギーが失われないようにして目的とする灌漑地の近くまで運び、位置エネルギーのみを使って水田に水を供給するような仕組みになっている。

1653年に完成したとされる玉川上水の水は現在の東京都羽村市から40㎞以上離れた四谷まで何の動力も使わず、自然流下だけで運ばれていた。高低差を的確に見極め、最適な経路を選択するために必要な精密な測量・測地技術が17世紀にすでに確立していたというのは驚きであるが、ローマの水道ももちろん自然流下であり、その建設は今から2000年以上も前のことである。電気が使えるようになる遥か前の時代から、人類は水を安定して供給できるようにと努力してきたのだ。

同様に、1890（明治23）年に竣工した琵琶湖疏水では、現在の滋賀県大津市の西からいくつかのトンネルを通り、山科を抜けて南禅寺の蹴《け》上《あげ》から東山の中腹を北上し、鴨川夷川出合へと至るまで、やはり自然流下で流れるようになっている。京都盆地で北上する川は疏水だけだ、と言われるくらいであり、これもまた、緻密な測量と的確な計画のなせる業《わざ》である。

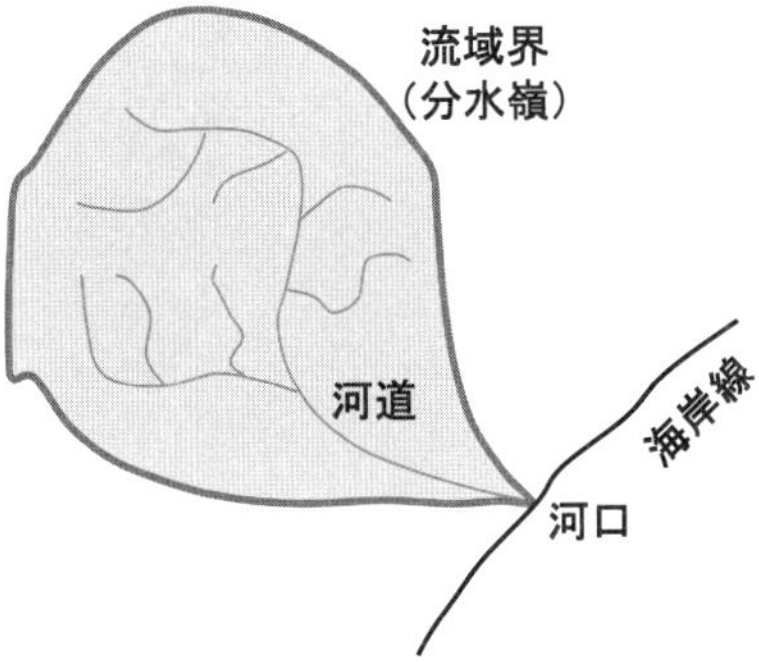

図１－５：「流域」の概念図。河口に流れ込む領域全体をこの川の流域と呼ぶ。

こうした重力で水を運べる範囲は流域内に限られる。流域というのは、川の流れている場所でも、河川の周辺でもない。降った雨が蒸発しなければその川の河口に流れてくる範囲、分水嶺で囲まれた範囲のことである（図1－5）。例えば、埼玉県秩父市と山梨県甲州市にまたがる笠取山《かさとりやま》は多摩川の源流であり山の南斜面に降った雨はいずれ多摩川河口にやってくるので多摩川流域である。しかし、西側に降った雨は富士川へと流れるので富士川流域、東側に降った雨は荒川に流れるので荒川流域である。

以前、私の研究室にいた碇《いかり》大輔氏に卒業論文で調べてもらったところ、現在の県境のうち、40％が一級河川の分水嶺、30％が河道（河川の流路）であった。県境が分水嶺ということは、流域で行政が分かれている、ということであり、自然の水循環の基本単位である流域ごとに地域コミュニティができあがっていることが多かったことをうかがわせる。また、河道が県境になっているのは大河川河口部などに多く、橋をかける技術が未熟であった時代には、大河川が地域を分断していたという証左である。

また、水は重いだけではなくかさばる。東京都の水瓶、多摩川上流の小河内《おごうち》ダムによって水を湛えている人工貯水池の奥多摩湖は、水道専用としては世界的にも大きな1億8600万㎥の貯水容量を誇る。この奥多摩湖に満水時に貯まっている水を売値で換算しても、約300億円程度にしかならない。しかし、1㎥の金塊があったとして、比重19・3の金の重さは19・3t。金融・通貨不安の増大によって、1gあたり4500円以上にまで上昇した金価格で計算すると1kg450万円、1tが45億円で、1㎥分19・3tだと約870億円に相当する。1957（昭和32）年当時で総工費約150億円（現在価値では800億円程度）をかけてできた奥多摩湖で300億円分の水を貯めておくよりも、1㎥の金を保管している方がはるかに安くて済むだろう。

このように、水はあまりにも安価で、通常のモノを扱うやり方では時間的な変動を克服するために貯めておいたり、空間的な偏在を解消するために輸送したりできないため、水不足が生じる時期や地域が存在するのである。

もちろん、そうした水不足は、貯水施設や水輸送供給施設などの社会インフラがあることによって多少は解消することができる。現在でも慢性的な水不足で困っている地域は、水が足りないのではなく、そうした社会インフラが不十分なのであり、国家体制が不安定であることなども含めて社会・経済的理由が主な原因である。

ノーベル経済学賞を１９９８年に受賞したアマルティア・セン博士が、世界には食料生産が十分にあっても餓えている人たちがいるのは分配の問題だ、と喝破したのと同様、地球全体として考えると人類にとって水は十分にあるのに足りなくなったりするのは、水の時空間的な偏在だけではなく、富の偏在、分配の問題に起因している。

流域を越えて運べない、貯めておけない、という水の基本原則は、水をローカルな資源に特徴づける。北海道にどれだけ水がふんだんにあっても、渇水で苦しむ四国や沖縄にとってはないのと同じだし、シベリアやアラスカでどれだけ水に余剰があっても、水の絶対量が不足している中東の国々には関係ない。多額のコストをかけて運ぶくらいなら海水淡水化プラントを建設した方が相対的に安価に安定して水を得ることができる。また、ローカルな資源だからこそ、水資源に対して我々は特段の愛着、所有意識を持ち、流域を越えて水を輸送分配するような水利用には感情的な反発を覚えるのかもしれない。

ローカルな資源であるということは、完全市場における一物一価の原則が成立しないということであり、金属資源や化石燃料、穀物のように目安となる国際価格が水には存在せず、水の値段は地域によってばらばらである、ということにも表れている。童謡「ほたるこい」では「あっちの水」と「こっちの水」が甘い、苦いと唄われているが、好きな方に飛んで行けるほたるとは異なり、どちらの水を飲むか、ローカルな資源である水に関して我々に選ぶ自由は普通はないのである。

日本でも、水道水の価格は市町村、地方自治体によってちがう。1カ月10㎥使った場合の使用量は335円（山梨県・富士河口湖町）から5376円（新潟県・新潟東港臨海水道企業団）と16倍も異なる。しかし、たとえ10㎥の水道水が3000円の場所に住んでいても、10㎥を遠くから運ぼうとすると何万円もかかるので、10㎥4000円の地方の水を送ってもらうよりは、3000円払って地元の水道を使った方が安い。

2009年に亡くなった歌手のマイケル・ジャクソンは極度の健康志向で、プールの水にもフランスのミネラルウォーターを使った、という逸話が残っている。さすがに、ボトルを何千本も空けたわけではなく、給水車に詰めて持ってきてもらったようであるが、まとめ買いで1／10にしてもらったとしても、1㎥あたり2～3万円はするミネラルウォーターである。豪邸のプールであれば50㎥は水が必要であろうから、満たすのに100万円は下らなかったことであろう。

ちなみに、家庭用の風呂は200ℓ弱なので、特売で2ℓ100円のペットボトル100本を買い込んで使うと、1回の風呂に水代だけでちょうど1万円かかることになる。特定のボトル水が大好きだ、という方なら精神的な満足のためには1万円くらい出しても、という気がするかもしれないが、100本のボトルを空けて捨てることの方が嫌で断念するのではないだろうか。ちなみに、シャワーの水も水道水では嫌だ、という人のために、最近ではシャワーヘッド用の浄水器というのも売られている。

いったいどのくらいの飲み水が必要なのか

水は、売っているものの中で特段に安いが、(41ページ、図1－4)でわかる通り、市場規模は日本国内だけでも年間4兆～5兆円と小さくない。これは、単価は安いけれど大量に消費されるためである。では、いったい、どのくらいの水を我々は毎日利用しているのだろうか。

飲み水は1日1人あたり2～3ℓ必要である。平均すると、飲む水が1・2ℓ、食料に液体の水として含まれているのが1ℓ、でんぷんや脂肪、タンパク質などが体内で代謝される際に生じる水(代謝水)が0・3ℓ程度だと推計されている。沙漠を旅するラクダが何日も水を飲まずとも平気だというのも、体からの蒸発を防ぐ工夫の他に、こぶに貯えられた脂肪が分解(代謝)する際に生じる代謝水を有効に利用しているからである。

ちなみに、でんぷん100gの代謝で約60gの水と約400㎉のエネルギーが、脂肪100gの代謝で約107gの水と約900㎉のエネルギーが生じる。成人1人1日2000㎉必要だとすると、300g程度の代謝水が体内で毎日生じることになる。

逆にこの必要量は、毎日体から失われる水分を補給する分だという見方をしても良い。トイレでの排出や排泄で合わせて1・5ℓ、呼気に含まれている水蒸気で0・5ℓ、そして汗で0・5ℓ程度失われるとされる。その分を我々は食事や飲み水から補っているのである。

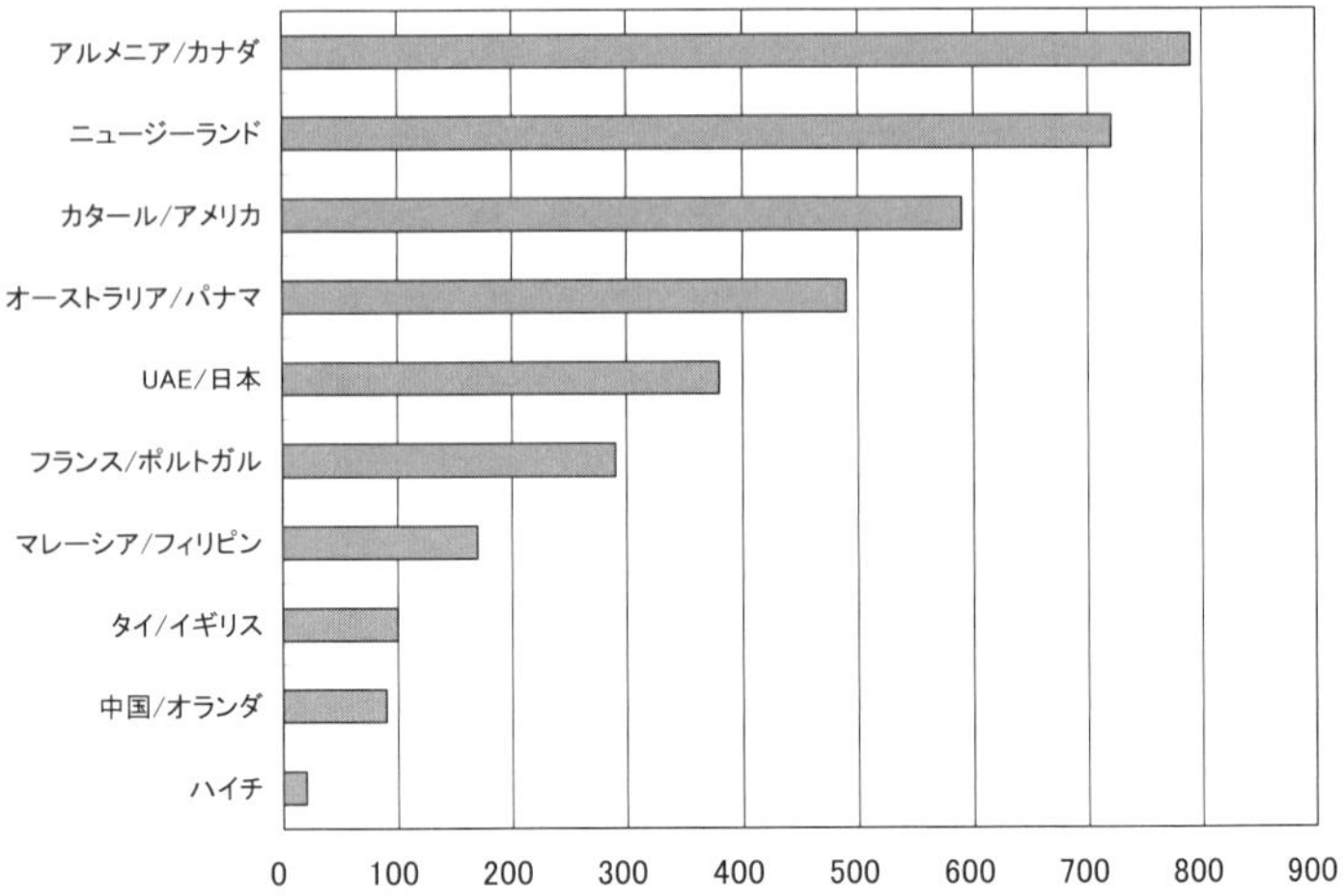

図１−６：世界各国の1日1人あたり生活用水（取水）量（ℓ／人／日）。『水の世界地図第2版』の付表より作成。

健康で文化的な生活に必要な水——生活用水

さて、我々が暮らしに必要なのは飲み水だけではない。生活用水として大量の水を使っている。図１−６に示す通り、家庭で使っている水の量は国や地域によってずいぶんと違う。ただし、ここで示されているのは生活用水用に取水されている量であり、実際に家庭で使われている水の量よりもやや大きめの値である。それを割り引いて考えるにせよ、アメリカやカナダ、ニュージーランドのように平均しても毎日１人あたり５００ℓ以上使っている地域がある。日本は全国平均で約４００ℓ弱／人／日である。もちろん、途上国の中でも、水道などから容易に水を得ることができる家庭と、多大な労力と時間をかけて水汲みをしないといけない家庭とでは、水使用量には大きな差があるし、日本のように簡易水道も含めるとほぼ１００％に近い世帯で水道が利用できる国でも、地域によって、あるいは世帯によって1人あたりの水使用量はさまざまである。

　日本における家庭用水の平均的な使用量の内訳は、図1−7の通りトイレ、風呂、炊事がそれぞれ約1／4ずつであり、洗濯は1／6、残り1日1人20ℓ程度が洗顔や歯磨きなどに利用されている。風呂や炊事、洗濯などは大人数で共用されるので、世帯人数が多いほど1人あたりの使用量は少なく、1人世帯では多くなる傾向にある。

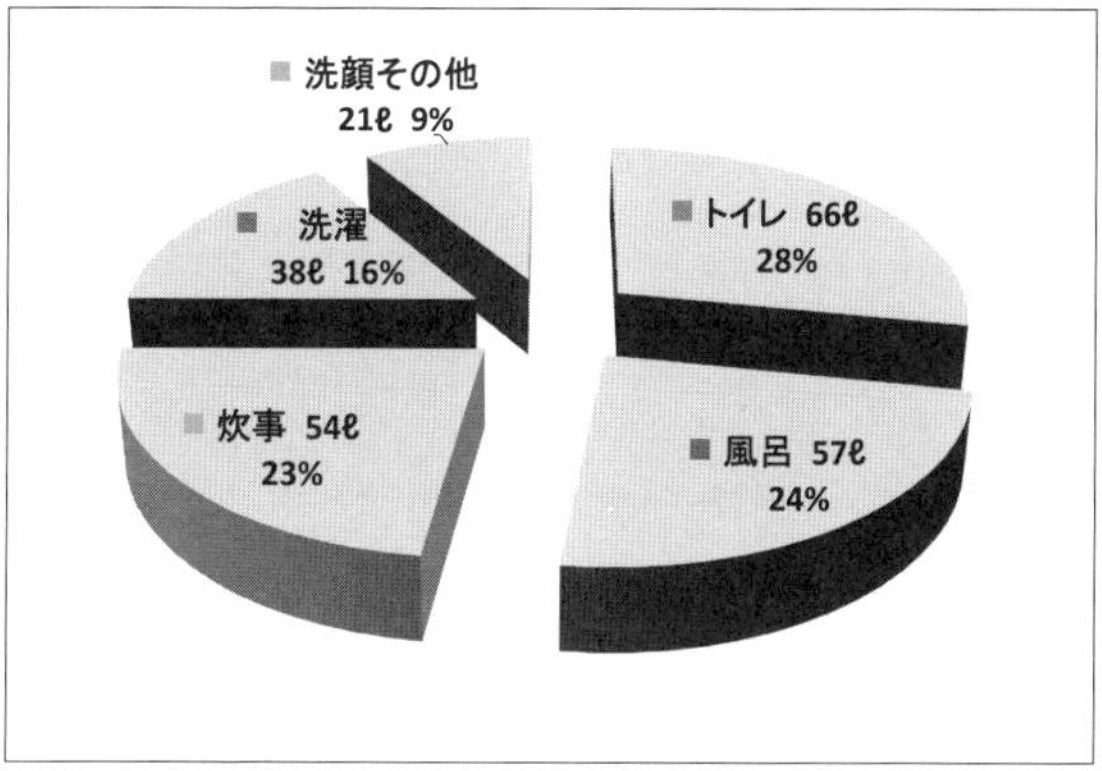

図1−7：東京都における水使用量の内訳。東京都水道局平成18年度一般家庭水使用目的別実態調査の内訳の値に、3人世帯の1カ月あたりの平均水使用量21.2㎥／月から算定して作成。

　蛇口を開けっ放しにしていると、1分間あたりざっと12ℓ程度の水が流れるので、歯を磨く際には蛇口を閉める、というのは確かに節水に役立つが、全体としてみると、風呂に入る回数を減らす、トイレに行っても流さない、炊事をせず外食する、洗濯の頻度を減らす、などの方がより大幅に生活用水使用量を減らすことができる。

　普段はそうまでして節水したいと思う人はあまりいないだろうが、利用可能な水が極めて限られてしまう災害等の緊急時には、結果として風呂に入れない、トイレを流せない、炊事や洗濯ができない、という生活をせざるを得なくなる。地震や水害などで被災して水道供給が停止した経験をお持ちの方は、水がどれほどかさばって重いか、風呂を満たす分（約２００ℓ）の水を運ぶのがどれだけ大変か、しみじみと身に染みたのではないかと思う。たとえ給水の順番を並んで待つ時間がなくとも、何往復もしないと思うようには水を確保できず、水汲みに毎日何時間も奪われたのではないだろうか。

世界では安全な水へのアクセスがない人が２０１０年時点で約７億８０００万人いると推計されている。この場合、安全な水へのアクセスがあるというのは、自宅から１㎞、片道15分くらいのところに水栓や汚染されないようにきちんと覆われている井戸があるということであり、安全な水へのアクセスがない約８億人の人々は、健康リスクを冒して安全とは限らない身近にある水を利用するか、往復30分以上かけて安全な水を得るしかない。

人力で引っ張れるように工夫されたドーナッツ円筒形をした容器Q-tankのように多少の悪路でも簡便に水を運べる道具も開発されているが、１回の水汲みで１人が運べるのはせいぜい40～50ℓである。家族分の水を確保するためには毎日何往復もする必要があって、最低２～３時間はかかる勘定になる。

つまり、安全な水へのアクセスがないということは、単に衛生状態が保てず健康リスクを負っているというのみならず、生き延びるためだけに必ず毎日２～３時間を割かねばならない、ということなのである。時間こそが人にとって一番貴重かつ限られた資源であるが、安全な水へのアクセスがなく水汲み労働の役割を負っている女性や子供にとって１日は24時間ではなく22時間、21時間しかないのだ。水汲みが唯一の気晴らしだ、という話もあるが、水汲み労働は基本的に時間平等性を損ねているのである。

日本のような先進国において、家庭で使っているモノの中では、毎日１人２００～３００ℓ、３

人家族であれば毎日1㎥＝1000kg近くの水を使っているというのは突出して多い。家庭に運ばれる年間約5400万tの食材（食用仕向量）について、その5～10％は食べられるのに廃棄されている、というのが問題だとされているが、5400万tを1日1人あたりに換算すると約1・2kgである。家電や机、棚などはたとえ1000kgあろうとも、何年もかけて使うわけなので、1日あたりにするとやはり数kg程度になるだろう。自家用車なら高級車でも2000kgを超える車は少なく、大抵1000kg前後である。毎日車1台分と同じ重さの水を各世帯で使っている、と考えると、イメージが湧くであろうか。

ちなみに、東日本大震災の後には、家庭用のウォーターサーバーの販売が伸びた。10～20ℓ入る容器に水が入れられていて、冷水とお湯とを手軽に飲めるようにしている機械である。専用容器入りの水を家庭に配達し、定期的に交換することによって儲けるビジネスである。水の量あたりの価格で比べると、スーパーでの特売の2ℓペットボトルの水の方が安いのが普通であるが、どんなに節水するとしても家族3人なら飲用・食用に1日1本2ℓは必要であり、普通は毎週10本20ℓ程度の水を購入してこなければならないことになる。重い水を運ぶ手間を考えると、多少の価格差は気にならない、という世帯が多いのだろう。

いずれにせよ、水が自由に得られない状況では使用量も限定される。最低限どのくらいの水が必要かに関しては、健康で文化的な最低限の生活レベルをどう想定するかによるし、気候が乾燥しているかどうか、川や湖などで水浴びが可能かどうかなどにも大きく依存する。とはいえ例えば、世界保健機関（WHO）のガイドラインでは、1日1人あたり飲み水5ℓ、炊事に10ℓ、入浴に15ℓ、トイレに20ℓとなっている。洗濯について記述がないのは入浴のついでというつもりなのだろうか。

難民キャンプなどを設置する際の算定の目安なのかもしれない。

一方で、水は文化のバロメーターとも呼ばれる。文化と豊かさとは必ずしも対応するわけではないし、水を使わない文化、わずかの水で要を満たす文化もあるわけだが、豊かになればなるほど一般に多くの生活用水を使うようになる。豊かになると水をふんだんに使う生活になる、というだけではなく、まずは水道普及率があがり、水を容易に使えるようになって1人あたりの使用量が急増するという効果も含まれている。そのため、途上国支援で水道事業を推進する場合には、浄水場や水道が整備されても十分な水資源が確保できず、毎日24時間給水できないような場合も生じる。

もっとも、同じ経済力でも国によっては生活用水の使用量に10倍くらいの大きな差がある場合もある。まさにこの差が文化の差であろう。例えば、日本は欧州の国々に比べると炊事や風呂に使う水の割合が多い。毎日のように風呂に入る日本に対して、相対的に涼しく、乾燥した欧州では数日に1度しか入らないのは想像に難くない。逆に熱帯のタイでは、朝夕にシャワーを浴びるのが習慣で、昔、まだシャワーが普及していない地域に留学生として来日中、朝、水浴びができずに非常に困った、という話を聞いたことがある。

炊事に関しては、日本の台所では極めて贅沢に水を使って食器を洗っているのか、世界的に比較しても炊事に使う水の量が特段に多い。食器桶につけおき洗いをすれば多少節水できるものの、たいていの場合、すべての食器に洗剤を丁寧につけ、流水でひとつずつ、1枚ずつ丁寧にすすぐ。アメリカでは食器洗い機を使うのが主流であり、その場合電気は使うが水の使用量は約1／10になる。どちらが環境にいいかについては、水と電気の両方の使用量を比べる必要があり、それはあたかも果物を食べるのとスポーツをするのとどちらが体にいいかを比べるようなもので、本来多面的な評

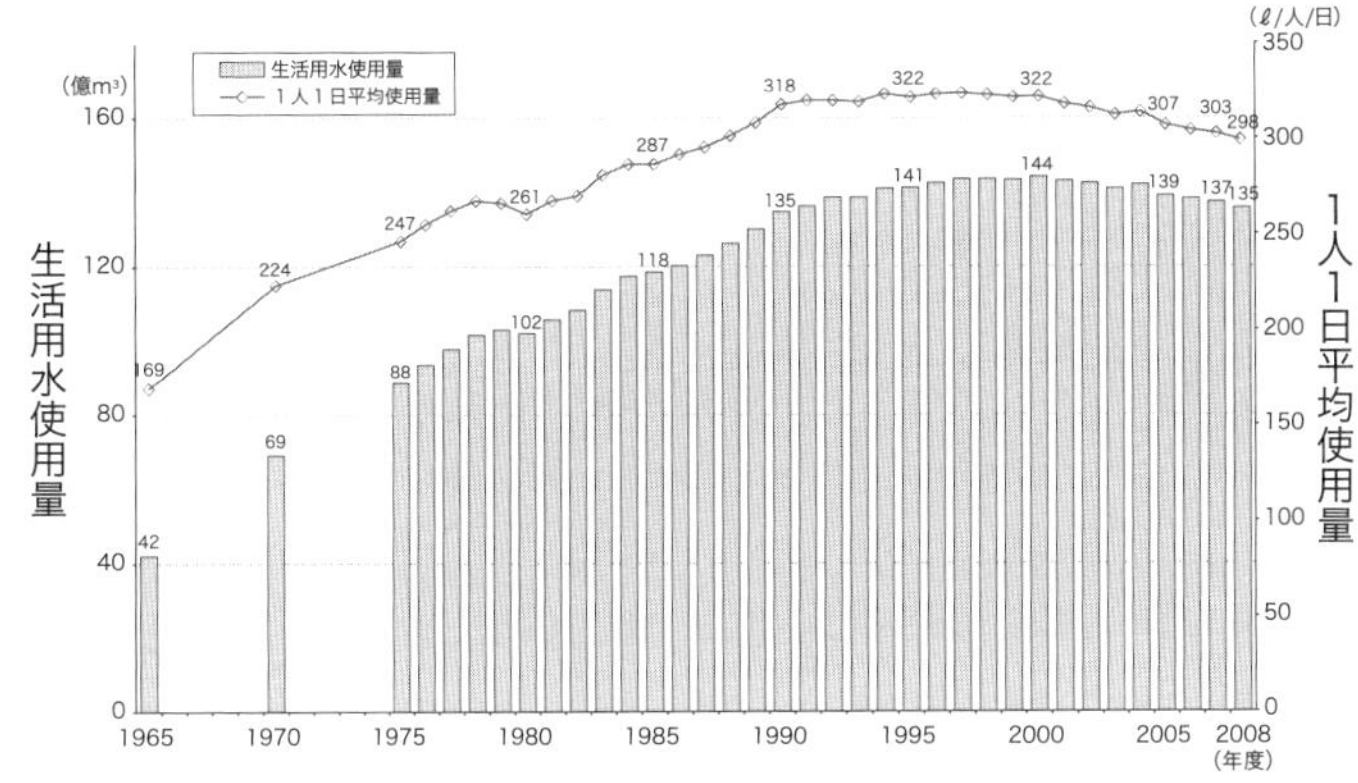

（注）1. 国土交通省水資源部作成
2.1975年以降は国土交通省水資源部調べ
3.1965年及び1970年の値については、厚生労働省「水道統計」による。
4. 有効水量ベースである。

図1－8：生活用水使用量の推移。平成23年版「日本の水資源」より。

価が必要である。もし地球温暖化への影響に限って例えば二酸化炭素の排出量、という評価軸で考えた場合、水で手洗い、食器洗い機、お湯で手洗い、の順に排出量は増える。

ちなみに、洗剤を混ぜた水に食器をつけて油汚れを浮かせ、すすがずにそのまま食器立てに置いて洗剤混じりの水が流れ落ち、乾くのを待つ、あるいは拭き取る、というやり方も海外では普通にある。そうでなくとも、洗剤水につけ、次に貯め置きの水につけてそれでおしまい、というのは日本でも外食産業では珍しくない。待機電力を気にしているようなエコな家庭では、水で手洗いし、洗い桶も使った方がいいだろう。

さて、図1－8でわかる通り、日本も経済発展に伴って1人あたりの水道水使用量は増大した。すでに水道普及率が約70%であった1965（昭和40）年には1人1日あたり169ℓであったのが、高度成長に伴って伸び続け、1990（平成2）年のバブル崩壊以降ほぼ横ばいとなり、20

00（平成12）年以降はむしろ減り始めている。50年近く前の日本の暮らしを考えてみると、1965年の下水道処理人口普及率はわずか8％なのでトイレも水洗よりは汲み取り式が主流であり、風呂も各家庭にある内風呂よりは銭湯が一般的であった。内風呂でも、今のようにほぼ毎日入るのが普通、ということはなく、風呂を浴びる日と浴びない日があったのではないだろうか。さらに、残り湯を捨てて毎日新たに風呂を沸かすのではなく、沸かし直すことも普通であった。当然、その分、水の使用量は少なく抑えられていたのである。

炊事はあまり変わらないかもしれないが、油を使う料理が少ないと洗うのに必要な水の量は少なかっただろうし、生野菜を洗って食べる習慣が広がる前のことである。洗濯機は二槽式が主流の時代だったが、実は全自動洗濯機の方が水使用量は一般には少ない。ただし、地域によっては、たらいに洗濯板、という方式もまだ残っていただろう。全体として、家庭支出における水道料金の割合が相対的に高く、生活用水を節約して使おうという動機づけも随所にあったものと想像される。

ただし、経済的に発展したからといって、無制限に水使用量が増大するわけではないことは、日本のみならず、世界各国の統計からも明らかである。1日に何度もシャワーを浴びて、毎回風呂に水を貯め、頻繁に車を洗って庭に水を撒くにしても限度がある。

日本で、1人あたりの使用量が減少しているのは興味深い（図1－8）。その主な理由として、節水機器が家庭に普及し始めたことがあげられる。

昔は大小の区別なく、トイレで水を流すと1回あたり18ℓも流れていたところ、現在は大でも4・5ℓ程度で済む便器が出ており、複数のメーカーが少ない水でちゃんと流れて汚れが残らない便器の開発にしのぎを削っている。水資源が絶対的に不足しているカリフォルニアなどの地域では、大でも4・8ℓで流せるような便器を設置すること、といった規制がかけられるようになっていることもそうした競争を後押ししている。

洗濯機に関しても、内蔵ポンプで風呂水を簡単に利用できる機種も増え、少ない水で洗えたり、すすぎ水を垂れ流しにするのではなく浄化して繰り返し使う機種まであったりする。電気を多少追加的に使うので、水使用量の節約が本当に環境保全に役立つかどうかは個々に検討する必要があるかもしれないが、エネルギー源に比べて水が絶対的に足りない地域では役立つだろう。また一方で、すすぎが1度で済む洗剤も開発販売されている。

ただし、ドイツなどでは、一日他人の肌に触れた水を洗濯に使うのはたとえ（すすぎではなく洗いの段階でも心理的に抵抗があるそうで、風呂の水を洗濯に使うのではなく、洗濯の水をトイレのフラッシュに使う、という機器を見たことがある。トイレの壁に洗濯機が埋め込まれているのだ。日本だと、その方が心理的には抵抗があるのではないだろうか。なお、ドイツでは雨水を洗濯に使おうとする取り組みも盛んだそうだ。

さらに、21世紀になる頃から、地球温暖化に伴う気候変動の問題が大きく取り上げられ、初等教育でも教えられるようになって、いわゆるエコな暮らし方への意識が高まったことも使用量の減少に影響しているだろう。節水は、「エコな」暮らし方としては比較的容易に導入可能であり、数パーセント消費量を減らすくらいは節水機器に頼らずともちょっとした心がけで達成可能だからである。

ただし、実は節水しても水道局や水資源に責任を持つ役所はあまりいい顔をしない。それも当たり前で、水は水道局の商品であり、節水はその売り上げの減少に直結するからである。これは、電力会社も同様で、節電を呼びかけるのは自社の商品を買わないでくれ、と言っているのに等しい。ただ、どんどん使ってもらえばよいか、というとそうでもなく、水も電気もピーク時の需要に応じて設備投資をする必要があるので、ピーク時の使用量は減った方がありがたい。時間的な変動は少なく、全体としては大量に使ってもらえるのが水や電気などの事業体にとっては一番である。

年間で一番水使用量が多い日の値に対する平均的な水使用量の割合を負荷率という。水道の場合、配水池などで分単位の需要の変動は吸収できるため、日単位での変動が着目される。この負荷率の値が小さい場合、ピークが飛びぬけていて、平常時に必要な水量に比べるとかなり大規模な施設を整備する必要があることになる。全国平均で負荷率は80％を少し超えるくらいであり、設備投資はこのピークに合せて行われている。水道施設の整備状況を調べると、一見、年平均、月平均の需給バランスではどう見ても過剰な供給能力があるように見えるのはこのためである。

さて、もう一度、生活用水の用途を振り返ってみよう（51ページ、図1－7）。風呂は頭や体を洗うため、トイレは便器を洗ってさらに排泄物を流し去るため、炊事は野菜や果物などの食材、まな板や鍋や包丁などの台所用具や皿やお箸などの食器を洗うため、洗濯は服やタオル等を洗うためである。歯磨きは歯の洗浄、洗顔は顔を洗うわけである。水を飲むのですら、体内の老廃物を汗や尿と一緒に排出するため、という側面も大きい。人間の体は水洗式なのである。

このように、生活用水というのはほぼ全部洗浄用である。そして、水は使ってもなくならないが、使うと汚れてしまう。水に汚れを運んでもらう、洗うことこそが水を使うということだからである。「水をきれいに使いましょう」という標語を見かけたことがある。汚したら利用可能性が減るので、汚さないように水を利用する、というのは正しい気もするが、まったく汚さない水の利用は使っていないのと同じであり、あたかも「水を使うな」と使用を制限しているような標語である。

水の利用はエントロピーの消費（増大）である、という解釈もある。汚染物質が水に拡散することはエントロピーの増大として定量化できるし、濃縮して分離するのにエネルギーが必要な点もエントロピー論で理解する方がわかりやすい、という方もいるかもしれない。さらに、普通の意味での水質には変化がなくとも、取水時と、放流時とで水温や重力ポテンシャルに変化があるような場合も水の利用だとみなせるが、これらもエントロピーの増大として一般化できるだろう。あるいは、元の水質、色や温度、高さに戻すのに必要なエネルギー量を水の使用具合の指標としてもいいかもしれない。技術水準によって変化するが、元の水質に戻すコストも、目的によっては水使用の良い指標となるだろう。

水は使ったら汚れて他の用途に使いにくくなる。逆に言うと、汚れた水を浄化すれば再び利用可能性が増す。もし純粋な化学者に、「水が足りない」と言ったなら、「水素を燃やして酸素と結合させると水ができて、エネルギーも得られるからそれがいいのではないか？」と助言してもらえるかもしれない。もちろん、このありがたい助言は何も間違っていないが、大量に水を造る際には水素を燃焼させるのではなく、汚れた水を浄化すればいいのだ。化学合成するわけではなくとも造水、と呼ばれるのである。ちなみに、水素を用いる燃料電池では温水が副産物として生成される。

違う場所にある水、厳密には重力だけで極めて低額の運用コストで輸送できない場所にある水は、同じ水でも違うモノだと考える必要があるのと同様、質が違う水は水といっても別物だと考える必要がある。飲める水が必要な人にとっては、飲めない水質の水はないのと同じである。そういう意味では、水が足りない、という場合には、どういう場所（と時間）に、どんな質の水が足りないのか、をはっきりさせないと、適切な対策を考えることもできない。

21世紀は水をめぐる紛争の世紀になるとか、世界では水で困っている人が多いといった話を聞くと、まずは飲み水が気になるに違いない。飲み水の健康リスクは低くないといけないし、できればおいしい方がいい。しかし、水量だけに着目した場合、動物の一員であるヒトとして生命の維持に最低限必要な飲み水は1日2~3ℓあれば十分である。

これに対して、その数十倍、先進国では100倍もの水を我々は病気を患わず健康に暮らすため、さらには文化的に暮らすため、身の回りをいろいろ洗うために使っている。逆に言うと、水の問題は、単に生きるか死ぬかだけではなく、ヒトが人間らしく生きることができるかどうか、健康で文化的な生活ができるかどうか、という尊厳、基本的人権の問題に直結している。そして、水へのアクセスがないのは誰か大口の利用者が大量に水を使っているから使えなくなっている人々がいるのではなく、あくまでも社会インフラが整備されているかどうか、社会インフラを整備・維持する国家体制と財政基盤があるかどうかに左右されており、第2章で紹介する水ストレスとは直接の関係はない。

生産のための水——工業用水

さて、我々が普段目にしないところでも水は様々に使われている。

図1－9は日本における工業用水の使用量である。棒グラフの高さが工場内で使用している淡水使用量で、1965年から1980年の高度成長期に3倍近くに増え、その後2000年くらいま

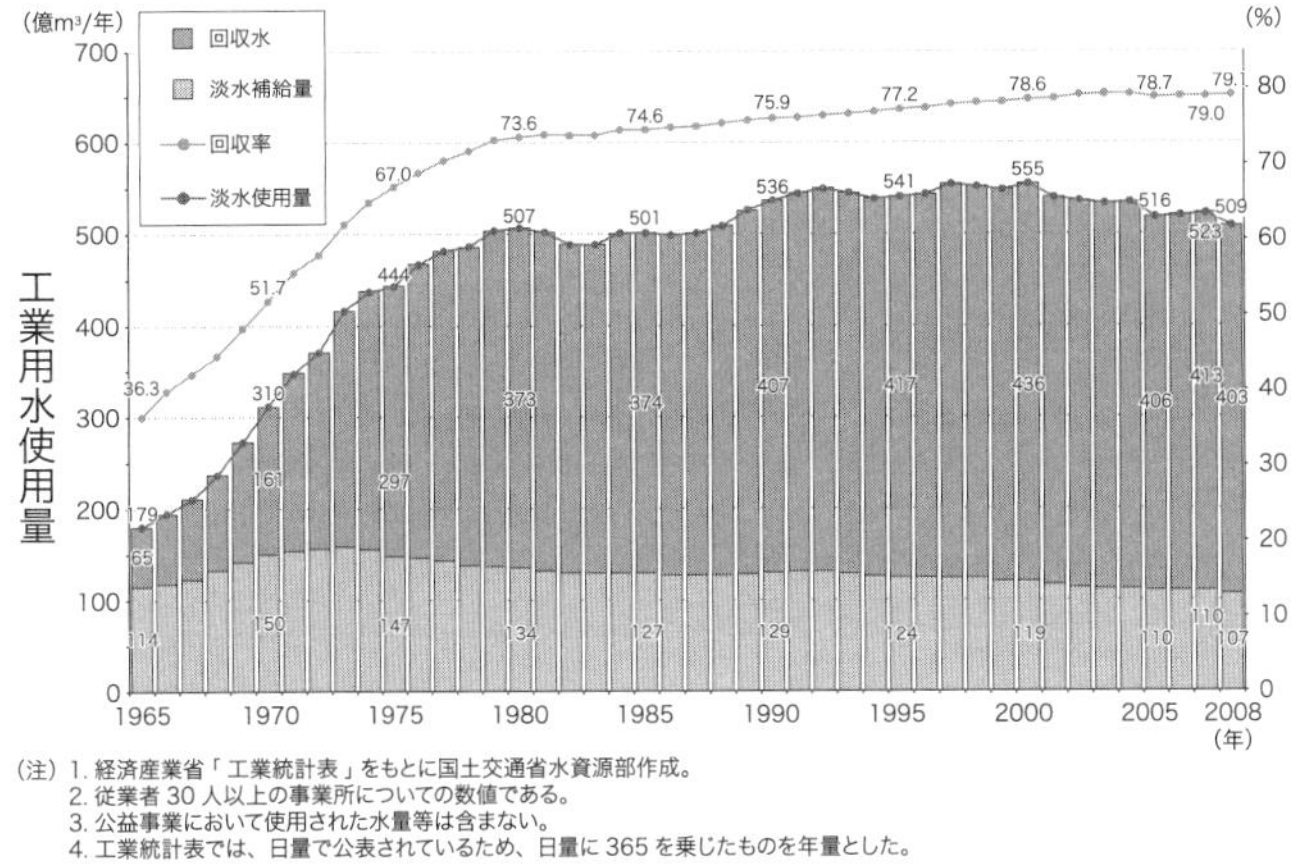

図１-９：工業用水使用量等の推移。平成23年版「日本の水資源」より。

で漸増し、この10年で微減し始めていることがわかる。しかし、工場で使われている水のうち、外部から取り入れている水（補給水）は棒グラフ下部、濃さの違う長さに相当する分だけであり、残りは一旦使った水を処理して再度使っている回収水である。家庭にあてはめると、水道の蛇口から使う分が補給水、風呂水を洗濯に使う分が回収水にあたる。

補給水量は１９７３年にピークを迎え、その後現在に至るまで減り続けている。淡水使用量に対する回収水量の割合は回収率と呼ばれるが、１９６５年には約36％だったのが１９８０年にかけての高度成長期に倍の約73％に増大し、その後も徐々に上昇して２００８年には79％、ほぼ8割になっている。つまり、工場内で使っている水の約2割だけ新たに淡水を取り入れて、残りは繰り返し再利用しているというわけである。ちなみに、工業用水統計は従業者30人以上の事業所に関する集計結果である。

全産業平均で約80％という日本の回収率は世界的にも高いと推察されるが、日本のように水に関しても産業統計が詳細に整って公表されている国は少ないため、各国間の比較をすることは難しい。断片的な情報として、中国では回収率を6割以上にすること、という規則があるという。6割と8割とでは大して変わらないような気がするかもしれないが、水資源を使うという観点からすると、補給水量は10割から回収率を引いた残りの4割と2割なので、同じモノを作るのにトータルではほぼ同じ水量が必要だとすると、回収率6割の場合には回収率が8割の場合の2倍の水を使っている、あるいは回収率6割の国や工場は回収率8割の場合に比べて水あたりの生産性が半分だ、という計算になる。

中国、特に北部は人口も産業も集中しているのに水資源が不足し、水不足によってさらなる発展が阻害されるのではないかとまで言われている。しかし、現在まだ回収率が低いということは、逆に言うと、今後工業用水の回収率をあげれば同じ量の水でもかなりの増産が可能だ、ということでもある。それを実現する技術はすでに日本の工場に実装されているわけであり、まさに後発のメリットを存分に生かすことが可能なはずである。

むろん、節水のための設備投資をするかどうかは、水の機会費用、あるいは利用可能性や公的規制に依存している。日本でも、1973年をピークとして工場が外部から取水する補給水量が減少を始めたのには、そうした影響がうかがえる。まず、地盤沈下の進行防止を目的として1956（昭和31）年に制定された「工業用水法」の規制によってそれまでは実質的に自由に汲み上げ可能であった地下水揚水が制限されるようになり、また、首都圏、中京圏、関西圏などの都市への人口の集中により、河川水の需給は逼迫し、新たな水資源の確保には相応のコストを支払う必要性が高まった。

1967（昭和42）年には「公害対策基本法」が定められ、大気汚染や土壌汚染、地盤沈下などと共に水質汚濁が公害として規定された。さらに、水俣病などを受けて、特定水域に対する特定産業からの排水が漁業、水産物を通じて住民の健康に及ぼす影響の軽減に主眼を置いていた「公共用水域の水質の保全に関する法律」（水質保全法）および「工場排水等の規制に関する法律」（工場排水規制法）を包括する、「水質汚濁防止法」が1971（昭和46）年に施行され、全ての公共水域や地下水の水質保全と工場や事業所からの汚水および廃液の排出や生活排水の規制が一体として行われるようになった。

水質汚濁防止法では基準に適合しない工場や事業所からの汚水および廃液の排出を禁止するのみならず、工場または事業所における事業活動に伴う有害物質の汚水および廃液に含まれた状態での排出、地下への浸透により、人の生命又は身体を害したときにはその損害を賠償する責任がある、とされている。これはＯＥＣＤ（経済協力開発機構）が1972年5月26日に採択した汚染者負担原則（Polluter-Pays Principle）という考え方を先取りするものであり、「公」害であっても、公的セクターが賠償費用を負担するのではなく、原因企業に賠償負担のすべての責任を負わせることにより、事前の回避策投資への動機づけを行おうとするものである。さらに、民法における通常の過失責任の原則に反して、有害物質の健康影響に関しては故意または過失がなくても汚染者が賠償責任を負うという無過失責任が定められている点も特徴的である。

こうなると、罰則や賠償を回避するための設備投資が合理性を持つようになった。工場や事業所からの廃水の水質改善や下水道の普及などにより公共水域の水質も劇的に改善した。あまりにも水質が悪化し不快な状況となったため、隅田川では伝統の早慶レガッタや夏の花火大会が1962

（昭和37）年には一旦中止された。中止された頃には38㎎／ℓもあったBOD（生物化学的酸素要求量。値が大きいほど汚染されている）も1975年頃には当時の水質基準を満たすようになり、早慶レガッタも花火大会も復活した1978（昭和53）年にはBODは6㎎／ℓ程度にまで下がっている。

さらに、水処理技術の進展もあり、廃水基準を満たすだけのために浄化するくらいなら、もう一段階高度な浄化処理を廃水に施し、工場の中で再度利用した方が外部から工業用水を購入するよりもコストを抑えられる状況となった。つまり、水質汚濁防止法の廃水規制が各企業の工業用水の回収利用のための投資を促し、淡水補給量の減少と回収率の増大をもたらしたのである。

工業用水道とは、上水道とは違い、飲用を前提としない水質に浄化され、地方自治体が供給しているもので、単価も全国平均で1㎥あたり23円程度と上水道よりはだいぶ安くなっている。しかし、工業用水がすべて工業用水道から来ているわけではなく、食品産業などを中心として上水道も用いられているし、河川から取水する水利権を工場や事業所が持っていたり、井戸など自前の水源を備えていたりする場合もある。上水道も工業用水道も元をたどれば河川水であったり、地下水であったりするが、2008年時点の統計で、約7割が河川水、約3割が地下水である。

また、海水は通常水資源であるとはみなされていないが、工業用にはそれなりに用いられている。2009（平成21）年時点の統計で、年間4111万㎥の海水が工業用に用いられている。海水の用途は概ね冷却用であるが、淡水も含めて、工業用水はボイラー用水、製品処理用水、冷却用水、温調用水などに分類される。業種別には、化学工業、鉄鋼業、そしてパルプ・紙・紙加工品製造業の3業種で淡水補給量全体の約60％、淡水使用量の70％を占めている。回収率が鉄鋼業では90％、化学工業でも85％なのに対して紙パルプ関連では50％に満たない。そのため、淡水使用量でのシェアが大きくなっている製紙・パルプ産業は、比較的古くから立地し独自の水源を確保している場合が多いことが低い回収率にとどまっていることに影響しているだろう。

日本では、水力発電に用いられる水量は工業用水にはカウントされないのが普通であり、年間の発電用水使用量も整理されていない。発電用に取水しても、何度か発電機を回して重力エネルギーを失うだけでほぼ同じ水質の水が、100%近く河川に復流するので下流の農地や都市にとっては使っていないのと同じだ、という考え方がその背景にはあるのだろう。

もちろん、取水地点と放流地点との間は場合によっては何十キロも離れていることがあり、その区間を流れる普段の川の流量が著しく減少してしまう、という影響はある。鮭や鮎などの遡上といった生態系へのダメージだけではなく、例えば川原の風景がすっかり変わってしまうと景観上、観光上もマイナスになる可能性があるし、日本ではトラック輸送にほぼ代わられてしまったが、舟運に必要な水深が保てなくなると致命的な影響を受けてしまう地域もあるだろう。

舟運や景観維持、水棲生態系維持のための水は、そこに存在することが重要で、特に量的に減るわけではなく、質的にも特に変化しないので、水資源の消費あるいは使用であるとは普通は考えられていない。しかし、ある場所で喫水や景観・生態系維持のために一定の水を確保する必要があり、それが権利化されている場合、その地点の上流の利用者はそれだけの水を残す、という責務を負い、水資源の使用に制限がかかることになる。

そういう意味では、たとえ質的にも量的にも変化を伴わない水の確保であっても、他の利用者の水利用を阻害するとしたら、阻害されている利用者にとっては舟運目的だろうが景観維持目的だろうが水を使っているのと同じである。つまり、水を使うとは、排他的に水を利用するということなのである。

　水力発電というと、発電用のダムを造って流れを堰き止め、貯水池から取水して発電しているという印象があるかもしれないが、流れ込み式といって、大規模なダム（堤体高さ15m以上）は造らず、小さな堰で少し水かさを増して川の横の取水口から水を取り入れて水路で発電機まで導水するというタイプの水力発電が日本では数的には多い。

　また、揚水発電というのは、貯水池を2つ持ち、俗にそれぞれ上池、下池と呼ばれるように、夜間の余剰電力で下池の水を上池に汲み上げ、日中のピーク時にその水をまた下池に落として発電するものである。ロスがあるので発電できる電力は汲み上げに使うエネルギーの70％程度である。揚水発電所は上げ下げを考えると、発電というよりは電池である。一方で、太陽電池は電池と呼ばれはするが実際に電気を生み出しているので、太陽発電パネル、と呼ぶ方が正しい。揚水発電と太陽電池とはすっかり用語が入れ替わってしまっている。

　重力エネルギーを利用してエネルギーを貯留するという目的では、水でなくとも何かもっと密度が大きく重いものを入れれば同じ容量でもたくさんの電気を蓄えることができるはずである。密度の大きい液体というと水銀であるが、周囲に深刻な環境汚染をもたらしそうなので非現実的だ。人間社会では様々な用途に水が使われているが、必ずしも水でなくとも液体ならなんでもいい、という場合も多い。それでも水が多用されるのは身近にたくさんあって、容易に利用可能である、というだけではなく、身近だからこそ事故で漏れても深刻な問題は生じにくい、というのも大きな利点であるからだ。揚水発電の次善の策としてパチンコ玉を水の代わりに揚水発電、いや、揚玉発電に用いてはどうか、と思ったりもするのだが、摩耗が多くて技術的に難しいのか実用化の話も聞かな

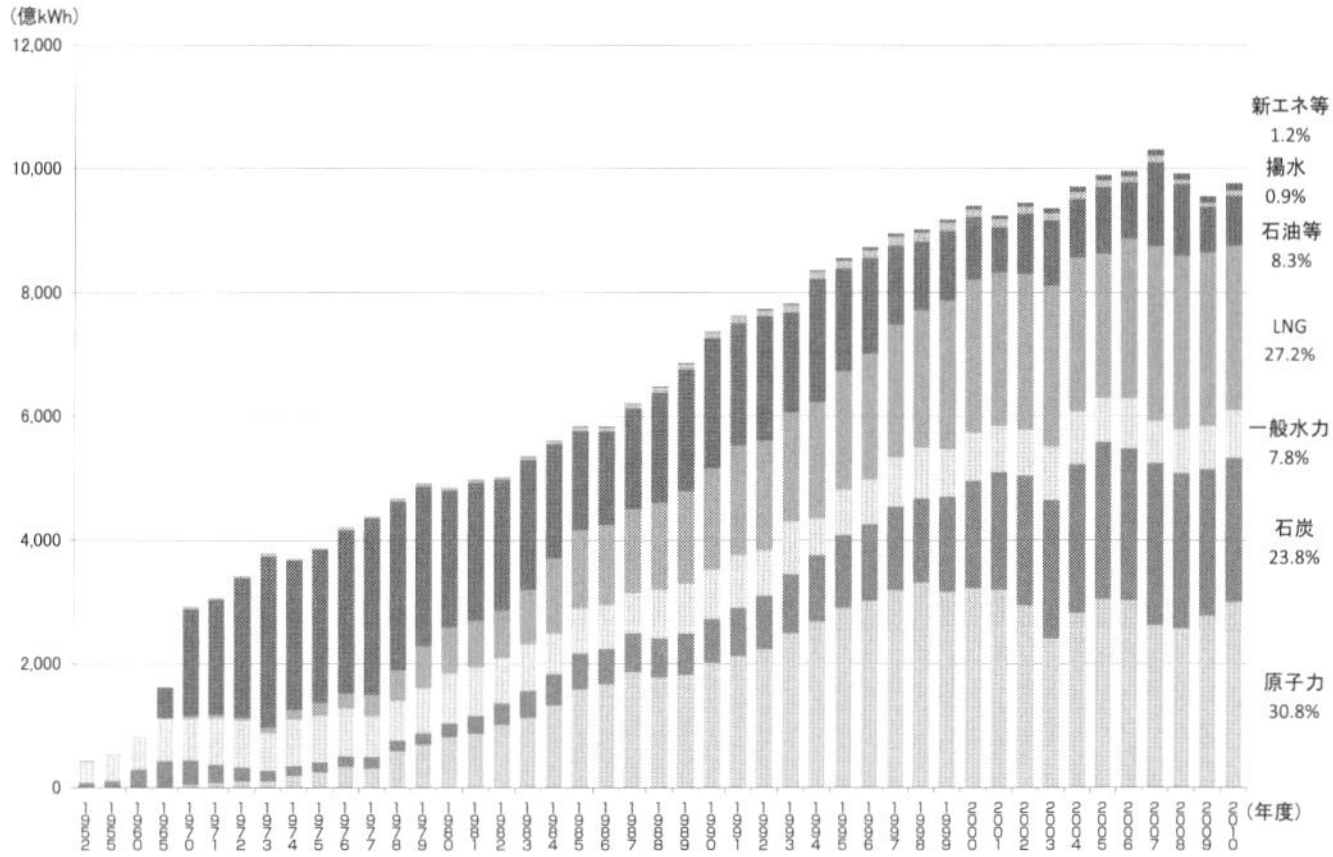

図1－10：発電電力量の推移（一般電気事業用）。エネルギー白書2011―資源エネルギー庁―経済産業省より。

い。

日本における水力発電のシェアは図1－10のようである。この図が始まる1952（昭和27）年時点では水主火従と呼ばれていたほど水力発電のシェアは高く、発電量のほぼ8割を水力発電が担っていた。また、戦中からアメリカ・テネシー川流域の総合開発に触発されて、「河水統制事業」という名のもと、水力発電と治水・利水を目的とした開発が進められていたが、適地が限られていることなどから、1956（昭和31）年の佐久間ダムや1963（昭和38）年の黒部ダムなどの象徴的な大規模開発を最後に、水力発電の伸びはほぼ止まった。高度成長期に入り需要が伸びると火力発電が、1966年には初の商業用原子力発電所である日本原子力発電の東海発電所を皮切りに原子力発電が増大し、相対的に水力発電のシェアは落ち込んで、現在は7％程度で水従火主となっている。

しかし、世界に目を向けると、発電量の約16％は水力発電が占めており、ブラジルやウルグアイなどでは水力発電が80％以上を占め、ノルウェーのようにほぼ１００％水力発電である国もある。スイス、オーストリアやニュージーランドなどでは水力のシェアが５割を超えている。

石油の産出量がそろそろピークを迎え、天然ガスやウランも含めて化石燃料を安価に利用できなくなる見込みが現実的になってきた現在、再生可能エネルギーである水力発電がもう少し見直されてもいいように思うが、大規模に発電するためにはダム貯水池を造ったり、流し込み式でも流量低下（減水）区間ができたりと環境負荷が小さくないことなどが広く認識されているためか、今のところは水力発電開発が再び盛んになってはいない。

灌漑幹線水路などの小規模だが水量が安定している流れに埋め込むような小規模水力発電も技術の進展と共に広がりつつある。「新エネルギー利用等の促進に関する特別措置法」（新エネ法）の対象となるのは出力１０００kW以下の比較的小規模な発電設備であり、日本政府の定義では大規模水力発電は再生可能エネルギーに入っていない。ところで、１０００kWでは毎日24時間安定して発電できたとしても標準的な約２４００世帯の需要をまかなうことが精いっぱいである。郊外では有効な地域も多いかもしれないが、人口密度の高い大都市に電力を送るには力不足の感は否めない。

食料のための水――農業用水

生活用水と工業用水とを合わせて都市用水と呼ぶ。そして、都市用水に入らないのが農業用水である。図１－11は世界の水資源の使い方を取水量と消費量で示したものである。取水量は川や湖沼、地下水から汲み上げる水の量で、水質は劣化するもののそのうちの一部は再び自然の水循環に復流

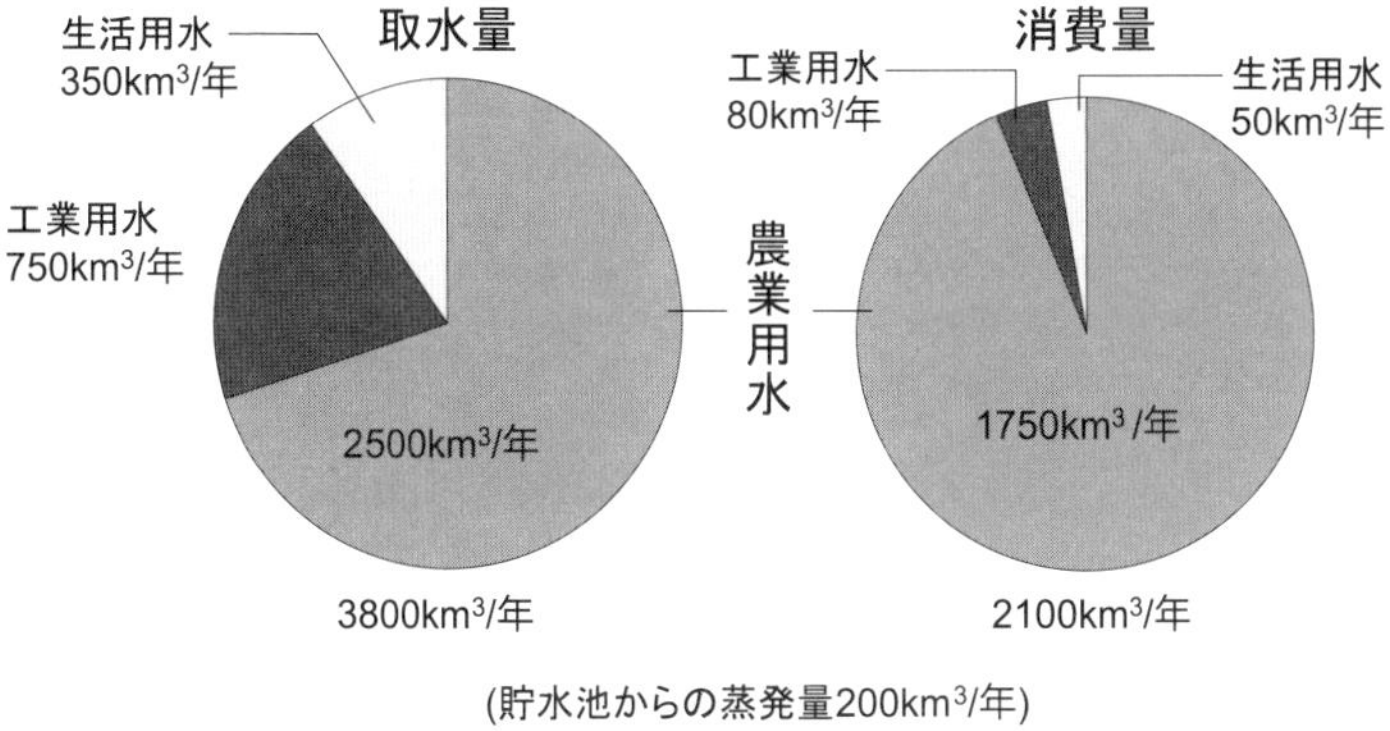

図1-11：世界の年間水資源取水量と消費量。Shiklomanov（1996）のデータに基づいて作成。

する。もどらずに蒸発して失われる分が一般に消費量だと見做される。この推計では農地灌漑でも消費量は取水量の70%で、30%は復流している。生活用水や工業用水では逆にそれぞれ85%、90%は復流し、消費されて失われるのは取水量のわずか15%、10%程度である。その結果、世界の水資源取水量全体の7割、消費量に換算すると9割が農業用水に利用されていることになる（貯水池からの蒸発量を除く）。

　農業用水の消費量は主に地面からの蒸発量や作物からの蒸散量であるが、穀物に含まれて、地域外に運ばれていく分の水もわずかながら含まれる。生育時に蒸散する水の1／1000、1／2000といった量である。工業用水の消費量は冷却の際に蒸発する分や、食品産業で製品に含まれて運ばれていく分である。家庭では洗濯物を乾かす際に失われる分や、調理、あるいは庭の水撒きなどが主要な消費分で、残りは基本的に下水等を通じて自然の水循環に戻っていく。

　先に紹介したとおり（36ページ）、これらに加えて、貯水池からの蒸発量が世界合計で年間200㎦と見積もられている。最近の推計結果でも、主要な水力発電ダム貯水池からの年間の蒸発量だけで90㎦とされている。

日本での水資源使用量、2008年時点で年間824億㎥の取水量のうち、奇しくも世界平均と同様に約2／3（546億㎥）が農業用水、約15％（123億㎥）が工業用水、約20％（155億㎥）が生活用水である。日本では、取水する権利（水利権）は河川管理者によって管理されていて、都市用水に関しては測定されていることになっているし、農業用水に関しても取水量の報告が義務付けられているのでそれなりの統計値が得られる。しかし、それがどの程度消費され、残りが地下水を涵養したり河川に復流したりしているのかは通常計測されていない。水田灌漑用水から河川に復流する水は特に還元水と呼ばれ、取水量に対する割合を還元率という。世界平均では3割とされる還元率も、湿潤な日本では、平時はかなりの水が復流しているものと想定される。実際には、年によって異なり、灌漑が必要な期間に降水量の多かった年では30～90％の還元率も、降水量が少なかった年では20～60％だったという推定結果もある。これらの間を取って、農業用水の還元率を50％とし、生活用水や工業用水の消費割合は世界平均と同じだと仮定すると、日本の水資源消費量は農業用水が273億㎥／年、工業用水が12億㎥／年、生活用水が23億㎥／年、合計308億㎥／年で、やはり農業用水の消費量が全体の約9割を占めることになる。

このように、量として水資源を一番必要としているのは農業分野であり、産業革命以前の水資源開発といえば農業振興のためであった。しかし、世界中で観察されるように生活レベルの向上に伴って、穀物に偏重したカロリー摂取から、肉類や果物、野菜など多様な食べ物から栄養を得る食生活に日本も移行し、年間1400万t以上収穫されていた最盛期（1968年）には日本人1人あたり年間110kg程度食べていた白米も、現在では年間60kg／人となり、2010（平成22）年には収穫量も850万tを下回るようになっている。

こうした食生活の変化に対応して、日本最後の大規模干拓事業である八郎潟に大潟村ができた1964（昭和39）年から6年後の1970（昭和45）年にはいわゆる減反政策が始まり、コメの生産調整が行われるようになった。水田面積が最大時の約320万ha（1969年）から約240万ha（2006年）へと漸減している以上に、作付面積は317万ha（1969年）から162万ha（2009年）と、半減に近い減り方となっている。これに対して農業用水取水量は1975年の570億㎥／年から2008年の546億㎥／年へと5％も減っていない。

水利権を手放したくない農家が、不要になっても農業用水の取水権を手放さないからだ、という見方もあるし、農業用水路から水田に水を引き込むためには水位を高く保つ必要があるからだ、という説明もある。総合地球環境学研究所教授の渡邉紹裕先生に言わせると、農業用水は「水で水を運んでいる」ので、水田で水を使わなくなったからといってすぐに減らせるわけではないという。それに、世界の文明にとって灌漑用水の確保こそが文明の勃興そのものであったのと同様、日本の水資源開発は水田灌漑のために、地域住民が多大な労力を投じて開発し、場所によっては1000年以上も綿々と維持してきた賜物、歴史財産である。一時的に不要になったからといって、放棄する必要はない、という判断になるのは理解できる。

現在のように高度に水が管理されていなかった時代には、自然の変動に対して農業はもっとずっと無力であり、渇水年には水をめぐって熾烈な争いがあった。川の上流で取水するとその分下流には流れなくなる。夜陰に乗じて下流集落の若者が上流の取水堰を決死の覚悟で破壊しに行った、といった逸話があちこちで伝承されている。左右岸でも同様の軋轢が生じ得る。そうしたもめごとを解決していく中で、古田優先といった水利秩序が形成されてきたのである。また、同じ集落内でも取水の公平さを納得するため、用水の番をする際、線香水といって、線香が燃えるのを利用して田に水を入れる時間を測ったりもしていたという。長年水の確保に苦労してきたそういう歴史を思うと、なかなか水の権利を手放さないのも、むべなるかなである。

減反が始まった頃の1970（昭和45）年から用途間をまたがった水の転用がなされている。2010（平成22）年度までに毎秒およそ60㎥分が農業用水、工業用水、生活用水の間で転用され、そのうち農業用水が都市用水に転用された量が毎秒約40㎥程度である。冬季は水路維持に必要な最小限の水量があればいいなど、水田灌漑に必要な量はそもそも時期によって異なる。これに応じて農業用水の水利権も季節によって異なるのが普通であるが、この転用された水量毎秒40㎥が年間の平均値だとして水利権量に換算すると年間約12・6億㎥となり、この値は1975年から2008年への農業用水の減少分年間24億㎥の約半分に相当する。

また、農林水産省があらゆる機会をとらえて訴えているように、農業用水には多面的な役割がある。それは、単に水田や畑地での作物の生長が旱魃によって阻害されないようにする、というだけではなく、人が造ったとはいえ身近な二次的自然環境に潤いを与え、景観を形成・維持し、水田や用排水路沿いの動植物の生態系を守る、という役割である。言われてみればあたりまえであるが、わざわざあえて声高に主張せねばならないのは、水資源総使用量の中で農業用水の割合が高く、また、水使用量あたりの付加価値が相対的に低いために、世界的には水需給が逼迫する中で、農業用水への風当たりが強いことが国内でも十分に意識されているからである。

もし、国内の水需給が逼迫していて、水道供給がしばしば断水したり、工業用水不足のため産業立地に制約が出ているような状況であるならば、節水農業を進めたり、「水で水を運ぶ」やり方を工夫して、食料生産に見合った農業用水量に軽減して都市用水に転用したりする、という必要もあるだろう。しかし幸いなことに、ずっと後追いであった日本の水資源開発による供給量の増強もようやく水需要に追い付き、水が足りないという事態が生じる場所、地域は平年であれば極めて限られるようになってきた。

日本では2004年をピークとして人口が減少し始め、産業が回収率を高めて必要な補給水量を減らし続けている上に、製造業が国外に移転しつつある現在、無理やり農業用水の水利権を転用する喫緊の必要があるとは考えられない。転用せず、単に節水するとしたら、生態系にとってのプラスもあるだろうが、使わずに海に流れる分が増えるということである。農業用水をたくさん使っているから単純に悪い、節水すべきだ、ということにはならないだろう。使える時には水はありがたく使わせてもらえばよいのだ。

しかし、水が足りない際には話が別である。水資源は年による変動が大きいので、平年は水余りの状態でも、深刻な渇水になる可能性はいくらでもある。特に、現在の水資源計画において想定されている渇水の安全度は極めて低く、数十年に一度は寡雨による深刻な水不足が生じる恐れがあり、そうした異常渇水時に頼れる余裕分として農業用水を確保しておくというのも一つの考え方である。

まだ水資源整備が途上であった昭和の終わり頃には、しばしば日本中で渇水が生じたが、数字の上ではそれなりに水資源施設が整備されていることになっている九州北部の筑後川水系の方が、関東の利根・荒川水系よりも深刻な事態に陥ることが多かった。

利根川と筑後川とでは川の流域面積が6倍近く違うことや、ダム貯水池の整備率も違うなど地域的な気候の違い以外にも様々な要因が考えられる。中でも大きな要因の一つとして生活（水道）用水に対する農業用水の割合が、利根川では9倍もあるのに対して、筑後川では5倍程度であったことが影響しているのだろう。つまり、利根川では、農業用水の取水量を10％減らすと、生活用水の水利権分くらいの取水が節約できるのだ。農家に少し我慢してもらうと、都市生活者にとっては大変助かるのである。もちろん、今後再び灌漑用水需給が逼迫した状況になっていくとしたら、我々は食料生産か、豊かに水を使う生活か、難しい選択を迫られることになる可能性もある。

一方で、農業用水にはどんなに多面的で重要な役割があるといっても、それが大事にされてきたかというと、実はそうでもない。かつて水の都あるいは水郷と呼ばれた町は日本中にある。大阪や松江、柳川のみならず江戸ですら、昔ながらに栄えていた町の多くはことごとく水の都であった。トラック輸送に取って代わられる前は舟運が物資輸送の根幹であったので、水路が網の目のように張り巡らされていない町は栄えようがなかったのである。そして、当時の水路は舟運だけのために維持整備されていたわけではなく、当然農地の用排水路という多面的性格をも有していた。

ところが、近代化によって運河としての役割が不要となり、農地が都市化されて灌漑水路としても期待されなくなると、そうした都市近郊の水路は排水路としての役割だけを負わされ、利用しない水路への住民の関心も下がり、ゴミが投げ捨てられていても清掃されることもなく見棄てられていった。

春の小川は、さらさら行くよ、と歌われた川のモデルは河骨川《こうほねがわ》といって渋谷川の支川である。渋谷川は昭和初期までは灌漑排水路として利用されていたが、戦後、周辺の宅地化で水田も減ったため、その役割を終えた。当時の新興住宅街であった山手線西側沿いののどかな武蔵野丘陵は、アスファルトとコンクリートに覆われた都会となった。都会化された流域では雨水は地面に染み込まず、渋谷川は普段は家庭雑排水が流れ込むのみの排水路となった。そして渋谷駅よりも上流の渋谷川は暗渠となり、1965(昭和40)年、その区間は河川ではなく下水道幹線となった。

ちなみに、一見汚れた川のように見える開渠(蓋で覆われていないということ)下水道もあり、川なのか下水道なのかは単に行政的な管轄の問題である。東京では昭和30年代に河川なのか下水道なのかを決める水路の仕分けがなされた。トイレの汚物はバキュームカーによって汲み取って処理されていた東京では、「Great Stink(大悪臭)」と呼ばれたロンドンのテムズ川ほどではなかったにせよ、開渠の下水路となった川は臭っていた。蓋をして暗渠化して欲しい、という要望が周辺住民から出るのは当然だろうし、蓋の上が道路などに利用可能となる暗渠化は、行政としても願ったりかなったりだったのだろう。

このように東京の中小河川が暗渠化された経緯については、東京大学特任助教の中村晋一郎氏にいろいろと教えてもらったのだが、彼の研究によると、1961(昭和36)年に出された東京都の答申では、首都近傍では、隅田川と荒川を残してその他はすべて暗渠化すべし、といった意見すら述べられていたのだという。都市の魅力の前には、のどかな田園風景を流れる水路の「多面的機能」はまったく尊重されなかったのである。

今も都内各地に残る「○○緑道」といった名前の細長い道や、住宅街を妙な線形で斜めに横切る道は暗渠化された昔の水路の名残であることが多い。渋谷川の例で言うと、宮下公園からキャットストリートを表参道方面へ向かう暗渠化された旧河道は、参道を過ぎてもしばらくは名残をたどることができる。グラフィックデザイナーの佐藤卓さんや京都造形芸術大学教授の竹村真一先生を誘って中村氏と共に歩いたことがあるが、今は歩道となっている部分が川であった名残で、住宅が道に背をむけていたり、昔の堤防がそのまま残っていたり、橋があったところだけ道も高くなり、古くからの道はそこで交わっていたりと、いろいろな痕跡を見つけるのは非常に興味深かった。

水と光合成

さて、この章の最後に、なぜ大量の水が農業に必要なのかを考えてみよう。大気中の二酸化炭素と水を原料とし、太陽のエネルギーを使った光合成によって多くの作物はでんぷんを合成する。光合成によって消費されるため葉の中の二酸化炭素濃度は周辺の空気（大気）中よりも低く、気孔を開けることにより大気から葉の中に二酸化炭素を取り込むことができる。これに対し、葉の中は水蒸気で飽和に近く、周辺の大気中の水蒸気圧よりも高いのが普通なので、気孔を開けるとどうしても水蒸気が逃げてしまう。

つまり、二酸化炭素を得るためには気孔を開けざるを得ず、それに伴って仕方なく蒸散してしまう水分を補うために植物は根から水を吸い上げる必要があるのである。

植物が乾燥重量で1g光合成するのに必要な水の量（㎖あるいはg）は要水量と呼ばれ、トウモロコシなどでは約300㎖、コメやコムギなどでは約500㎖程度である。これに対し、日本では、用水量という言葉も用いられ、こちらは、植物の光合成とは関係のない地面からの蒸発や、地下への浸透なども含めて、作物の栽培にどの程度の水が必要であるかの目安に用いられる。灌漑の場合には、取水地点から目的の耕地までの間に失われる損失分も込みの値である。

ある程度以上密な植生地では地面からの蒸発は葉からの蒸散の1割内外であることが多いし、地下水まで浸透するほど灌漑すると塩害を引き起こすおそれもある。一方、水田では水位を保つために浸透能の低い粘土の層を設けたりする。そういう意味では、耕地への用水量は要水量の2倍程度、トウモロコシでは500㎖、コメやコムギでは1000㎖程度だと考えて良い。

光合成しても、全部が食べられるわけではない。茎や葉、根など、食べられない部分も作物から栄養をもらうには必要である。光合成して育った分の中で食べられる部分の重さの割合は歩留まり率と呼ばれ、普通に食べる場合にはコメでは約65%、コムギでは約80%、トウモロコシでは約50%である。これらを考慮すると、結局、1gの可食部乾燥重量を得るのにコメでは1500㎖、コムギでは1250㎖、トウモロコシでは1000㎖の水が必要だ、ということになる。でんぷんや砂糖の場合、乾燥重量1gあたり約4㎉なので、結局、穀物の場合には1㎉得るのに250〜400㎖の水が必要だ、ということになる。

これに対し、肉類は、可食部1kg得るのに鶏肉では2〜3kg、豚肉だと7kg、牛肉だと11kg程度の飼料用穀物が必要なので、飼料用穀物が育つのに必要な水だけでも、鶏肉では約1ℓ、豚肉だと約2ℓ、牛肉では約3ℓの水が1㎉を得るのに必要な計算になる（註：研究で推計する際には、飼育段階ごとの飼料用穀物の割合や、家畜が飲む水、副産物や母畜なども考慮する）。現在の日本ではカロリー摂取の約4割を肉類から得ており、普段の食生活ではざっと1㎉分の食材あたり1ℓの水が使われている、と考えて良い。

太平洋研究所のピーター・グレイク博士は、穀物だと1㎉あたり1ℓ、肉類なら1㎉あたり5ℓ

の水が必要だ、という原単位を用いて食料生産に使われている世界中の水の量を推計し、2700㎉／人／日だとして年間1600㎥／人の水が必要となる、としている。後にスウェーデンの水環境科学者マリン・ファルケンマーク博士とロックストルム博士らは、穀物は0・41ℓ／㎉、肉類は4ℓ／㎉と仮定すると、3000㎉／人／日でも年間1300㎥／人で済む、と算定しなおしている。

結局、個人差は激しいが、我々は毎日1500～3000㎉程度を摂取しているので、それに応じて1500～3000ℓ程度の水を使って作られた食料を食べているのである。ちなみに、一般的なバスタブには約200ℓの水が入るので、その8～15倍ということになる。ただし、そのすべてを灌漑で賄っているわけではなく、多くの水は耕作地に降る雨や雪、天水起源である。

国立環境研究所の花崎直太博士らの推計によると、世界の農地からは年間7650㎦の蒸発散が生じているが、そのうち約2／3にあたる5080㎦が非灌漑（天水）農地からであり、さらに灌漑農地でも天水起源の蒸発散が全体の約1／6弱の1220㎦ある。

このように、食料生産には、耕作地への天水の寄与が極めて高いにもかかわらず、実は旧来の水資源工学では天水は水資源だとはみなさず、川や地下水から汲み上げて灌漑する水だけを水資源として考慮の対象としてきた。コントロールできないものはエンジニアリングの対象から外す、ということであったのかもしれない。

1990年代になり、マリン・ファルケンマーク博士が率いるスウェーデンの水研究者たちが食料と水との関係を考えているうちに天水の重要性に気づき、天水起源で作物の生長に寄与する水を「グリーンウォーター」と名付け、旧来の水資源、川の水や地下水などを「ブルーウォーター」と呼ぶことを提唱した。

水に色を付けて呼ぶのが流行り始めた結果、工場廃水などをブラウンウォーター、家庭のトイレ排水をブラックウォーターなどと呼ぶような場合もあるが、ブルーやグリーンほどには定着していない。グレイウォーターはトイレ以外の家庭排水や工場廃水を指していることが多いが、第2章で述べるウォーターフットプリントの文脈では、汚染した排水あるいは廃水を環境基準にまで希釈するのに必要な水の量として、オランダのウォーターフットプリントネットワークによって定義されている。

ファルケンマーク博士から聞いた話では、元々、土壌中に貯えられた天水起源の水が作物に用いられる分をグリーンウォーターと呼ぶことを提唱したのだが、FAO（国際連合食糧農業機関）がその概念を広げる際に、降った雨がブルーウォーター（流出）とグリーンウォーター（蒸発）とに分けられる、という風に整理したため、話がややこしくなったと怒っていた。そういう意味では、同じグリーンウォーターといっても場合によっては違う意味で使われていることもある。蒸発量、という観点からすると、世界には農耕地1500万km²、その他牧草地などにも使われる草原がその倍、約3000万km²あり、両者合わせて全陸地面積1・3億km²の約1／3である。他方、世界の約1／3は沙漠地帯であり、雪氷に覆われた地域など蒸発散量の少ない土地も多く、人間が直接恩恵を受けている農耕地および牧草地からの蒸発散量は陸地全体からの蒸発散量の約1／3に相当する。

取水量という観点からは最大限利用可能な水量の1割しか使っていない人類も、食料生産に使われている水、という観点からすると、すでに3割以上を使ってしまっている。だとすると今後のさらなる世界人口の増加や経済成長が水資源という観点から大丈夫かどうか、気になるのではないだろうか。次章では世界の水問題、そしてその将来について考えてみよう。

第1章のまとめ

●多雨地域を水源とし、下流の乾燥地を流れる大河沿いに文明は生まれた。
●地球表層の水は地球の重さの1／5000、体積では1／1000。
●地球の水の総量は（人類の時間感覚では）変化しない。
●地球上の水の約97・5％が塩水。海水は約96・5％。
●化石水は汲み上げて使ってしまったらなくなる非持続型資源の地下水。
●ダムへの貯留や化石水の汲み上げも海水面を変化させる。
●人類にとって使いやすい淡水資源が全体の0・01％であることは希少さとは関係がない。
●持続的な水資源利用を考える場合、淡水の貯留量（ストック）ではなく、循環量（フロー）で考えるべきである。
●水は天下の廻りものであるが、時間的、空間的に偏在しているため、使いたい時に使いたい場所で必要なだけ使えるとは限らない。
●地球上を循環している水資源の約1割を人類は取水している。人類が恩恵を受けている農耕地や牧草地からの蒸発散量は陸地全体からの蒸発散量の約1／3。
●水が十分に使えない人がいるのは水の時空間的な偏在のせいだけではなく、富の偏在、分配の問題に起因している。
●日本が水に恵まれているのは、単に雨が多いからではなく、目立った乾季がなく、季節を問わずそれなりの量が降るという点である。
●水はローカルな資源だ。だからこそ愛着が湧く。
●水は重さあたりの価格がとてつもなく安い。運送や貯留にかかる費用が相対的にとても高くなるので、必要な時に必要な場所に必要な質の水がないと、水資源としてはないのと同じである。
●ペットボトルやガラス瓶に詰められた瓶詰水と水道水を同じ量あたりで比較すると約1000倍の価格差があり、同じ商品として議論するのには無理がある。
●瓶詰水は砂糖もカフェインも入っていない清涼飲料水だと考えるべきである。
●できるだけ動力に頼らず、重力を利用して水を輸送するべきである。
●安全な水へのアクセスがないと、単に衛生状態が保てず健康リスクを負うばかりではなく、自由な時間を奪われ、就学や就労の機会を奪われることになる。
●生活用水はほぼ全部洗浄用。水を使うとは水を汚して水に汚れを運んでもらうこと。
●節水機器の普及もあって、日本の1人あたり生活用水使用量は減少し始めている。
●ヒトが動物として生き延びるのに最低限必要な量の100倍もの水を先進国の我々は健康で文化的に暮らすために汚している。水の問題は単に生きるか死ぬかだけではなく、ヒトが人間らしく生きることができるかどうかという尊厳の問題に直結している。
●水が使えるかどうかは乾燥しているか湿潤しているかといった気候条件よりは水を安定して供給できる社会基盤が整備されているかどうかに左右されている。

●水資源需給が逼迫していたり、排水規制が厳しかったりすると、工場での水の再利用、回収水利用が促進される。
●さまざまな社会基盤施設が長い年月をかけて開発され、維持されてきたおかげで、ようやく最近になって日本では水不足で困る機会が減ってきた。
●農業用水には「水で水を運んでいる」という側面がある。
●のどかな田園風景を流れる水路には「多面的機能」があるが、都市が開発されていく過程では尊重されず暗渠化されていった。
●毎日2000kcal摂取している人は、約2000ℓ、風呂桶10杯分もの水を使って作られた食料を毎日食べている。ただし、耕地に降る天水（グリーンウォーター）を含む。これに対し、川の水や地下水などはブルーウォーターと呼ばれる。

第2章　水、食料、エネルギー

世界の水危機

「20世紀は石油をめぐる紛争の世紀であった。このままの状態が続くと、21世紀には我々は水をめぐって争うことになるであろう」

当時、世界銀行の副総裁であったエジプトのイスマイル・セラゲルディン氏は1995年にそう語った。世界銀行の副総裁というと権威も発言の影響力も高そうであるが、彼が水分野の担当で、この言葉に続く主張が「だから水資源確保のための投資を増やす必要がある」というまさに我田引水であったこともあってか、当初はさして巷間の耳目を集めるには至らなかった。

一方で、水をめぐる国家間の問題は、紛争や係争をもたらすというよりは、二国間の融和や和平につながる方が多い、ということが少なくとも専門家の間では2000年頃にはすでに良く知られていた。オレゴン州立大学のアーロン・ウォルフ教授の研究グループは、流域リスク指数（BAR）という指標を定め、水をめぐる二国間の問題が、正式な戦争、軍事作戦、非難声明といった敵対的な行動から、支援、合意、国際的水条約の締結、あるいは二国の合併といった融和的な行動までの15分類のどれにあたる結末となったかについて、新聞記事を丹念に分析することによって集計した。

その結果、水問題が二国間の正式な戦争を引き起こしたことは一度もなく、逆に、合併のきっかけとなったことも一度もない。しかし、敵対的な行動をもたらしたケースよりは、融和的な行動をもたらした場合の方が圧倒的に多かったことが明らかとなった。

近年、水問題そのものの件数が増えていることを指摘して警告を鳴らす研究者もいるが、グローバル化によって、以前だと報じられなかったような世界の隅々の係争に関する情報が得られるようになったことを割り引いて考える必要があるだろう。

第三次中東戦争は水をめぐる戦争であった、という解釈もある。確かに、ゴラン高原の覇権を争ったという見方は正しく、そこがヨルダン川の水源であるというのもその通りである。しかし、1週間戦争をする資金があれば、海水淡水化施設を建設できる、という笑い話があるくらいだ。水のためだけに戦争をすることが得策であるとは思えない。むしろ、政治の常套手段として、他国を批判して内政の不満をそらすために、水がその要素として利用された、という側面が強いだろう。

いずれにせよ、世界的な水問題は、関係者の内輪の重要課題としての認識に留まっていた。しかし、21世紀を迎えるころ、新しい世紀はどんな時代になるのか、といった特集が組まれる際、ありたがるマスメディアによって「21世紀は水紛争の世紀」が徐々に浸透していった。2000年にはボリビアのコチャバンバで、水管理の民営化直後の水道料金の値上げに反発する市民のデモが軍によって抑え込まれ、死者を出す事態となり、アメリカの水企業が撤退を余儀なくされるといった事件もあり、「水紛争の世紀」といった刺激的な見出しを掲げるのに躊躇しなくなったのかもしれない。

2000年には第2回の世界水フォーラムがオランダのハーグで開催された。世界水フォーラムとは、国際NGOである世界水評議会が1997年から3年に1回開催している会合である。世界水フォーラムの目的は、水問題に対する社会の関心を高め、その解決へ向けた取り組みが盛んになることである。評議会のメンバーは、国際機関の水分野のマネージャー、水道事業やコンサルタントなど水に関わる国際的な企業の幹部、水に関わる融資を行う国際金融機関、水関連の学者などであり、要は、水業界の利益共同体の代表会議のようなものだ。

もちろん、水への関心が高まり、投資が増えると、水業界は潤う。しかし、そういう下心があるからといって、その主張が嘘である、というのには論理の飛躍がある。地球温暖化に伴う気候変動に関しても、「気候変動が深刻だと宣伝することによって研究予算が欲しいから学者は危機を訴え続けているだけで、地球温暖化はまったくのウソだ」という見方は案外支持されているようである。しかし、それはあたかも「この饅頭がおいしい、とこのお店の人が言うのは売りたいからだ。この饅頭は実はおいしくないに違いない」という論理と同じで、理屈にはなっていない。

世界の水業界が執拗に水問題の宣伝をしたのも、根も葉もないところにブームを巻き起こしたわけではない。自分たちの専門分野である水が持続可能な発展の阻害要因になっている地域を実際に見聞し、早めに手を打った方がいい、と思ったに違いない。もちろん、自分たちの利益にもなる、ということで、偏った表現や誇張もあっただろう。

1992年にはブラジルのリオデジャネイロでいわゆる地球環境サミットが開催された。その際地球環境問題解決へ向けた国際的な文書としてアジェンダ21が打ち出され、気候変動やオゾンホール、森林伐採などと並んで、水も分量的には多く1章を割いて取り上げられた。しかし、その後、UNFCCC（国連気候変動枠組条約）ができ、1997年の京都議定書採択と、気候変動問題が国際的に主要な協議事項になっていくのに対し、水が国際的な表舞台で議論されるようにはなかなかならなかった。世界の水関係者らはこの状況に不満を覚え、地球環境問題の中でもっと注目されてもいいはずだ、もっとアピールして世論をバックにつけねばならない、という意図を持って世界水評議会をつくり、世界水フォーラムを開催したのである。

とはいえ、モロッコのマラケシュで開催された第1回世界水フォーラムは400～500人の参加者を集めたのみで、まさに関係者だけの会合であった。ところが2000年の第2回ハーグには、主催者の予想を大幅に超える6000人近くが集まり、会議登録受付が大混乱に陥ったほどであった。

大混乱に拍車をかけたのは、開会式である。世界水ビジョン策定母体の「21世紀にむけた世界水委員会」議長であったムハマド・アブザイド氏の開会挨拶の最中、ホール側面の壁をロッククライミングよろしくよじのぼり、天井近くからビラを撒いたり、前の方の席に自分自身を手錠で固定し、簡単には排除されないようにしてやじり倒したり、アブザイド氏の前に男女2人が進み出てステージ上で全裸となりスピーチを妨害する、といった複数のダム反対派による抗議行動がなされ、開会式は数十分中断した。後で聞いたところによると、水管理の民営化に反対するグループと、スペインのイトイツ・ダム建設に反対するグループの2派が乗り込んで来ていたのだそうだ。会議が中断している最中に、オランダ王室のオレンジ公がステージ上でマイクを持ち、「ここは会議の場なので、礼儀正しい大人のやり方で話し合おうではないか」と、厳しい口調で毅然と糾弾していたのが印象的であった。

第3回は日本の京都を中心とする琵琶湖・淀川流域で開催されたが、さらに増えて2万人を超える大盛況であった。第2回のような混乱が生じるのではないか、という懸念はもちろんあったが、入念な準備と厳重な警備に加えて、水に関する様々な取り組みを推進するグループにも反対するグループにもセッションを割り当て、討議の機会を与える、というポリシーが理解されたこともあってか、水管理の民営化などに対する抗議行動はあったものの、反社会的な行動や目立った混乱はなかった。会議開催中に米英軍によるイラク空爆が始まり緊張も高まったが、これに対しては急遽セッションが設けられ、意見を述べる場が提供されて、戦争下で水に困る一般市民への影響を懸念する声明が出された。

以後、3年に一度、世界中の水関係者の多くが集まる巨大会議と化している。2006年からは国連水アセスメント計画による世界水開発報告書（WWDR）が世界水フォーラムに合わせて発表されるようになり、公的な性格を色濃くしている。

こうした盛り上がりは、宣伝のおかげもあるだろうが、世界の水問題の深刻さと、その解決へ向けた取り組みの重要性が国際的に認知されるようになったことや、それに伴って巨額の資金が動くようになり、ビジネスとしての興味も集まるようになったことがやはり主要な原因だろう。海外において今後市場の大きな伸びが期待できる海水淡水化施設や水道事業などに関して、単に機器を売るだけではなく、事業の管理運営も含めたビジネスとして収入源にできないだろうか、という機運が日本でも2006年くらいから高まり、いわゆる水ビジネスブームがやってきたのである。

日本が第3回の世界水フォーラムを引き受けたのは、1997年当時、建設省河川局（現在の国土交通省水管理・国土保全局）の局長であった尾田榮章氏の強い意志の賜物である。彼は、それまで飲み水と衛生、そして渇水などに重点が置かれた世界水フォーラムに洪水の問題、あるいは河川管理という視点を押し込んだ。単にそれらが日本の河川局の所轄だから、というだけではなく、洪水と渇水の両者と共生しつつ水田耕作を行ってきたアジアの視点を国際的舞台でも反映させたい、という思いがあったようである。

また、わざわざ多大な労力をかけ、局内の反対を押し切ってでも世界水フォーラムに深く関わるからには、業務が国内に限られてきた河川局が国際進出する布石なのではないか、水の他分野にも所掌を伸ばそうとしているのではないか、等と様々な憶測が飛び交った。2004年頃、尾田氏に個人的にゆっくりとお話を伺う機会があったのでこの点についてお尋ねしたところ、「世界に水で困っている人がたくさんいるのやから、それを何とかするのは当たり前やろ、と思っただけ！」とのことであった。とはいうものの、この第3回世界水フォーラムを見事にホストしたグループが主体となって日本水フォーラムが作られ、世界における日本の水ビジネスを推進する「チーム水・日本」を支えたのは事実であり、功利的なメリットも結果としては生み出されたといえるだろう。

水問題解決へ向けた行動目標を定めた国際的な枠組みとしては、2000年に国際連合で採択された「国連ミレニアム宣言」がある。その中では、「2015年までに、（1990年に比べて）1日1ドル未満の収入しかない世界の人々の人口割合、飢えに苦しむ人々の割合を半減するとともに、同じく2015年までに、安全な飲み水にアクセスできない人口割合を半減する」と述べられている。第1章で紹介したとおり、水の問題は食料問題や貧困問題と密接に関係しており、同じパラグラフで取り上げられているのには意義があり、象徴的である。さらに2002年のヨハネスブルルグ・サミットでは、「改善された衛生施設（トイレ）を利用できない人々の割合を半減する」という文言も追加され、「国連ミレニアム開発目標」では、目標7「環境の持続可能性の確保」の中に含められている。

こうした明快な目標に呼応して、1990年（世界人口53億人）から2010年（同69億人）の間に20億人が安全な水へのアクセスを得ることができて、世界平均で22％（1990年）だった安全な水へのアクセスがない人口割合が11％（2010年）へと半減し、目標は達成された。一方で、同じ期間に18億人が改善された衛生施設を利用できるようになったものの、人口が16億人増えたこともあって、改善された衛生施設を利用できない人口は45％（1990年）から37％（2010年）にしか減少していない。目標である2015年までもはや数年となり、安全な飲み水に関する目標は達成できても、改善された衛生施設に関する目標の達成は難しく、さらなる取り組みの継続が必要であると考えられている。

付け加えると、「水をめぐる戦争」には至らずとも、雨が少なく水が十分に得られない旱魃年には部族間の紛争が多い、という研究結果も2009年に全米科学アカデミー紀要（PNAS）に発表されている。アフリカの紛争に関するデータベースが整えられ、その数と気温やエルニーニョなど、様々な気候要素との関係が吟味された研究の一環である。

2003年から続いているスーダン南部のダルフールにおける紛争に関しては、パン国連事務総長をして「気候変動をひとつの要因とする生態学的危機がきっかけとなって始まった紛争」と言わしめたできごとであるが、旱魃によって水が得られなくなった狩猟民族が農耕民族のオアシスに立ち入って争いとなった、といった構図のようである。既に述べたように、河川の上流と下流、左右岸で水をめぐる争いは日本でもあり、場合によっては犠牲者を伴うこともあった。戦争にはならずとも、水を巡る紛争や争いが生じ、犠牲者が出る可能性もないとは言えない。

水ストレスとは何か？

安全な水へのアクセスがない人口と同様に、水問題の深刻さを表現するのに使われる表現が水ストレス（指標）、あるいは水ストレス下の人口、である。ストレスというと、心痛をもたらすような精神的な負荷のことを思い浮かべるかもしれないが、それと同様、水利用、あるいは水需給に負荷がかかって困難な状態を指している。平たくいえば、使いたいだけ水を使うことができず、何らかの制約がかかっている状態、あるいはかかる可能性がある状態、のことである。

具体的に水ストレスをどういう風に定量的に推計するのかは、研究者によって違う。中でも一番有名な指標は、グリーンウォーター、ブルーウォーターの名づけ親であるファルケンマーク博士が提唱している「水混雑度指標」である。

水混雑度指標は、年間100万㎥の水資源を1単位とし、これを何人で分かち合わねばならないか、という形で元々は提唱された。100人で分かちあう場合、すなわち1人年間1万㎥使える場合には水ストレスなし、600人で分かち合う場合、すなわち1年に1人1666㎥以下の場合にはやや水ストレス、1000人、すなわち1年1人1000㎥以下しか使えない場合には高い水ストレス、という分類である。

1666㎥／年という閾値《しきいち》は1700㎥／年と丸められて使われていることも多い。なぜ170

0㎥/年という中途半端な数字なのか、と私も当初疑問に思ったが、600人で割って丸めた結果だと知って納得したものである。もっとも、なぜ600人で割るのか、素直に割り切れる500人や800人ではいけないのかは、ファルケンマーク博士の専門家的判断に大きく依存していて、厳密な根拠があるわけではない。

ただ、彼女の論文を読んでいると、食生活を考慮し、1人年間どのくらいの量の水が必要かを考え(78ページ)、1700㎥/年くらいに設定した節がある。それをわざわざ逆数にして指標にしたのは、水資源賦存量はあまり変化しないのに、人口が増えることによってだんだんと水ストレスが増大する、ということをわかりやすく示したかったからだろう。

水混雑度指標は、各国の人口と、水資源賦存量とから推計することができ、どちらも比較的統計情報が揃っていて利用しやすく簡便なことから様々な場面で利用される。逆数の方の、年間1人あたり最大限利用可能な水資源賦存量、という形で、国ごとの水不足指数等として示されている場合も多い。

最近の研究によると、20世紀の初めには年間1人あたりの水資源賦存量が1000㎥未満の根深い水不足状態にある人々は世界人口の2%だったのが、1960年には9%になり、2005年には35%にまで増大した、ということである。この主要な原因は気候変動によって水資源賦存量が減ったためではなく、人口増大であり、2008年に世界の人口の半分が都市に住むようになったという統計に象徴されるように、人口密度が高く、相対的に1人あたりの水資源賦存量が少ない都市人口の増大の結果である。

しかし、水混雑度指標では、人口を所与とした場合に、自然条件としてどのくらい水ストレス下にあるかはわかっても、社会側の需要に対してそれが充分であるかどうか、という観点では判断ができない。アメリカのような先進国では肉類からのカロリー摂取が多く、飼料用穀物の栽培に大量の水が必要になり、食料生産だけで１６００〜１８００㎥／人／年が使われ、生活用水や工業用水を考えると、１７００㎥／人／年という数字では不十分である。

一方で、菜食主義あるいは食料不足の状況下だと１０００㎥／人／年という国もあり、自然条件として１人あたりどの程度利用可能であるかだけではなく、どの程度の水が必要であるか、という視点も必要である。

そういう観点から、水ストレスの指標として、もうひとつ良く使われるのは、「水不足指数」、あるいは「相対水ストレス指数」と呼ばれるもので、水資源賦存量に対する淡水取水量の比として定義されている。この指数が０・４を上回っている場合高い水ストレス、０・４〜０・２だと中程度の水ストレス、０・２〜０・１だと低い水ストレス、０・１よりも低ければ水ストレスなし、というのがやはりファルケンマーク博士によって提案された目安である。海水淡水化によって生み出された分は淡水取水量には入れず、生活用水、工業用水、農業用水の取水量を足したものをその国の年間水資源賦存量で割った値である。

化石地下水を使っていたり、上流の還元水が下流で再度利用されたりするので、取水量が利用可能量よりも多くなり、水不足指数が１・０を超えることもあり得る。高い水ストレスである、という閾値がなぜ１・０ではなく０・４なのかに関しては、やはりこれもまたファルケンマーク博士の専門家的判断による、としか言いようがない。

ただ、年間水資源賦存量は、潜在的に利用可能な水資源として、川に流れる水を全部使えた場合の量に相当する。洪水時の水はよほど貯水池に容量がないと全部貯めておいて後で使う、というわけにはいかないし、生態系保全のためには海に流す流量も必要である。さらに、水資源は毎年同じ量が利用できるわけではなく、渇水年には当然、普段のようには使えない。そのため、平均的な年水資源賦存量の4割程度を毎年取水しているような地域は、そもそも普段からかなり水需給が逼迫していて、年によっては思うようには取水できず水不足の困難に直面する可能性が高い、といった意味で「高い水ストレス」下にある、と診断されるのである。

水利用の実態を反映できるということから、水不足指数はより現実的に高い水ストレスで困窮している国や地域を特定できるのではないか、とも期待される。しかし、実際に推計した結果では、中東や北アフリカ、南アジアの国々では高い値となり、高い水ストレス下に多くの人々が暮らしていることがわかるものの、他方、サハラ沙漠以南のアフリカ諸国に関しては高い水ストレスには分類されない。

こうした貧しい国々では、自然条件として水が足りないのではない。必要な水を適切に利用可能にする水インフラが不足しているために水が使えないのである。赤道アフリカ諸国は一般に降水量も年水資源賦存量も多い。しかし、本来であれば最低限必要な量の水も使えずにいる人々も多く、結果として水不足指数は表面上小さくなってしまう。中東や北アフリカの産油国では水資源賦存量は少なくとも、様々な投資をして極限まで利用可能にするように努力した結果、それなりに使えるようになっているからこそ水不足指数が高くなっているのである。

水混雑度指標にせよ、水不足指数にせよ、元来は国ごとの人口や取水量などの情報から作成することを前提として考案されたものである。近年では、グローバルな水循環分野の学術・科学技術が進歩し、大きな国よりもより細かく、緯度経度0・5度（約50〜60km四方）格子ごとの水資源賦存量の推計が可能となった。また、地理情報システムなど、計算機科学技術の進歩にも支えられ、人口や取水量、農地分布などもそうした格子点情報として、面的なデータが広く研究者コミュニティで共有されるようになった。

そのため、それまでは国ごとで行われていた水ストレス評価が、より細かい空間スケールで行われるようになった。当時ニューハンプシャー大学にいたチャールズ・ボロスマーティ博士らは、そうした結果を2000年に『Science』に発表し、細かい空間スケールで評価すると、より深刻な水ストレス下にある人と、水ストレスのない地域に暮らす人との数が増え、中間が減るという結果を示した。我々のグループも当時修士論文に取り組んでいた猿橋崇央《たかお》氏（現・株式会社ニュージェック）を当時助手だった鼎《かなえ》信次郎博士（現・東京工業大学准教授）が励まして追試的な研究を行い、同様の結果を得たが、同じ人口分布、取水量分布、水資源賦存量分布のデータに基づいて推計しても、国ごとの評価では5億〜8億人程度になる高い水ストレス人口が、0・5度の格子ごとでは、17億〜18億人と倍増するのである。

考えてみるとこれはあたりまえの話で、アメリカ合衆国やロシア、中国やブラジルのように大きな国ではひとつの国の中に水が豊富な地域と少ない地域、食料を大量に生産している地域と食料生産には向かない地域、人口の集中している地域と人がほとんど住んでいない地域があり、それらを平均して計算すると中程度の水ストレスと判定されるにしても、実際には国内には水需給が逼迫していて高い水ストレスにさらされている地域に住む人たちもそれなりにいるのである。

そうした地域がどこにあるのかが、きめ細かにわかるという意味では格子点データに基づいた集計の方が優れていると言えるが、空間解像度を変化させると高い水ストレス下に暮す人口が変わる、というのは世間を惑わせることにもなる。極端な話、1㎢ごとに集計したとするなら、食料生産のための水をその場で確保することが絶望的な都市はすべて高い水ストレスと判定されることになり、都会に住む世界人口の半分は高い水ストレス下に暮していることになってしまうだろう。そういう意味では、水ストレス人口も、どういう空間単位ごとに推計されたのかに留意しつつ、受け止める必要がある。

さらに考えてみると、各国や各格子内といった地域で水需給が必ずしも閉じている必要はなく、国境を越えて入ってくる国際河川の水、上流からの水も下流の国や地域にとっては水資源として利用可能である。もちろん、特に国際河川の場合には国際紛争の火種ともなり得るほど微妙な問題を抱えていて、必要な、あるいは期待するほどの水が安定して利用可能であるとは限らないが、協調関係を仮定すれば最大限利用可能な水資源には算入できるだろう。そういう意味では、上下流を一体として考えることができるので、国ごとや格子ごとではなく、河川流域ごとに水ストレスを評価するのが水文学的には好まれる。

また、水混雑度指標や水不足指数などの指数は、データ制約からどうしても年単位の需給情報に基づいて組み立てられることが多いが、水がふんだんに利用可能な雨季や洪水期ではなく、乾季の最後で、しかも灌漑が必要な時期の水需給こそが実際には問題であり、そういう意味では本来は月単位、あるいは週単位で水需給を丹念に追っていかねばならない。

しかし、そうした詳細な情報は世界的には得られず、数値モデルなどを使って推計するしかない。しかも、そのためには、どこに灌漑農地があって、いつ作物が植えつけられ、いつ灌漑用水が必要になるのか、大小の貯水池での貯留と放流を考慮した上で川やそうした貯水池からどの程度水が利用可能であるか、といった状況まで考慮せねばならない。

花崎直太博士（現・国立環境研究所主任研究員）はそうしたきめ細かな状況を考慮可能な統合的水循環・水資源モデルを開発し、より現実に即したグローバルな水資源アセスメントに取り組んで世界をリードしている。灌漑取水需要が1年のうち何日間満たされるのか、といった新たな指標を提案した結果では、見事、サハラ以南アフリカでの水困窮状況も表現され、気候変動と社会変化によって今後どう推移していくのか、などのさらなる推計に取り組んでいる。

仮想水貿易とは

繰り返しになるが、流域とは、その範囲に降った雨がある一点、河川流域でいえば河口、に集まる領域、分水嶺に囲まれた範囲全体を指す（45ページの図1－5）。水は流域内では上流から下流へと重力によって運ばれるので共有財産としての性格が強くなり、水資源管理は国単位ではなく、流域を単位として計画、実施するのが常識である。それなのにわざわざ、「水管理は流域を単位とするべきだ」といった宣言文がいまだにあちこちで散見されるのは、いかに水管理が行政区画によって分断されているかの裏返しである。

しかし、水の需要は同じ流域内の水供給によってのみ満たされるものなのだろうか。そもそも、水の代わりはないのだろうか。

残念ながら経口摂取する水分は他の何物をもってしても代えられない。しかし、飲み水として必要なのは幸いにもほんの僅かである。

生活用水はどうだろうか。もともとは入浴できない病人向けだった、水が不要で洗った後に拭き取ればよいというドライシャンプーが阪神淡路大震災の際に重宝された。同じく、阪神淡路大震災の際には、ラップでお皿をくるんでその上に料理を乗せて食事をし、食後にはラップを捨てればお皿は洗わずに済む、という暮らしの知恵が広まった。

水を極端に使わないモンゴルでのごちそう料理は焼いた石を使った蒸し焼きで、水分は食材から出る分だけである。シャワー式トイレでないと我慢できない、という人も多いのかもしれないが、水洗式でなくとも保健衛生を保つことは可能である。洗濯はドライクリーニングであれば水ではなく有機溶剤が用いられる。したがって、現実的にはまったくゼロ、というわけにはいかなくとも、生活用水はかなりの分を置き換えることが可能である。

ドライシャンプーやラップ、あるいは食料を作るのに結局は水が必要ではないか、という意見もあるだろう。その通りである。しかし、そうした工業製品や農作物を作るのに必要な水は、その土地の水資源でなくとも構わない。他の地域の水を使って作ったものを運んでくることが充分可能である。

グリーンウォーターを含めて年間1人あたり約1000㎥の水が必要だとしても、そのうちの大半は食料生産のための水であり、食料を他国、あるいは他の流域から運んで来れば、その分の水資源は自分の国や流域で使わずとも済む。そう考えると、水資源需給を計画する立場からは、食料の輸入はあたかも水資源の輸入と同等の効果を持つことになる。

ロンドン大学のアンソニー（トニー）・アラン教授は中東の地政学の研究者である。中東では水は極めて稀少な資源であり、その水をめぐり、もっと国家間で争いがあっても良さそうなのに実際には水をめぐる争いは深刻ではない。なぜか？

アラン教授は、それらの国々では水資源は少ないが石油資源は豊富であり、大量の食料を買い込むことにより、本来であればその食料を生産するのに必要な水を使わずに済んでいるのだ、ということを指摘した。そして、石油を売って水を買っているようなものだ、ということから食料の輸入をvirtual water trade（ＶＷＴ：仮想水貿易）と名付けた。

このＶＷＴに対するアラン教授の考え方は明快で、食料の輸入は水を仮想的に輸入している（virtual trade of water）のと同じである、という意味であった。輸入した食料を、もし自分の地域で作ったとしたら本来必要であった分の水資源が節約できるので、食料の輸入は水の輸入のようなものだ、という本来のＶＷＴの考え方は水資源需給を分析する立場からみた食料貿易である。

しかしながらそうした背景を知らない人々からは、食料の輸入は、それを作った生産地の水も一緒に輸入しているようなものだから、食料は仮想的には水のようなもの、仮想水だ、という風に解釈されがちである。つまりＶＷＴを「仮想的な水の貿易（trade of virtual water）」だと理解し、食料の輸出は「仮想的な水」の輸出、食料の輸入は「仮想的な水」の輸入である、という風に考えるわけである。そして、こちらの解釈の方が主流となった。

私は、やはりＶＷＴは、古典的な水資源の需給評価において、域外からの食料移入がどの程度水資源開発の代替となり得るか、という換算概念という役割が大事だ、と思っているので、「食料の生産に使われた水の量＝仮想水」という単純な考え方で発表する研究者にはいちいち議論をふっかけ、説明した。

そうした研究者の一人がオランダのアーイェン・フックストラ博士で、様々な食べ物や工業製品を作るのにどの程度の水が消費されたかを網羅的に調査し、世界に広めた功績者である。彼との議論では、「わかるけど、そういう風な古典的な意味でVWを使っているのはおまえだけだぞ」とまで言われた。「しかし、元来のVWTとは違うだろう」と言えば、彼も理解は示し、その後も私は折にふれて言い続けて現在に至る。

そうした経緯もあってか、フックストラ博士らは、ほどなく「モノを作る際に消費された水の量」をVWTと区別してウォーターフットプリント（WFP）と呼ぶようになり、そのままの名前のウェブサイトも開設して、彼らの推計値の普及に努めるようになった。ウォーターフットプリントはカーボンフットプリントからの類推で、フットプリント（足跡）という呼び名はエコロジカルフットプリントに由来している。

エコロジカルフットプリントとは、我々の生活を直接、間接に支えている総面積で、各人の暮らしがどのくらい環境に負荷を与えて持続的な開発に影響を及ぼしているのかを面積として指標化しようとするものである。住宅地や耕作地、漁場などに加えて、化石燃料の利用に伴う二酸化炭素の排出を吸収するのに必要な森林面積も含めた面積で示される。

日本の国民1人あたりのエコロジカルフットプリントは、グローバルヘクタールという独自の面積単位で4・1（2006年に対する推計値）。これに対し、地球の生産力、収容力を考えると世界人口あたり1・8グローバルヘクタールになる。4・1を1・8で割ると約2・3、世界中の人が日本と同様の環境負荷をかけて暮らすには地球2・3個分、後1・3個の地球が必要になる、といった計算ができる。

カーボンフットプリントは、地球温暖化への影響に焦点を絞り、ライフサイクルアセスメント（LCA）的に、原料の取得から製造、輸送、販売、使用・消費、廃棄にいたるモノの一生（ライフサイクル）にわたってどのくらいの化石燃料起源の二酸化炭素が排出されるのかを推計するものである。ウォーターフットプリントはその水版というわけである。

2006年のストックホルム世界水週間におけるVWTのセッションでアラン教授に会った際、「食料＝仮想水」あるいは、バーチャルウォーターとウォーターフットプリントとは同じである、という解釈についてどう思うのか、と尋ねたところ、案外気にしていないようで、まあ、ウォーターフットプリントは環境仮想水（environmental virtual water）と呼んでもいいかもね、との答えであった。「それに、ウォーターフットプリント的な解釈の方が役に立つしね」とまでおっしゃっていた。

確かに、水資源需給評価よりは持続可能な開発に対して現在の水利用がどの程度影響を及ぼしているかの方がより視野が広く、興味を持つ人もより多いであろう。ただし、それはウォーターフットプリントが環境影響を的確に反映している場合の話である。以下、元来のVWTと、WFPとは区別して議論する。

さて、話は少し戻るが、VWTの概念に至ったのは実はアラン教授だけではない。ヨルダンの元水灌漑省大臣であったハダディン氏はバーチャルウォーターとほぼ同じ概念をexogenous water（外部水）と呼び、ヨルダンの水資源需給に対して食料輸入がどの程度の寄与を持つかといった推計に利用している。

我々の研究グループでも、平岩洋三氏（現・国土交通省）の卒業論文において、「成長の限界」で有名なシステムダイナミクスというシミュレーション手法を用いて、21世紀の水資源需給がどうなるかを推計した。その結果、途上国が2100年には先進国並みの経済発展を遂げようとすると、どうしても21世紀の早いうちに水が不足し、現実的な水資源開発を行っても間に合わない、という結果が得られた。

この際、平岩氏が考えた解決策が、途上国で必要な食料生産の一部は、水需給に余裕のある先進国で受け持って、製品の食料を途上国へ輸出すればよい、というものであった。まさに、VWTの考え方そのものだが、その当時（2000年度）、不勉強であった私たちはまだVWTの概念は知らず、水の間接消費と呼んでいた。

また、第3回世界水フォーラムが京都を中心とする淀川流域で開催されることになり、その宣伝パンフレットには、なぜ日本が世界の水問題解決へ向けて行動を起こさねばならないか、を考える題材として「仮想水」の概念が紹介されていた。

後日、第3回世界水フォーラム事務局長を務められた尾田榮章氏に聞いたところ、事務局でもアラン教授が提案したVWTという概念は知らなかったそうだ。日本で世界水フォーラムを開催するにあたり、その意義をどう広く人々に伝えるかに知恵を絞ったのだという。その際、海外から大量の食料や物資を輸入している日本はその生産に必要な水もまた海外に依存していることになる、だから世界の水問題を日本で広く議論する必要があるのだ、という論理に思い至り、「仮想水」という名前でパンフレットに載せたのだということであった。

そういう意味では、現在VWTとして知られる概念は、世界の水需給を考える研究者の間において、1990年後半にはすでに、ある意味当たり前のように受け止められていたのではないかとも考えられる。

しかし、名前の力は大きい。"virtual water"という力強い言葉で呼んだのはアラン教授であり、その言葉の強烈なインパクトもあって、水の専門家のみならず、広く世界にこの概念が知られるようになったのだ。その功績が認められて、アラン教授は、水のノーベル賞として知られるストックホルム水大賞を2008年に受賞している。

仮想水貿易は世界を救うのか？

さて、2000年頃の話である。バーチャルウォーター（VW）という概念を知った私は、1kgの穀物にその1000倍、1000ℓの水が必要だ、ということはわかっても、なぜそうなのか、の理由がきちんと示されていなかったのでぜひ知りたいと思った。ところが、調べ方が悪いせいか、根拠となる科学論文にたどりつくことはできなかった。また、大量に食料を輸入している日本では、VWの輸入量が多いことになるはずであるが、いったいどの国からどのくらい輸入しているのか、知りたいと思ったのである。

2001年、卒業論文を書く研究室の配属を決める説明会で、VWの概念を説明した上で「日本への食料輸入がどのくらいの水資源に相当するのか推計してみる」という課題を提案してみたところ、「ぜひ研究してみたい」と応募してくれたのが三宅基文氏（現・JR四国）である。世界地図と矢印だけで数字がない（図2-1上）の様なイラストをホワイトボードに描き、この矢印に数字を入れよう、と意気込んだのを思い出す。

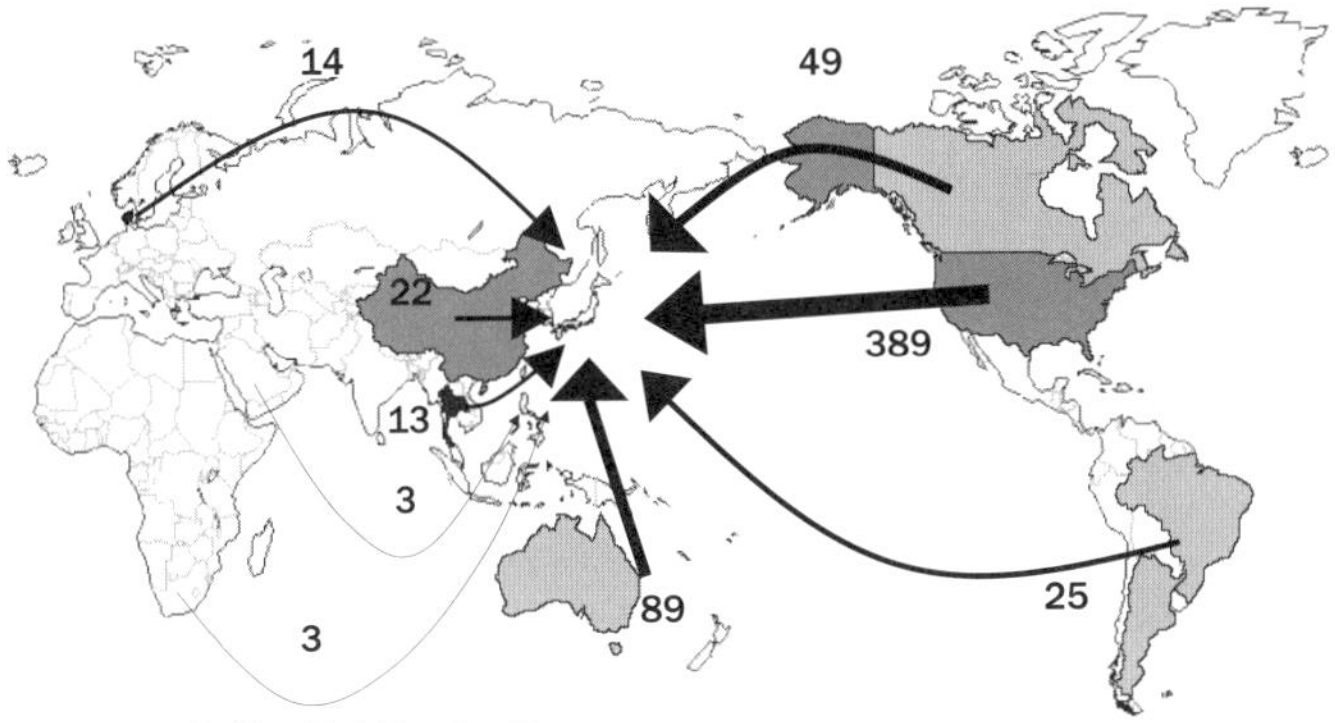

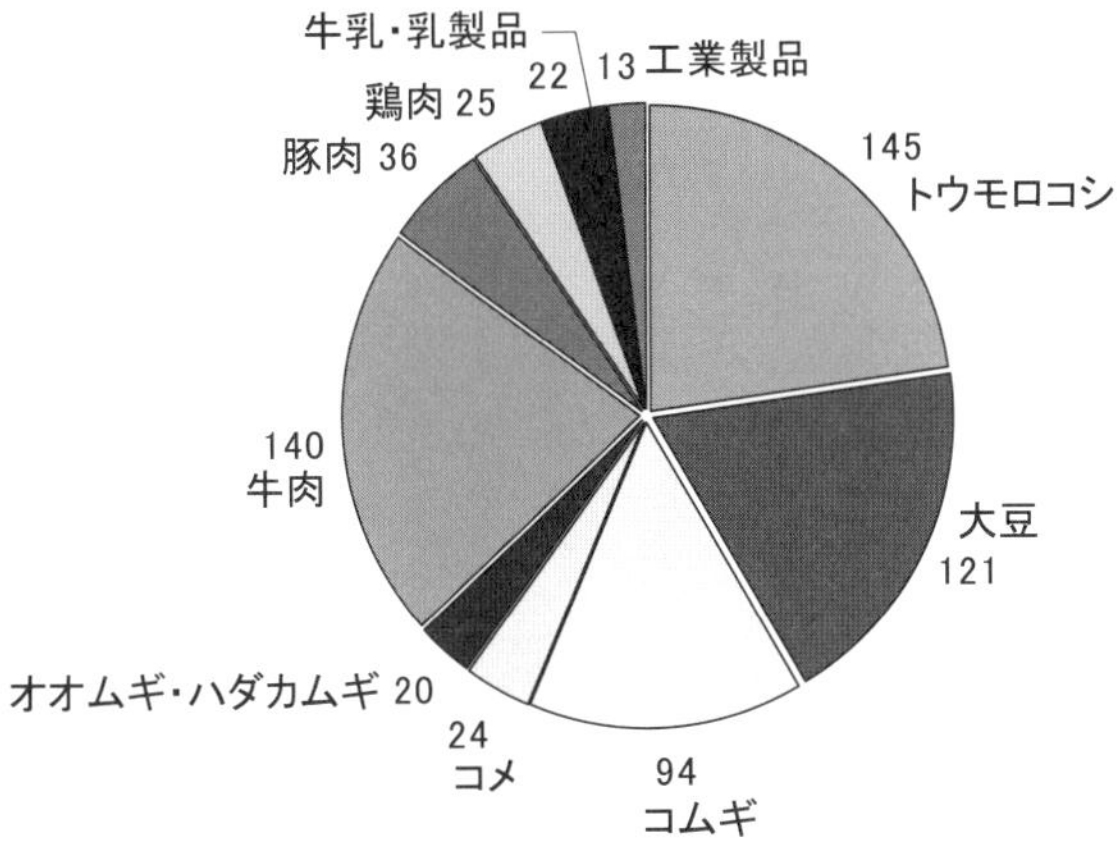

図2-1：主要な穀物や肉類などに伴う日本の仮想水輸入量。日本の単位収量、2000年度に対する食料需給表の統計値より算出された。（佐藤、2003より）

同じコムギでも、国や地域、年によって必要水量は違うだろうし、水田のように一旦取水しても還流分が多いのはどう考えるべきだろうか、とか、そもそも水を使うとはどういうことだろうかなど、この時の議論が後で非常に役に立ち、国際的な場でもＶＷＴやＷＦＰの考え方に関して、本質的な提案をすることができた気がする。

歩留まり率の統計データがない場合には、トウモロコシを買ってきて、粒の重量割合がちょうど半分くらいであることを測ったり、牛丼屋でバイトしている友達から牛肉、玉ねぎの重さを聞き出したりと、三宅氏は計算機の上だけではなく楽しみながら熱心に取り組んだ。その結果、精米後の白米の重量比で７８００倍、成形後の牛肉では10万倍のＶＷが必要で、日本は農畜産物に工業製品分を併せて年間１０００億㎥以上のＶＷを輸入している、という値になった。

今から考えると、少し多すぎるのだが、正解がわからない中、他にきちんと推計した結果がなく、当時は過大なのか過小なのかすらよくわからなかった。この成果は、ちょうどタイミングよく開催された２００２年夏の水資源シンポジウムで発表すると同時に、せっかくならと、記者会見をしたところ、いろいろな場でとりあげてもらうこととなった。

また、この際、ＶＷをどう日本語に訳すかについてもだいぶ悩んだ。間接的な水の消費なので、「間接水」ではどうか、と、最後まで考えあぐねたが、最後は単純に直訳の方が良い、ということで「仮想水」とした。そもそも、英語の virtual の本来の意味は imaginary（空想上の、架空の）とは全く逆に、「実質上の」あるいは「事実上の」といった意味である。

ところが映画の特殊効果や立体視などのような計算機によって作成される virtual reality 技術が進化し、これが「仮想現実」と翻訳されたため、virtual ＝仮想ということに日本ではなっている。

英語でも virtual が imaginary と同様の意味で用いられることもあるようだ。そういう意味では、「実質水」という呼び方でも良かったかもしれない。もちろん、いずれにせよ、「仮想水」ほどのインパクトはなかなか得られなかったであろう。

シンポジウムで発表したのと同じ2002年夏にはストックホルム世界水週間というイベントに招かれ、僕の卒業論文の指導教員であった高橋裕《ゆたか》先生を介してVWの父、アラン教授に紹介してもらうことができた。図2－1のプロトタイプを見せたところ、非常に興味を示してくれて、日本がこれほどVWを輸入しているということは知らなかったし、工業製品へと概念を拡大した点も新しい、と高く評価してもらえ、とても嬉しく思ったものである。

当時はまだ国際水文教育機関（IHE）に所属していたオランダのフックストラ博士がVWTに関する会合をIHEのあるオランダ・デルフトで2002年12月に開催した際にも、アラン教授が「VWTの推計をしている研究者が日本にいる」と口添えをしてくれたおかげで、招待してもらえた。これが、2003年3月の京都でのVWTに関するセッションにつながった。

2003年当時、修士論文で2人の大学院生がVWTの研究に取り組んだ。1人は佐藤未希さん（現・森トラスト）で、三宅君の推計を一から見直し、今でも信頼がおける算定値を導出した。ばりばり理系女子である彼女は、牛などの標準的な家畜が生まれてから肥育され屠畜されて肉になるまでのエサの種類と重さなどを丹念に積算したり、食肉にはならない母畜が食べる飼料の生育に必要な水資源量をどう考慮するかに関してきちんと式を立てて組み込んだりした。さらには、穀物や畜産物に留まらず、野菜の育て方などの本を農学部の図書館で見つけて来ては標準的な栽培法を設定し、育てて収穫するのにどの程度の水が必要か、場合によってはハウスと露地栽培とに分けて推計した。チーズなどに関しては、牛乳との栄養分の比較で濃縮率を定めて重さあたりの水資源量を算定するなどのアイディアも佐藤さんの功績である。

可食部の重さあたりで必要な水の量は野菜や果物で小さくなる。それらは瑞々しいので、大量の水が必要な印象を持つかもしれないが、水が必要なのは光合成で合成される分であり、野菜や果物は8〜9割、場合によってはその重さのほとんどが水そのもので占められていて、糖分や繊維質などはほんの僅かである。そのため、印象とは矛盾するかもしれないが、瑞々しい食べ物ほど生産に必要な水の量は一般に少ない。同じ理由で水分を多く含むチーズや、豆腐などは水っぽい割には生産に必要な水は案外少なくて済む計算になる。

マスメディアからは、コメやコムギ、あるいは牛肉1kgあたり、というよりは、牛丼1杯、カレーライス1杯、ラーメン1杯など、メニューごとに使われた水の量が知りたい、という要望がその後私の研究室に相次いだ。同じメニューでも家庭や店によって量も違えば中身の材料も違うので、厳密な値を出すことはできないし、細かい数字にこだわることはナンセンスである。とはいえ、それが100ℓなのか、500ℓなのか、あるいは2000ℓなのか、の概要を知ることには多少の意味があるかもしれない。その推計にはどこにどういう統計があり、すでに推計された結果の何から類推できるのか、という知識と、どこまで細かく考える必要があり、何は考えても無駄か、という割り切りの判断の良さの両者が必要で、佐藤さんはそのあたりに非常に長けていた。環境省のウェブページ上にある「仮想水計算機」の数字の元は彼女の修士論文である。

一方、図2－2は河村愛さん（現・エックス都市研究所）の研究成果である。彼女は、佐藤さんの成果も利用しつつ、例えば厩舎での飼育と放牧とでは餌が異なり、結果としてそれらの生育に必要

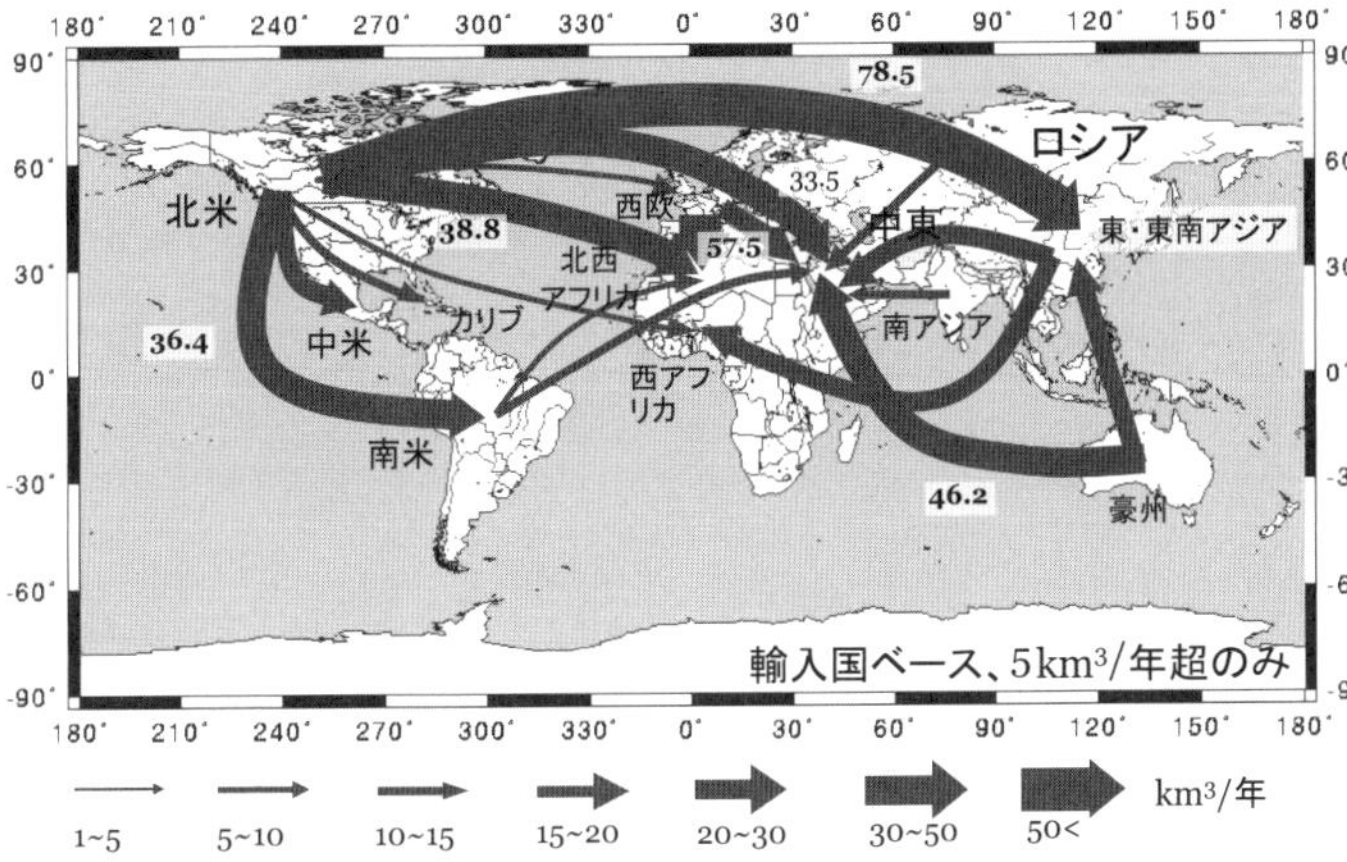

図2-2：2000年における各地域間の仮想水貿易。国連食糧農業機関のデータ等に基づいて推計。（河村、2003より）

な水資源量が異なることを家畜１頭あたりの放牧地面積情報から逆算して推計したり、輸入国での生産がほとんどゼロに等しい作物の単位面積当たり収穫量は周辺のほぼ同じ気候帯の国の情報、あるいは世界平均値を用いたりして、世界１７０カ国の間の主要な穀物と畜産物によるＶＷＴの様子を示したのである。

また、各国の輸入と輸出の差の正味のＶＷＴ量を１人あたりで示し、自然条件としては１人あたりの水資源量が１０００㎥／年を下回り一見「高い水ストレス」状態にある国でも、１人あたりのＧＤＰが高い国ではＶＷ輸入によって実際には「中程度の水ストレス」あるいは「やや水ストレス」であることを示した。アラン教授の見込みが定量的に実証されたのである。

さらに河村さんは、輸入国で作ったらどのくらい必要であったかという値（ＶＷＴ）と共に、輸出国で実際にどの程度の水資源を使って作られたか（ＷＦＰ）も同時に推計し、基本的には水あたりの生産性が高い国から低い国へと食料が貿易されていることを示した。これは貿易における比較優位の法則が水生産性に関しても全体としては成り立っている、ということである。

その結果、世界各国が現在輸入している主な食料の生産は相対的に水生産性の高い国で比較的少ない水資源（６８０㎦／年）を使って作られているが、もしそれらを輸入国が自国で生産しようとすると、大量の水資源（１１３０㎦／年）が必要である、ということになった。すなわち、マクロに見た場合には世界の水資源の総使用量はＶＷＴによって節約されているのである。その量は２０００年に対する推計値として４５０㎦／年にも上る。

ＶＷＴとＷＦＰを使って、この水に関する比較優位をきちんと示したのは河村さんの成果が世界初であり、何でも「自分たちが一番、自分たちのやり方でＷＦＰは推計すべし」という主義のフックストラ博士も、彼の本の中でこの点に関しては日本の推計が最初である、と認めてくれている。

さて、佐藤さん、河村さん、２人の成果をひっさげて参加した第三回世界水フォーラムのＶＷＴセッションはそれなりに盛況であった。アラン教授やフックストラ博士と共に招待講演をさせてもらい、ほっとしたのも束の間、質疑の際に衝撃的なコメントをもらった。

「ＶＷＴの研究を進めると、ＶＷＴによって世界の水資源が節約できるから、もっとグローバリゼーションを進めてＶＷＴを拡大せよ、という結論が出てくる。それは許されない。ＶＷＴの研究はしてはいけない」

発言したのは、カナダ人評議会議長のモード・バーロウ氏であった。動転してどう応えてよいものやら悩んだが、「我々は客観的な研究成果を示しているだけで、特にどういう行動を取るべきかを推奨しているわけではなく中立なつもりだ」などと、しどろもどろになりつつ答えた記憶がある。

すでに10年近く前のことなのでかなり美化された記憶かもしれない。

質問された際にはとっさのことで気づかなかったが、彼女は『Blue Gold』の著者で、日本でも『BLUE GOLD—独占される水資源』としてNGOである市民フォーラム2001による翻訳が出回っていた（註：後に、集英社新書から『「水」戦争の世紀』というタイトルで出版された）のを私も読んでいた。元々はWTO（世界貿易機関）によるグローバリゼーション推進への懸念からNGOカナダ人評議会が設立され、水についてもグローバル企業による水道事業の民営化や大企業による瓶詰水のための水源の独占などに対して反対の立場を取っていた。

今なら、「おっしゃる通り、食料の交易を推進すべきかどうかは水だけで判断してはいけない。食料の生産には、地域コミュニティの形成や環境の保全など単に食料を供給する、という以上の価値があるし、水だけではなく、土地や労働力、エネルギーなどの観点からもどこで生産してどこで消費するのがもっとも持続的であるかを検討する必要がある」と答えるところである。ちなみに、セッションで発表した他のメンバーはこのコメントに関して、誰も助けてくれなかったように思う。

２００９年2月にブリュッセルのEU議会で開催された世界政治フォーラム「水と平和」に呼ばれて参加した際、ちょうど国連事務総長への水に関する上級アドバイザーであったバーロウ氏も招かれていて、レセプションで一緒になる機会があった。話しかけて、「まだVWTの研究なんてしているの？　駄目じゃない」ときつく言われたらどうしようか、とかなり躊躇したが、勇気を奮って話しかけてみると、6年前の第3回世界水フォーラムでのVWTセッションのことを覚えていてくれて、「その後、VWTでは量のことしか考えていないのは問題だ、と思うようになって、学生や世間にちゃんとそういう風に伝えるようにしている」、と言ったら非常に喜んでくれた。

「Blue Goldって言葉はあなたが作ったのですよね」とも尋ねたら、「そうそう、誰かが発言する度に、『あ、私が作った言葉』って思うのよ」とのことであった。アラン教授もそうであるが、バーロウ氏も、言葉の力で社会や人を動かすことにさぞや生きがいを感じているのではないか、と思ったものである。

仮想水貿易の推計と日本

食料生産に必要な水量の推計に関して概略を示そう。1日あたり必要な水の量をイネについては15㎜分、その他の作物については4㎜の水深分と定め、これに生育日数をかけて、全必要水量を求め、単位面積あたりの収穫量（単収）データから各穀物や、後には野菜や果物も対象として水消費原単位を我々のグループでは求めた。これに対し、オランダのフックストラ博士のグループでは、FAOが用いているペンマン・モンティース法により、いわゆる可能蒸発散量を求め、これに穀物の高さなどの補正を考慮する係数をかけて1日あたりの蒸発散量、いわば各穀物の生育に必要な水量を定めている。後は我々日本グループと同様に単収データから水消費原単位が推計されている。

畜産物については、飼料の生産に必要な水、家畜が飲む水、そしてその他畜産に必要な水の3種類を考え、皮革やミルクなど複数の産品が得られる場合には価格に応じて投入水量を分配する、という点に関しては日本もオランダも共通している。ただし、オランダグループでは母畜の分は考慮していないが、乳牛、肉牛、豚、鶏に加えてヤギや羊、馬などに関しても算定している。果実類に関しては、可能蒸発散量を定め、面積あたりに収穫できる実の量から穀物と同様に水消費原単位が求められている。

日本グループでは全国を地域分類して年間の可能蒸発散量を定めているが、オランダグループでは、穀物と同様に可能蒸発散量を国別に定め、その値を求めている。

このように、オランダグループと日本グループとでは手法が異なり、また、そもそものVWTに対する解釈も異なるものの、表2－1に示す通り、両者には大きな違いはない。穀物についてオランダグループの値が小さいのは、可食部についてのみ考えているわけではなく、貿易統計に掛け合わせて用いることができるように、精米前の玄米ベースで考えているからである。また、栽培作物からの蒸散量だけを考えていて、土壌へ浸透したり川へ流出したり地面から蒸発したりするような、圃場での栽培には実際上必要な水量も、消費ではないから、という理由で算定に含めていない影響も大きい。

日本におけるコムギの生産性が世界市場に輸出しているような国々に比べると半分程度であることも表2－1の差の理由である。また、コメについては、蒸発で失われる分だけではなく、湛水させて雑草の生育を抑えたり、温度を一定に保ったりという分の水を利用していると考えるか否か、という違いにも起因している。

両国の推計値は畜産物に関してもよく対応している。チーズについてはパルメザンチーズに関する佐藤未希さんの推計値を表2－1に参考に示しているが、チーズの種類によって大きく異なる含水率によってこの値は大きく変わり、カマンベールだと2900ℓ／kg程度である。このように、個々の食べ物の種類によって、1桁目の数字も変わってしまう場合もある点に留意されたい。

なお、日本グループでも犬塚俊之氏（現・東京海上日動リスクコンサルティング）の修士論文では花

	Hoekstra & Hung	Chapagain & Hoekstra	Zimmer and Renault	Oki et al
	(2002)*	(2003)*	(2003)**	(2003)***
コムギ	1150		1160	2000
コメ	2656		1400	3600
トウモロコシ	45		10	1900
ジャガイモ	16		05	193
大豆	2300		2750	2500
牛肉		15977	13500	20700
豚肉		5906	4600	5900
鶏肉		2828	4100	4500
卵		4657	2700	3200
牛乳		865	790	560
チーズ		5288		4428
*世界平均				
**大豆はエジプトの値、それ以外はカリフォルニアに対する推計値。				
***日本に対する推計値。ジャガイモとチーズ（パルメザンチーズ）は佐藤(2003)の推計値。				

表2－1：日本とオランダグループによる仮想水原単位（食料1kgあたりの生産に必要な水量〈ℓ〉）の推計値の比較。

崎直太博士の統合水循環・水資源モデルを使って太陽からの放射量や降水量などの気象要素の観測推定値から水・エネルギー収支を算定し推計する方式に変更している。

ちなみに、日本における年間570億㎥（2000年）の農業用水の9割が水田に利用されていて、それによって900万tの玄米が得られているとすると、玄米の生産には1kgあたり5700ℓの水が必要であり、白米1kgあたりに換算すると約6300ℓの水が使われている計算になる。これは表2－1の値よりも遥かに大きな値である。その理由は、先に紹介した通り、日本の水田灌漑はイネの育成のためだけではなく、水環境の保全や、「水を運ぶために水が使われている」ため、見かけ上大きな値となってしまうからである。

一方で、オランダグループのように必要最小限の水のみをWFPの算定に利用している推計値では日本国内で利用されている水資源量は約300億㎥となってしまい、必ずしも実態とはそぐわない結果となる。フックストラ博士の主張としては、その差は無駄に取水されている、あるいは、復流するのだから最初から考えなくとも良い、ということになるのだが、復流する分なしに取水することはできず、やはり水資源計画上は取水量を確保するべく手を尽くす必要がある。オランダグループの推計値は第2次世界水開発報告書（WWDR－2）に引用されたため、「国連の推計値」として紹介されることもあるが、これらの前提が推計結果に含まれていることに注意が必要である。

さて、日本へのVWTは先に図2－1に示した通りである。主要穀物と大豆（大豆は穀物には分類されない）、肉類について2000年度に関して推計した日本のVW輸入量である。VWの本来の概念に即して、輸入している主要な穀物と肉類を日本で生産したらどの程度の水が必要であったかを示している。日本はアメリカ、オーストラリア、カナダなどから大量のVWを輸入していて、総量は日本国内の農業用水使用量を上回る約600億㎥にも上ることがわかる。その内訳は約7割が飼料用として消費されるトウモロコシなどの穀物や、肉類そのものであり、日本のVW輸入は主に肉食のためである。

すなわち、VWという概念が提唱されるきっかけとなった中近東の状況とは異なり、日本の場合には水が不足しているからそれを補うべくVWを輸入しているというよりは、平地が不足しており、飼料用穀物や牧草を生育する農地牧草地が十分確保できないのでいわばバーチャル農地としての飼料用穀物や肉類を輸入していて、そのついでに仮想水が輸入されている、とみなす方が適切である。

さてFAOでは、今後の世界の食料需給が充分であるかどうかを検討するにあたり、今後の人口の推移と、食事の内容を設定し、それにはどんな穀物や肉類や果物、油脂用作物や嗜好品作物などがどの程度必要で、さらにその生産にはどのくらいの耕作地や水や肥料や労働力が必要か、を見積もって、供給が追い付きそうかどうかを推計している。

この場合、将来の人が水産物を食べるならば、同等の食品、例えば魚であれば鶏をその摂取分だけ生産せずに済むので、魚のバーチャルウォーターは代替品の生産に必要な分の水として算定するのだそうだ。将来推計で、世界平均的に肉は鶏肉を食べるものとして計算しておき、地域によって水産物を食べる食文化の地域では、その分だけ引けば良い、というわけである。

光栄なことに図2－1は、各省庁の白書にも何度か引用されている。当時の国土庁水資源部の「日本の水資源」、いわゆる水資源白書はもちろんのこと、農林水産省の「食料・農業・農村白書」、経済産業省の「通商白書」、環境省の「環境白書」などにも複数回登場した。

しかしある時、水を専門とする農業工学分野の錚々たる研究者の方々の前でVWの紹介をして終わった後で「バーチャルウォーターなんて、そんなもの、ちゃんと推計できるわけがないし、そもそも馬鹿げた考えだ。どこの気が狂った学者がやっているのかと思っていた」と面と向かって言われたこともある。水に関して、農業分野はあれこれ外から言われたくないようである。

図2－1や表2－1はやや過大であった三宅氏の推計値を佐藤さんが修正した結果であり、主な間違いは、コムギの副産物であるフスマの水消費原単位をコムギそのものと同じ値にしていたことにあった。2004年に出版された学術雑誌の論文には修正後の確信を持った値が掲載されているが、2002年のシンポジウム論文集には今となっては不適切な数値が掲載されている。ウェブ記事などでは掲載当初のまま基本的には修正されていないため、現在でも古い修正前の値が掲載されている場合がある。検索すると古いページの方が上にくることがあるのか、私たちの研究グループのウェブページや文献を読まずにそのまま古い修正前の値を孫引きしているケースもあって、心を

痛めることがある。間違いの修正を普及することは難しい。

しかしだからといって、研究成果の発表に慎重な方が常に良いとも限らない。定量的な精度は科学技術において極めて重要であるが、社会にとって大事なのはそこから導き出される定性的なメッセージである。水問題というと、乾いた大地で喉を潤す水がない人々のことを思い浮かべるのが普通であった日本社会に、水が足りないとお腹が空くということ、世界の水問題は日本の食卓に直結しているということを２００１年の時点で伝えることには多少の意義があったと思っている。

それに、今のところＶＷであれば、その値が10倍違っていても日常生活に支障をきたすことはない。人の生死に直結するような案件では、間違いが含まれている可能性を考え、後の批判を恐れて発表に慎重になる気持ちは良くわかる。しかし、多少不正確であっても、不確実性が含まれていても、社会に必要な情報を提供できる際には研究者は積極的に公開していくべきではないだろうか。

本来成果を公開すべき研究課題であっても何もせずにいれば特にやり玉にはあがらず、何か行動に移して少しでも不十分な点や間違いがあると糾弾されるという現在の社会やマスメディアのあり方は研究者を萎縮させてしまっている。結果として貴重な研究成果を社会に役立てるタイミングを逸してしまっていることも多いだろう。間違いは修正すれば良いと認め、不作為をこそ恥ずべき行為であると認知されるようにした方が結局は社会のためである。

日本へのＶＷ輸入量の図２－１に代表される研究成果は考えていた以上に巷間に広まった。新聞記事や雑誌、テレビは言うに及ばず、高校の英語の教科書に引用されたり、大学入試で用いられたりした。中学校の道徳の教科書に寄稿するはめにもなった。このように広がると、ややおこがましい言い方で恐縮であるが、文学や音楽、絵画や映画の解釈が芸術家の手を離れて鑑賞者に委ねられるのと同様、我々の意図を超えた受け止め方をされ、用いられるようにもなっている。

とある記者の方から当初言われたのは「日本の食料輸入が途上国の水問題を間接的に悪化させている、というのだと大きな記事にできるのですけどねぇ……」であった。図２－１から分かる通り、日本が輸入しているＶＷの大半がアメリカ合衆国からであり、他もオーストラリア、カナダ、ブラジル、アルゼンチンなど、先進国あるいは先進国の仲間入りをしようとしている国々が主である。一方で、最近になって「仮想水貿易は水利用の不平等を解消してはいない」という趣旨の学術論文も発表されている。水不足の国の需要が仮想水で緩和されても、各国内における水利用の不平等までは解決できていないようである。

また、カロリーベースの食料自給率が40％ということは良く知られているので、別にＶＷＴとして水に換算せずとも、他国の食料生産に頼りすぎることは十分深刻な問題だと受け止められるのではないか、と思うのだが、水に換算して図２－１のように示すと、改めて「日本は水が豊かな国だと思っていたが、水までこんなに大量に輸入していたとは」という感想を持つ方がどうも多いようである。水の七不思議のひとつである。

利用している水の量、ＶＷＴが多いからといって、必ずしもそれが悪い、というわけではない。そう主張するつもりはないのだが、水は使わなければ使わない方が良い、と無条件に思ってしまうのが、少なくとも日本では普通の感覚のようだ。これもまた水の七不思議のひとつである。そもそも、ＶＷＴが悪いのではなく、世界の水危機が問題なのであるし、ＶＷＴがなければ日本には問題が波及しない、というわけでもない。

さらに考えてみれば、グローバリゼーションに伴う交易によってモノやサービスで密接に結び付いた現代では、水だけではなく、土地や労働力、大気や時間など我々は遠くの見知らぬ様々な資源に支えられている。日本にとって食料の輸入は水のためではなくバーチャル農地のためである、と先に述べたが、輸入品を買うということは、国によってはバーチャル労働力やバーチャル技術力を買っているようなものだ、という場合もあるに違いない。

ひと頃、人前で話をしてくれと依頼されるのがほとんどすべてVWT関連である時期があった。いかに社会とのコミュニケーションが大事であるとわかっていても、同じ話を何度もすれば飽きてくるし、もっと他に面白い研究成果が出ているのに、VWTの話ばかりさせられるのがほとほと嫌になった。もちろん、講演をすると意外な反応が返ってきたり、鋭い質問で新たな視点が切り開かれたり、という場合もあるが、それは良い聴衆のいる限られた機会だけである。

しかし、同じ研究所で水中ロボットの研究をしている浦環《うらたまき》先生にそんな愚痴を話したところ、「美空ひばりが同じ歌を何千回となく心を込めて歌ったように、人に伝えたい研究成果があるのなら何度でも同じ講演をするべきである」と言われた。

そういわれてみると、声をかけてもらえるうちが華で、話を聞いてくれる人がいるのは大変ありがたいことだと思わなければならないのではないか、とも思うようになった。そして「俺の話を聞け」では失礼なので、相手が期待している話題を中心に話をすることにし、その時々に進行中の研究で、これはおもしろい結果が出たという話題は、相手を見て、理解してもらえると思った場合に、少しだけ混ぜて聞いてもらう、という方針にしている。

とはいえ、良く考えてみると、当初は呼んでくださったみなさんの期待にあまり応えていなかったようにも思われる。水不足が原因で世界では水紛争が勃発する、水が原因で世界の食料需給が逼迫しVWTに頼る日本は食糧難に陥る、気候変動の影響でそれらの水問題が加速度的に悪化する、我々はそうした破滅への道を歩んでいて、回避するためには悔い改めて普段の生活を大転換する必要がある、あるいは、水は稀少な資源なのでできるだけ節水して環境負荷が少ない暮らしをしましょう……、おそらくそういう話が期待されていたのであろうが、本書をお読みいただいておわかりの通り、必ずしもそんな風には思っていないので、私はそういう話はしない。

そもそも、IPCCの原則と同じく、科学は中立であって、政策決定に関連がある分野であっても、意思決定には優先順位づけや得失勘定に価値判断が入らざるをえないので、科学者、研究者が特定の施策を推奨できるわけではないし、するべきではないと思っているからである。

さらに、テレビや新聞では、極端な意見が好まれる。ある時、ニュース番組という名を借りたバラエティ番組のスタッフがやってきて、いろいろ話を聞いた後、「こういう状況が続くといったい世界はどうなりますか？」とか、「この調子で進めば、やはり資源が足りなくなって争いが起こるのでしょうか？」とか、延々と1時間近くカメラを回して質問を繰り返していったことがある。

先方はたった一言「もしこのままの状態で放置していたとしたら、ところによっては、今後世界では水問題が激化して紛争が生じる恐れがあります」と言って欲しかったようだ。前半をカットされても文句は言えないのである。そうされないように慎重に言葉を選んで応えていたら、「はい、もう結構です。ありがとうございます。先生、頭良いですね」という捨て台詞を残して撮影クルーはお帰りになった。褒めてもらって大変光栄だが、こういう態度だと、当然マスメディアへの露出の機会は減る。逆に言うと、メディアが描いた論争の枠組みに沿った意見を、求められるがままに述べれば重宝されるのだろうが、それは東大教授という肩書と共に魂を売っているようなものである。

そもそも大学教授に「先生、頭良いですね」はかなり失礼である。私の知っている大学の先生方はみんな頭が良い。ある意味当たり前で、それなりの大学の入試を突破し、理系の場合、曲がりなりにも博士を取り、上の先生から認められて大学にポジションを見つけているのである。世間からみれば一流の範疇には入らない大学に属している先生も、学会の研究会での発言などを聞いていると、頭が良いな、と思うことがしばしばである。少なくとも大学入試問題を解く能力や、課題が与えられたらまじめに取り組む能力という点では大学教授をあなどってはいけない。

ただし、だからといって、人格の高潔さや協調性、社会性や品性があるかというと、これまた考えてみればあたりまえだが、まったく関係ない。日本に大学がひとつしかなかったような時代であれば、特権階級としての大学教授は、優秀であるだけではなく、ひとかどの人物でないとなれなかったかもしれないが、今は大学教授と名乗れる人は全国で7万人弱いる。東大教授だって現役だけで約1300人、名誉教授を入れると倍にはなる。夏目漱石や寺田寅彦の時代とは違い、頭はいいかもしれないが、大学教授も単なる学術的サラリーマンに過ぎない、と考えた方がわかりやすいだろう。

さらに言うと、頭の良さと、研究ができるかどうかは、また別の尺度である。研究のやり方は分野やテーマによって千差万別であり、単に頭が良ければどんな研究でも一流になれる、というわけではなく、数物的能力が必要な研究があるかと思えば、手先の器用さや読解力、文章力、語学力、計算機能力、コミュニケーション能力、マネジメント能力など、研究には様々な能力が必要とされることがあるからである。もちろん、最後は運が左右するのだが、運に任せていればいいというわけではなく、パスツールが「好機は待機を贔屓する」（直訳では、「観測分野においては、チャンスは準備された精神を選り好みする」といったところか）と言った通り、努力を重ねてきちんと準備していないとチャンスが来ても「もの」にできないところが大変なのである。

もちろん、「水が世界で問題なのはわかりましたが、市民として何ができますか？　どうすればいいですか？」と問われたら、リップサービスとして、「食料を無駄にすることは水を無駄にすることと同じなので、食べ残し、残飯を減らしましょう」とか、「遠くの水にも我々の暮らしが支えられていることに感謝しつつ、身近な水環境の保全にも関心を持ちましょう」などと応えるが、聞かれたから応えているだけで、ぜひそうして欲しいと思っているわけでもない。まあ、残飯を減らすとか、自分の暮らしを支えているモノやヒトに思いを馳せるのは道徳以前の当たり前の話なので、本来はあえて言う必要もない。

一番困るのは、終わった後の懇親会で牛肉が出たときである。お、おいしそうだ、と思ってありがたく頂戴していると、何も言われなくても少し冷たい視線を感じる気がする。面と向かって「牛肉はVWが多いとおっしゃっていたのに、召し上がるのですか？」と皮肉な笑顔で言われることも多い。「はい、たくさんの水を使って作られた食事だと思っておいしく食べています。おいしいものに限ってVWの量が多かったりするのですよね」などと返事をしたりしている。

「教師は自分のことを棚に上げてでも人の道を説かねばならない」とは思っているので、VWが多い食事は避けた方がいいのであればそう伝えることもするが、VWの考え方は水資源算定用で、その水が雨水なのか、川の水なのか、地下水なのか、を区別していない。まして、水資源が稀少な地域の水なのかどうかは考慮されないので、VWの多寡は環境への影響を必ずしも反映していない。

そのため、VWの多い食事はやめましょう、とは決して言わないし、率先して態度で示すことはしないようにしている。

ただし、水が原因かどうかは別として、今後食料の需給が引き締まり、価格が上がっても生産がそれほど増えなかったり、バイオエタノール用に飼料用穀物が消費されたりすると、VWの多さに応じて食料価格が上昇し、現在のように食べたいものを食べられるかどうかは消費支出可能額に多少の余裕がないと難しくなる可能性もある。

思い出してみると、私が幼いころは、牛肉を食べるというのは大のごちそうであった。すきやき、などというのは特別なお祝いの料理であったし、ステーキという言葉には、アメリカの豊かな食生活と体格の大きさへの憧憬までが含まれた響きがあった。最近では、学生でも気軽に焼肉を食べに行ったりしているようだが、焼肉だって、昔は高かった。調べてみると食料支出が家計に占める割合は、1965(昭和40)年の36・3%から2005(平成17)年の21・5%まで大きく減少している。

川島博之東京大学大学院農学生命科学研究科准教授が各方面で述べている通り、昔は文字通り食べるために働いていたのが、食べるためだけなら、あまり働かなくとも良くなっているのである。そういう意味では、もし、食料危機がやってきたら、VWの高い食事はできなくなる。おいしい牛肉を安く食べるなら今のうちかもしれない。

ある時、講演の後の質疑で、「先生の専門ではないでしょうが、話に出てきたので申し上げますと、牛は反芻《はんすう》動物で、豚や鶏のような単胃動物とは違って……」と長々と演説されたことがある。どうも畜産に関わっていた方のようで、牛肉はぜいたくな食べ物だ、という発言が気に食わなかったらしい。質問のポイントは、牛は4つの胃を持ち、人が消化できない草（セルロース）も分解できるのに対して、豚や鶏は胃がひとつで、ヒトと同じものを食べて育つので、牛よりもむしろ豚や鶏の方が自給率の向上には問題なのだ、ということであった。

確かに、放牧して草だけで牛を育てることができれば一見そうかもしれないが、牧草地を畑地にすれば野菜などを育てることができるかもしれないし、そもそも、牛1頭を牧草だけで育てるのには約0・5haの面積が必要である。放牧に利用可能な休耕田を約100万haだとすると全部で200万頭育てることができるが、出荷までに平均2・5年かかるとすると200を2・5で割って毎年80万頭の出荷になる。1頭から250kgの肉が取れるとして年間2億kgの牛肉を分け合うことになる。国民1人あたり年間約1・6kgの牛肉である（現状は年間1人10kg程度）。やはり国内だけで生産しようと思ったら昔のように牛肉は貴重になることだろう。

きちんとこうして書籍としてまとめなかった我々が悪いのかもしれないが、まだ仮想水に対する認知度は低い。知られている場合でも、VWTに対する大抵の理解はWFPと同じであり、世界の水危機を日本の水危機と結びつけて煽るために用いられることが多い。講師紹介やプロフィールで「仮想水で有名な沖先生」と紹介されると、もっと他に学術的な研究成果もあるのに、と思って内心ムッとすることもしばしばである。

しかし、高橋裕先生から「沖君の仮想水の話は、世界の水問題を日本の問題にひきつけて考える良いきっかけを与えたことに意義がある」と総括されたりすると、そういうものかな、と思ったりもする。一発屋とは、1曲だけヒットしてその後鳴かず飛ばずの歌手に対する蔑称であるが、1曲もヒットしないよりは、1曲だけでも広く聞いてもらえる曲がある方が人生幸せである。そう考えて、最近は、お座敷がかかるうちは、歌い手さんのように同じ演目を何度でも繰り返す覚悟だ。

工業製品を作る水は輸出超過ではないのか?

工業製品の生産にもそれなりの水が使われており、VWTやWFPを計算することができる。それらに関して我々のグループでは、日本のVWTのみを扱っているため、業種別の工業用水使用量と工場出荷額にもとづいて業種ごとのVWTの輸出入を算定しているが、オランダグループではグローバルな輸出入を算定するため、各国の工業用水全体の使用量と工業分野のGDPから価格あたりのVW容量(水消費原単位に相当)を求めている。つまり、オランダグループの概算値では、産業による違いが全く考慮されていない。

工場で利用されている水量を積み上げていく手法に対し、産業連関表を用いて原材料や設備機器製造などに利用された水量を算出する手法を利用してライフサイクルアセスメント的に推計する手法も最近では用いられている。近藤剛氏(現・NTTデータ)は2009年に提出した卒業論文で、249業種について生産額あたりの取水量の総計とその取水源(工業用水道、上水道、地表・伏流水、井戸水、その他)、利用目的(ボイラー用水、製品処理用水、冷却用水、温調用水、その他)、回収水量、汚濁負荷(生物学的酸素要求量、化学的酸素要求量、浮遊固形物)などを算定した。

その結果は基本的に出荷額あたりの水使用量や汚濁量であり、図2-3のように、出荷額百万円あたりでは、生産に水をよく利用する割に価格が安い化学製品や紙・パルプ製品、鉄鋼、繊維、窯業、などで水の使用量が多いことがわかる。

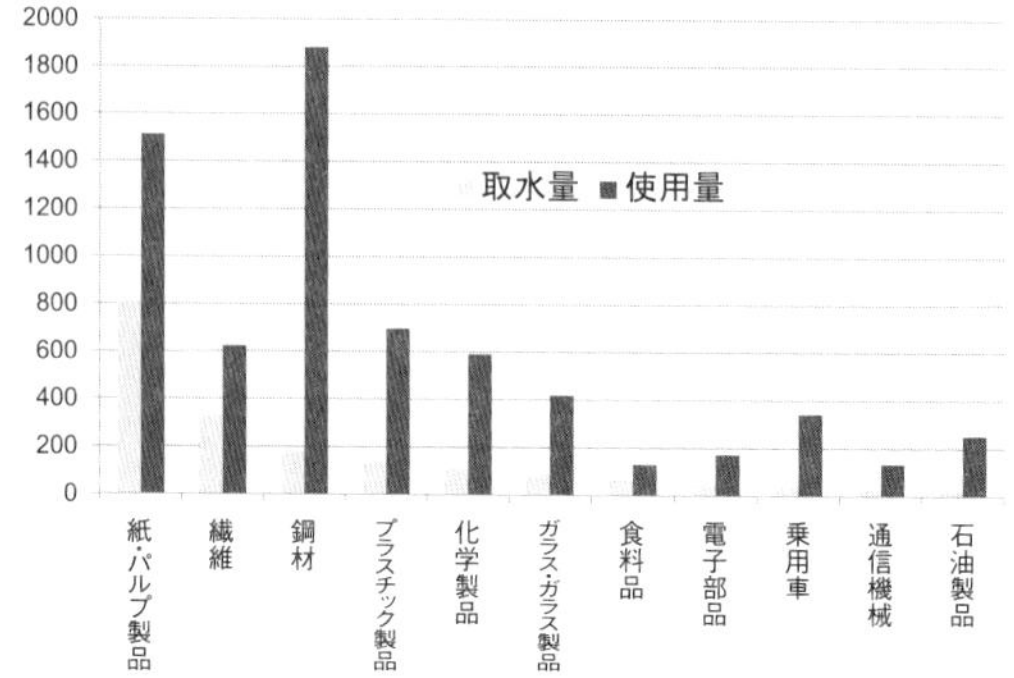

図2－3：日本における出荷額100万円あたりの工業用水使用量（㎥／100万円）と取水量（淡水補給量、㎥／100万円）。2000年の産業連関表と工業統計に基づいて推計した（近藤、2009）。原料の製造段階での使用量や取水量も考慮されている。

さらに、平均的な価格を用いて消費者が購入する単位に変換して示したのが表2－2である。ただし、食料品について、原材料の農産物の生産に必要な水の量は入っていない。また、一般に、海外の原材料の取得・製造に必要な水量は反映されていないことにも注意が必要である。この結果を見ると、ビール大瓶1本の製造にその16倍、約10ℓの水が消費されていることになっている。この値は実質的な水の使用量である取水量のみの値であり、回収水を含めると、その倍程度の水が使われている。ちなみに、先に紹介した佐藤さんの推計では、飲むビールの量の240～280倍の水が、原料のホップやオオムギの生育に必要であったと推計されている。

清涼飲料もビールと同様、飲む製品の18倍程度の水が使われている。一般に、食品産業では衛生面、心理的な面から回収率は低く、取水量が多くなり、また、容器やそのラベルの製造に必要な水の量もそれなりである。ただし、ここで示した取水量が多いほど環境に負荷がかかっているか、というとそうとは限らない。水が安価に安定して豊富に利用できる工場では水を回収してまで使おうという動機づけは働かない。

逆に、水需給が逼迫していたり、水価格が高かったりするような地域の工場では、稀少な水を繰り返し利用できるように設備投資するコストは、水代金の削減や水を安定して利用できるようになるリスク回避を考えると十分に元がとれる。したがって、似たような製品で、違う工場で使っている水の量が少ないからといって、多い工場よりも環境負荷が少ないとは限らない。より稀少な水をそれなりに使っている可能性もあるからである。

食パン	15ℓ/斤
ビール	10ℓ/633ml瓶
ウィスキー	50ℓ/700ml瓶
清涼飲料	6.1ℓ/350ml缶
コート	1300ℓ/着
携帯電話	910ℓ/台
PC	$4.0m^3$/台
自転車	$1.4m^3$/台
オートバイ	$11m^3$/台
自動車	$65m^3$/台

表2－2：典型的な購入単位に換算した各製品の生産に必要な工業用水取水量（淡水補給量）。2000年の産業連関表と工業統計に基づき推計。原材料の生産に必要な農業用水を除く。（近藤、2009）

また、表2－2では、自動車1台の製造に平均約65㎥の水が必要だという推計値になっている。自動車の場合、多くの部品を組み立てて作られるので、最終的に自動車工場で使われる水の量はその10％足らずで、残りは自動車部品、洋紙・和紙、鋼材、プラスチック製品、エンジン等の工場で使われている。

この工業製品の製造に必要な水の量の数字が新聞に掲載された後、記者さんがそっと教えてくれたところによると、「自動車の製造に65㎥の水を使って何が悪い!!　自転車やオートバイと比べるのはおかしい」と自動車メーカーの方がかなり怒っていたそうである。水の使用量だけでは環境への影響の大小、あるいは倫理的な良し悪しは必ずしも判断できないと思うのだが、数字として並べられると、多いほど悪いと、責められ

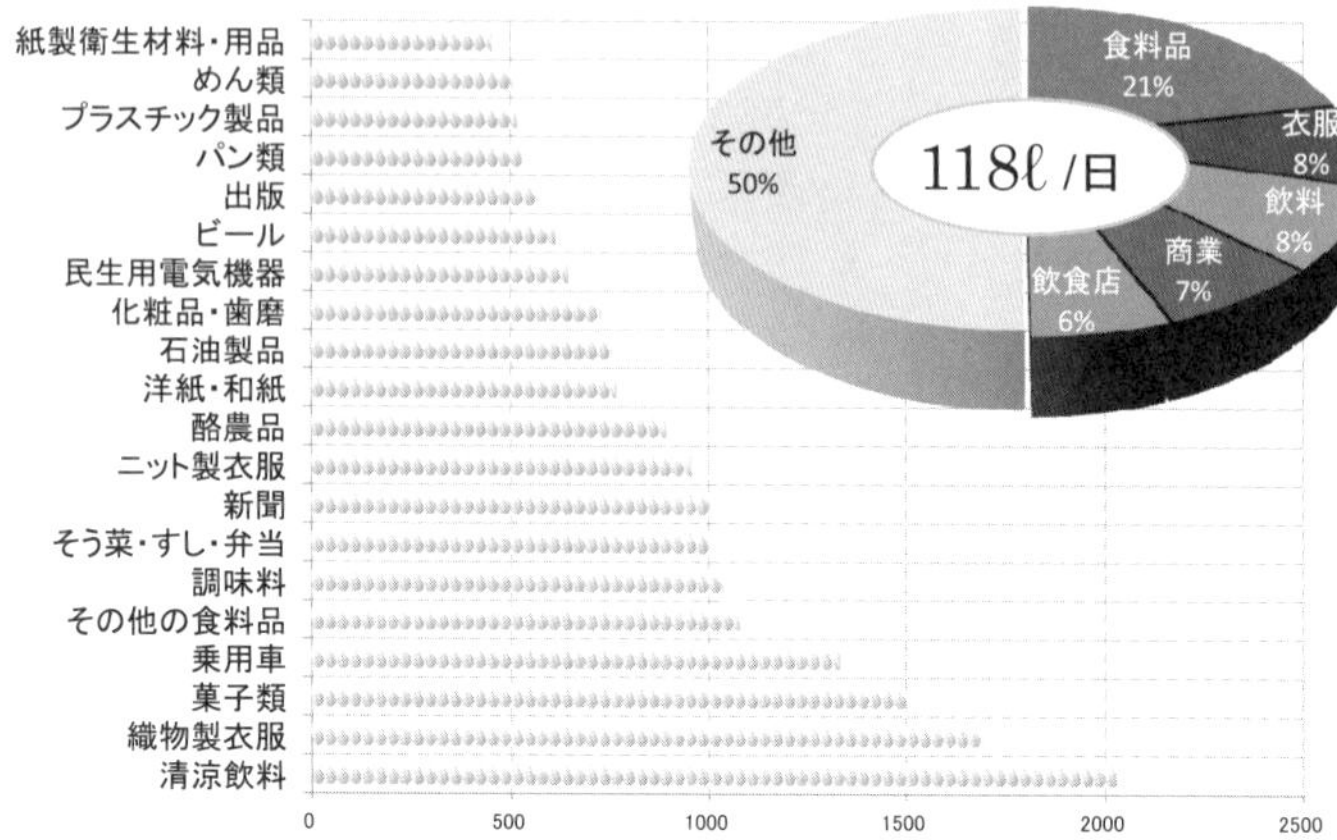

図２−４：国民１人あたり工業用水に関わる１年間のウォーターフットプリント（ℓ）推計値。（近藤、2009）

ているように思うものらしい。節水をすればするほど良いと思いがちだ、というのと同じ、水の七不思議のひとつである。

自動車が1台平均約65㎥の水を使って作られるとしても、毎日買うわけではない。これに対して、清涼飲料はほぼ毎日購入している、あるいは実はビールは毎日欠かせない、という人もいるだろう。購入量を考慮して、どういう製品を通じて毎年どのくらいの量の工業用水を我々は使っているかをやはり近藤剛氏が算定した結果が図２－４である。年間約２０００ℓ、風呂桶約10杯分の工業用水を清涼飲料水の消費を通じて間接的に使っているのだ、ということがわかる。主要な国内外の飲料メーカーが、水環境の保全やＷＦＰに非常に細やかに気を配っているのも合点がいく。

次に多いのが衣料品製造に伴う工業用水使用量である。繊維メーカーにも環境保全意識が高いところが多いが、それも水使用量が多いことに対する自覚からだと考えられる。その他は菓子類が多く、毎年買うのではないにせよ、乗用車が４位につけている。やはり量としては多いのである。

ただし、工業製品には輸出されている分もある。近藤剛氏の2000年度に対する推計によると、日本全体の工業分野で使っている水（水道水起源なども含む）の1／4にあたる35・6億㎥／年が結果としては輸出されているモノの生産に使われていることになる。ただし、もし日本で作ったとしたら21・7億㎥／年の水が必要なモノを輸入しているので、工業製品を通じて正味13・9億㎥／年分の水を間接的に輸出しているようなものである。食料に関わるVWTと比べると、量としては数十分の1である。

空気の次は水に課金される時代に？

実は現在、ISO（国際標準化機構）でウォーターフットプリントの規格化が進んでいる。まだ内容的には固まっていない点も多いため詳細は別の機会に譲りたい。この規格策定に関わって印象的なのは、私のような大学教員はほとんどいなくて、各国から派遣されているエキスパートのほとんどが企業やコンサルタントであり、カーボンフットプリントなどの環境マネジメントに関わっている実務関係の方々であった、ということである。

コーヒーブレイクや夕食会の際に、各国からのメンバーや作業部会議長のセバスチャン・フンベルト氏とコミュニケーションをとりつつ聞いてわかったのは、欧米、特に欧州では、「二酸化炭素の次は水だ!!」とばかりに、自社のWFPを実際に積算しようとする会社がすでに多く出てきている、ということであった。これに伴い、環境コンサルティング事務所にWFP積算の業務発注が大量に出されることとなった。ところが、WFN（ウォーターフットプリントネットワーク）に限らず、WFPという名前を冠された推計手法は主要なものだけでもUNEP−SETAC（環境毒性化学会）、WWF（世界自然保護基金）など環境分野では名の知れた組織のやり方が公表されており、コンサルティング事務所としては、どの手法でやれば良いのか、判断に困った。そこで、カーボンフットプリントと同列のLCAの一部としてISOに規格化を提案した、ということである。実務関係の方が多いのにはそういう背景があったのだ。

数十万円という高額の参加費にもかかわらず、WFNによるWFP講習会が欧米各地でそれなりの人数を集めてここ2〜3年開催されているという実態を見るにつけても、少なくとも欧州ではすでにWFPへの関心が十分に高まっていて、ISOはある意味でその後追いだ、ということだろう。日本で育つと、国際機関というのは、世界各国間の利害調整のためにあるのだろうと素朴に思ってしまうが、様々な局面で国際機関の会合、活動に参加すると、基本的には2つの大戦を経験した欧州の内部調整、特に英独仏の覇権争いの調整か、旧宗主国と旧植民地の間での利害調整のためにあるということに気づかされる。ISOもそうした役割が多分にあるということを踏まえた上で議論に参加しないと、どんなに一生懸命に発言しても取り合ってもらえない。

なぜ欧州企業はWFPへの関心が高いのだろうか。ひとつにはカーボンフットプリントで計量される二酸化炭素の排出に対して様々な形で規制がかかり、結果としてコストを支払わねばならなくなった状況をみて、次は水の使用に対して規制がかかるのではないか、という勘繰りからであろう。

実は、日本でもこういう見方をした企業があり、2008年頃には私の研究室に相談にいらしたが、その際には「世界共通のコモンズである大気とは違い、水はローカルな資源なので、二酸化炭素のようになるとは思えないし、そうなりそうになったら全力で反対します」と答えた。

同じ量の化石燃料であれば、地球上のどの国でいつ燃焼させて二酸化炭素を排出しても地球温暖化への効果はほぼ同じであるし、たとえ無視できるほど小さくとも、レジ袋を使わなければその分その製造等に必要な化石燃料分は二酸化炭素の排出を抑制することができるだろう。しかし、水は、どの地域のどういう源からの水をいつ取水し、どこにどんな水質で環流させるのかによって人間社会や生態系に及ぼす影響は大きく異なる。水の豊富な地域で節水しても、水が足りなくて困っている地域で水が使えるようになるわけではないし、そもそも循環している水資源を使っている限りは持続可能性に及ぼす影響は限定的である。

この考えは今でも変わらないが、世界的には水使用の規制への関心が高まっている。2010年秋にはオランダで「国際貿易規約に水不足と水汚染を勘定する戦略会議」が開催された。これは、WFNのフックストラ博士らが働きかけ、WTOやEUの科学技術担当、世界水評議会（WWC）やグローバル水パートナーシップ（GWP）からも参加があり、バーチャルウォーターの父、アラン教授も基調講演を行った。

フックストラ博士の意気込みに反して、貿易に関わる経済学者からは、水は他の物資と同じ財で、それ以上でもそれ以下でもない、といった意見が出され、輸出入される物資のWFPに応じた関税をかけるべきだ、という主催者側の腹案は支持されなかった。しごくもっともな方向だと思ったが、WFPへの欧州における昨今の関心の高まりをみていると、せっかくWFPを算定したら、それを金銭に絡めないのはもったいない、と思う主体が出てこないとも限らない。また、国際社会全体としては北から南への資金の流れを正当化する枠組を常に求めているので、そういう制度設計ができれば、ＷＦＰに応じて対価を支払う枠組が多数決で決まってしまう可能性もある。

汚染者負担の原則で考えると、工業製品、農業畜産製品の生産の際に水を使った主体がその対価を支払う、ということになるだろう。ただしそれは、その水利用に伴う環境への悪影響が経済学でいう外部コストとして製品のコストに含まれていない場合であり、影響の軽減、緩和策が取られている場合には当然その分のコストは元から製品の価格に内生的に含まれていることになる。

問題は、誰がＷＦＰ税の恩恵を受けるか、である。

国際水基金を作ってそこにＷＦＰ税を集め、途上国の水問題解決に活かしてはどうか、という主張もある（ちなみに、グローバル水基金、という国際ＮＧＯはすでに存在する）。途上国の支持は得られるかもしれないが、筋としてはおかしい。ＷＦＰの対価は、あくまでも水の利用可能性を阻害されたその取水源、あるいはその流域の水資源、水環境の保全に本来使われるべきである。１兆円といった国富が二酸化炭素の排出権の対価として海外にむざむざ出ていってしまうような事態の二の舞だけは避けねばならない。水を利用した主体が、取水源の水資源・水環境の保全に対して相応の支出をするのであれば、日本で製造される工業製品、農業畜産製品のＷＦＰ課金はそれぞれの地域のために用いられることになる。

海外で食料の生産に使われたＷＦＰ分は輸入価格に上乗せされることになるが、環境への悪影響を放置しながら生産された物資を輸入することはやめ、水を含む環境保全にきちんと配慮して生産された物資を輸入するのは、フェアトレードの必須条件であり、それに必要なコストの上乗せは受け入れるべきである。

カーボンフットプリントにはカーボンニュートラル、という概念がある。化石燃料を使用して排出した分の二酸化炭素を吸収するような活動を直接、間接に行うことによって、その排出量がちょうど相殺されるとみなせる場合がニュートラルで、むしろ吸収量の方が大きければカーボンネガティブと呼ばれる。

WFPに対してもこの類推からウォーターニュートラル、という概念が提唱されている。カーボンニュートラル、あるいはカーボンネガティブは地球温暖化の進行を遅らせるためには望ましいが、ウォーターニュートラルの達成が何の実現に対して良い効果をもたらすのかはあまり自明ではない。人間が水を使わなかった状況と同じにする、ということは技術的に不可能ではないだろうが、そのために必要な労力、エネルギーを考えるとそれが人類の幸福を増すとは思えない。生態系サービス（水で言うと天然の浄化作用や洪水緩和機能など生態系が人類に便益をもたらす機能）が失われてしまうような甚大な影響は及ぼさない範囲で水を利用する分には、ウォーターニュートラルの実現が必須であるとは考えられない。

とはいえ、地下水は、条例などによる制限がない限り、土地に付属する財だとみなされ、汲み上げるポンプの電気代だけで入手可能である。その上、どのくらい貯まっていて、どう増減しているのかが一目でわからない。そのため、大量に汲み上げる工場が収奪的利用をしているのではないか、という周辺住民と、持続可能な利用をしている、あるいは合法的に汲み上げている、という企業側との間の争議が世界中で生じている。

2003〜2005年にインドのケララ州で生じたコカ・コーラ社への抗議行動は、その象徴として、大企業による地元の地下水資源の収奪だ、と報告している本（『水の世界地図　第2版』）もあれば、実際には農家自身による地下水の過剰な汲み上げが原因であると指摘している本（『水の未来』）もある。何が過剰で何が持続可能な水使用であるかの判断は難しいが、地下水の場合で言うと、地表面から水が浸みこんできて地下水を増やそうとする分、涵養量に比べて汲み上げ量が小さければ影響は大きくない、と考えることができるだろう。

企業にとって、ＷＦＰは、カーボンフットプリントと同様、まずはＣＳＲ（企業の社会的責任）の一環として、環境報告書に記載するために計量する、ということになるだろう。業種にもよるが、水のコストが無視できないような企業では、自社で使用している水量削減のベンチマークとなるだろうし、グリーン購入といった、環境負荷の少ない原料、消費財を選択的に利用する取り組みを推し進めているような企業では、カーボンフットプリントだけではなく、ＷＦＰも原材料などの選択の際の判断基準になるかもしれない。

また、同じようなチョコレート、あるいはオレンジジュースといった製品に対して、ＷＦＰの数値をつけることによって、（他社の製品に比べて）環境に優しい、という印象を消費者に訴求することも可能になるかもしれない。欧州の大企業がＷＦＰに熱心なのは、マスプロダクションによって相対的に少ない水で製造することが可能である利点を生かそうとしている可能性もある。

しかし、ＷＦＰの応用はそれだけではない。サプライチェーンの上流分も含めて製造に用いられた水の量を積算する過程で「どの地域のどういう水源の水にどの程度頼っているか」が概ね明らかになり、影響評価に際してその地域の水需給がどの程度逼迫していて今後どう推移しそうか、の見通しが立てば、その水利用がどの程度持続可能であり、結果としてその水に頼る自社の活動にどういう水関連のリスクがどの程度あるかを推し量ることができるようになる。

いわば、Life cycle water risk assessment（水のライフサイクル危険度評価）が可能となるのであり、手法が洗練され、インベントリが充実してツールが揃うにしたがって、そうした用途も今後増えていくものと考えられる。

こうしたアプローチは何も企業に限らず、国や個人にとっても、自分たちの現在の暮らしや活動が、どの地域のどういう水源の水にどの程度依存していて、その継続的な利用にどんなリスクが内包されているのかをあらかじめ知り、リスク削減の対策を講じるのに役立つだろう。WFPは、単にラベルとして用いられるのではなく、そうした危機対策として有効に利用されるのではないだろうか。

水と食料とエネルギーのネクサス

実は、日本で最初にVWに関する研究を発表したのは我々ではない。農業・食品産業技術総合研究機構農村工学研究所の丹治肇博士は、1996年に『Science』に掲載されたサンドラ・ポステル氏の論文の数字に従い、コムギ1kgの生産に水1tが必要であるとし、肉類については飼料用穀物が可食部1kgの生産にどの程度必要であるか、という農水省の推定値に基づいてその倍率をかけて算定して日本のVW輸入量を推計した結果を1998年に発表している。

丹治博士は、中東のように、水資源が不足している地域の食料輸入を「良いバーチャルウォーター」、水需給の緩和に特段役立たない食料輸入を「悪いバーチャルウォーター」と呼んで区別するなど、先駆的な概念の整理もされていた。

その丹治博士が2002年頃に、科学技術振興事業団の戦略的基礎研究推進事業（当時）平成13

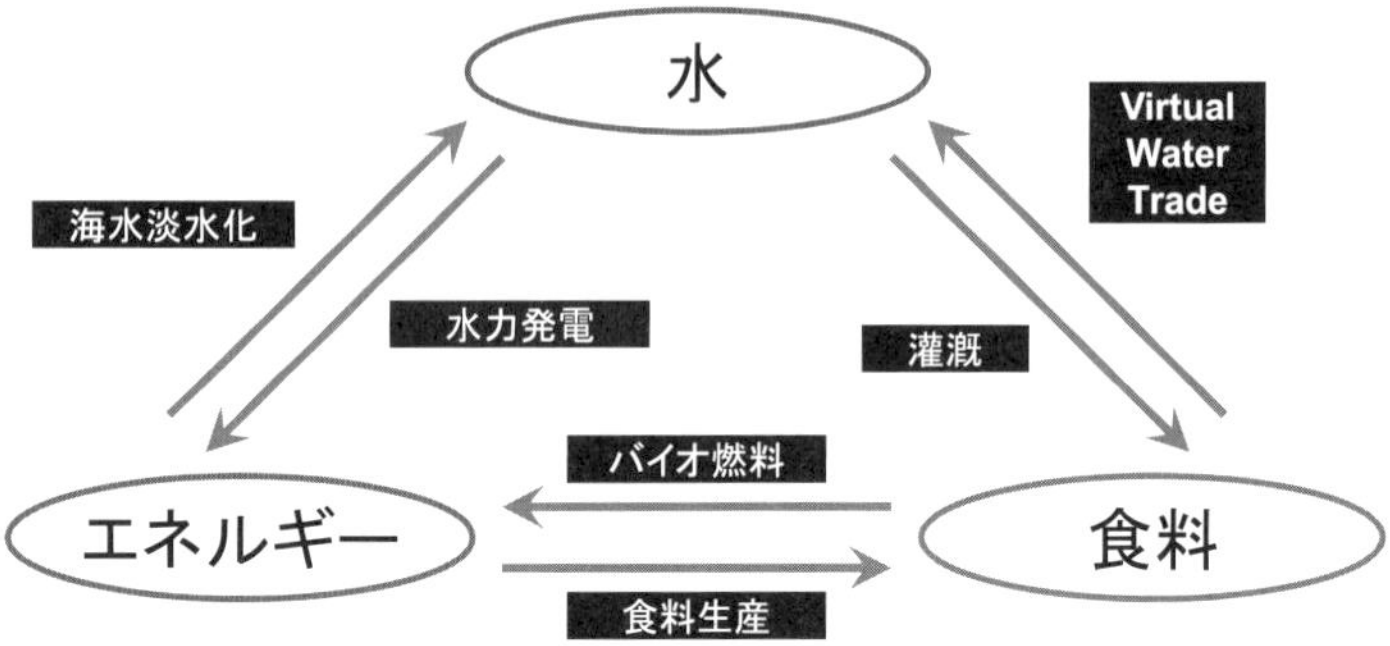

図２−５：持続可能な社会の構築（sustainability development）には、水だけを考えるのではなく、食料とエネルギーと三位一体で考えるべき。水、食料、エネルギーの持続可能な利用には、土地と時間が制約条件となる。

年度新規発足研究領域「水の循環系モデリングと利用システム」（研究総括：虫明功臣 東京大学教授、当時）の研究会で紹介されたのを復元・加筆したのが図２−５である。

食料の生産に大量の水資源が必要であり、灌漑をすると生産効率が２〜３倍になる、というのは良く知られている。逆に、水需要全体のうち大半は食料生産に必要な水なので、これまで紹介した通り、水が足りない地域に水を運ぶのではなく、水が豊富な地域で生産して食料を運ぶ方が合理的な場合が多い。これがＶＷＴである。

一方、持続可能な自然エネルギー源として、水力発電は世界全体の発電量の16・３％（２００８年）のシェアを占めているが、逆に、エネルギーが大量に利用可能であれば、海水からさえ淡水を造りだすことが可能である。私の師、虫明功臣東京大学名誉教授は以前「核融合が実現すれば、水問題なんかなくなる」とさえおっしゃっていた。東京電力の原発事故を受けて、今後の原子力開発は少なくとも日本では見通しが立てにくいが、もし核融合が可能となり、世界中でエネルギーを安価に大量に利用可能になれば、水問題も自ずと解決する、という可能性はある。地上の核融合は実現せずとも、核融合によるエネルギーを放出し続けている太陽からのエネルギーをもっと効率よく取り出すことによってでも、やはり水問題の解決は実現できるのかもしれない。

さらに最近では、食料にもなるような穀物等をエネルギーとして利用するバイオ燃料の利用が急増している。バイオ燃料はカーボンニュートラルで地球温暖化を加速しないと見做されるためであるが、化石燃料への過度の依存を避けるという地政学的観点や、農家・農産業へのサポート、といった側面もあって世界的に推進されている。

一方で、現在の農業は肥料の製造や農作業、気温や湿度、光などの環境調整、産品の輸送などに大量のエネルギーを消費している。少し以前の統計になるが、生産に必要なエネルギーと、食べて得られるエネルギーを比較して、得られるエネルギーの方が多いのはコメやコムギ、イモ類などのみであり、野菜や果物、肉類などは生産に必要なエネルギーの方がはるかに多い。ハウス栽培の野菜などでは、食べて得られるエネルギーの数十倍のエネルギーが消費されていると推計されているものもある。我々は太陽の恵みを受けた農産物を食べている、と思っているが、実は現代の食事は、あたかも化石燃料を食べているようなものなのである。

もっとも、バイオ燃料は特に新しいわけではない。むしろ、石油や石炭などを使えるようになったため、バイオ燃料をしばらくの間あまり使わずに済んでいたのである。日本の古典的な妖怪の代表でもあるろくろっ首は、夜な夜な行燈の油を舐めるという。これは大豆油やナタネ油など、食用にもなるような油が灯火用に用いられていた、という暗示である。

このように、水、食料、エネルギーはそれぞれが持続可能な社会の構築にとって不可欠である、というばかりではなく、それらの間には密接な関係があり、補完することもできるが、依存してい

	水消費原単位	収量	熱量	水あたり熱量	面積あたり熱量
	(m^3/kg)	(t/ha)	(kcal/g)	(kcal/ℓ)	(kcal/m^2)
コメ（精白米）	3.70	4.65	3.56	1.0	1655
トウモロコシ（子実）	1.80	4.90	3.83	2.1	1877
コムギ（薄力粉）	2.10	2.71	3.68	1.8	997
大豆（乾燥）	2.50	1.66	4.27	1.7	709

表2－3：一定水量あたり、面積あたりのカロリー供給量。日本を想定した面積あたり収穫量や水消費原単位から試算（トウモロコシの収量は世界平均）。生産量から純食料への換算は食料需給表の歩留まり率を用いた。

るとも言える。環境保全のために水の使用量を減らすことが必要な場合でも、使用水量を減少させるために大量のエネルギーを消費するようでは、総体としては環境保全にプラスにはならない可能性もある。WFPを減らすためにカーボンフットプリント、温室効果ガスの排出が増えるとしたら、その負の影響も併せて考える必要がある。

　水問題の解決だけが大事なのではなく、持続可能な社会を構築する、という観点からは少なくとも水と食料と（自然）エネルギーの確保が大事であり、しかもそれらがお互いに補完するような密な関係にあることの説明に極めて有効であるため、講演を頼まれた際にはしばしば図2－5を利用している。そのため、「沖の図」としてさらに引用されることもあるのだが、元々のアイディアは、丹治博士から教えてもらったのだ。

　また、図2－5を眺める際にぜひ留意してほしいのは、水も、食料も、自然エネルギーも、基本的には土地面積あたり、時間あたり得られる量が気候条件に応じて地域ごとにほぼ決まっている、という点である。一人あたりの土地面積が広い方が、水も食料も自然エネルギーも得やすい。日本のように平地が少ない上に人口密度が高いと、条件としては不利である。もちろん、それにもかかわらず江戸時代から高い人口密度を維持できていたのは、気候条件として比較的水を得やすく、面積あたり高いカロリーが得られる水田耕作が可能で、薪炭という自然エネルギーに相対的に恵まれていたからだ。

そういう意味では人口密度の高い日本は、再生可能エネルギー的には不利である。もちろん、専門家はその点は百も承知であり、だからこそ洋上風力発電など、国土面積が足りない分、海洋上を利用しようと考えているわけである。地熱発電に関しては環太平洋造山帯に位置するということで優位であるにしても、太陽光発電や風力発電など、面積に依存する自然エネルギーに関して、残念ながら日本は恵まれているとは言えない。

表2－3はコメ、トウモロコシ、コムギといった主要な穀物と大豆について、日本における単位面積あたりの収穫量を想定して試算した面積あたり得られるカロリー量、一定水量あたりのカロリー量を示している。面積あたりではコメとトウモロコシが多くのカロリーを得られる一方、同じカロリー量を得ようと思ったらコメは比較的大量の水が必要なのに対し、トウモロコシやコムギでは少なくて済む、ということがわかる。

中国でも、水の豊かな南部はコメを作って米食であるのに対し、北部ではコムギを作って饅頭《マントウ》や麺を食べる。パキスタンも上流の、比較的水が使える地域ではコメ作でカレーとご飯だが、インダス川下流の乾燥地域はコムギを作り、ナンとカレーである。メキシコのように乾燥しているのに人口密度の高い地域ではトウモロコシが大量に消費されている。我々が何を主食としているかは、どの程度水を得られるかによって決まってしまっているのである。

第2章のまとめ

●過去の事例研究によると、水問題が国家間の正式な戦争を引き起こしたことは一度もなく、水をめぐる問題は紛争をもたらすというよりは、二国間の融和や和平に繋がった場合の方が多い。

●戦争はなくとも、水をめぐる小競り合いは昔から日本でもあった。戦争にならずとも水をめぐる争いで犠牲者が出る可能性がないとも言えない。

●安全な飲み水にアクセスできない人口割合を2015年までに（1990年に比べて）半減する、というミレニアム開発目標は2010年に達成された。しかし、いまだに8億人弱の人々は相変わらず安全な飲み水にアクセスできない。

●水ストレスとは、水需給が逼迫していて、年によっては思うように水を利用できず困窮する可能性が高い状態のことである。

●流域とは分水嶺に囲まれた領域で、その中では上流から下流へと重力で水が流れるので、流域内では水は共有財産としての性格が強い。そのため、水は行政区画単位ではなく、流域単位で計画、マネジメントされるべきである。

●食料生産に必要な水はローカルな水資源である必要はない。水不足地域に水を運んできて食料を生産するよりは、水が利用可能な地域で生産してできた食料を運ぶ方が、運ぶ重さが1／1000、1／10000で済むので合理的である。

●食料の輸入は輸入国の水需給の逼迫を緩和できるので、それはあたかも水を輸入しているようなものだ、ということから、食料の交易を水の「仮想的な貿易」、仮想水貿易（virtual water trade）と呼ぶ。

●仮想水貿易の定量的推計には、輸入している食料を、もし輸入国で生産していたとしたら必要であった水資源の量に換算するのが筋である。
●しかし、生産に大量の水が必要な食料＝「仮想的な水」であり、だから食料の貿易は仮想水貿易である、と一般には（世界的にも）曲解されている。この場合、輸出国で実際に食料生産に使われた水の量＝仮想水量として定量化される。この水量は、輸入国での食料消費に伴って間接的に輸出国の水を利用し、その環境に影響を与えているのではないか、という観点から、ウォーターフットプリントと最近では呼ばれる。
●一般に、食料輸出国の方が輸入国よりも単位面積あたりの収穫量が多く、同じ重さの食料の生産に必要な水も少なくて済んでいる。すなわち水生産性についても比較優位の法則が成り立っているため、世界の食料貿易、仮想水貿易によって食料生産に必要な水の量が節約されている計算になる。
●どこでどういう食料をどういう風に生産してどこで消費するのが望ましいかについては、水利用量を節約する、といった観点だけから検討してはいけない。
●日本が輸入している主要な穀物や肉類だけで国内の農業用水使用量を超える600億㎥あまりの仮想水を毎年輸入していると推計される。しかし、それは水が足りないからではなく、牧草地や放牧地を含めた農地が足りないからであり、いわば仮想農地を輸入するついでに仮想水が輸入されているとみなすのが妥当である。
●水が足りないとお腹が空く。世界の水問題は日本の食卓に直結する。
●工業製品に関しては、日本は年間約14億㎥の正味の仮想水輸出国である。

●日本の仮想水輸入量が多いからといって、あるいは牛肉や自動車などの仮想水量が多いからといって、環境に悪影響を及ぼしているとは限らない。
●地球上のどこでいつ排出されても二酸化炭素の地球温暖化への寄与は変わらないが、いつどこでどういう水源の水を使うかによって水の利用が環境に及ぼす悪影響は大きく異なる。
●ウォーターフットプリント推計手法の国際標準化が進捗している。企業にとっては水使用量削減の計量化やより環境負荷の少ない原材料の選択、消費者にとっては環境負荷の少ない商品の選択に利用される日が来るかもしれない。
●水と食料とエネルギーの密接な補完代替関係に着目することが、それらの安定供給を確保し、持続可能な社会を構築するために必要である。
●持続可能な水、食料、エネルギーはいずれも土地面積あたり、時間あたりに得られる量が地域ごとにほぼ決まってしまっている。

第3章　日本の水と文化

日本は水に恵まれた国か？

日本では、大抵の場所で年中雨が降っている。東京や福岡は言うに及ばず、屋久島では毎月250㎜以上の雨が降り、平均年降水量は4500㎜にも達する。日本海側の新潟県などは冬の北西モンスーン、いわゆる「季節風の吹き出し」の際の豪雪に伴って大量の雪が降る。新雪の密度は約0・1であり、100㎜の降雪は1mの積雪に相当する。降ってから時間が経つと圧密されて1／3程度には減るが、日本にいると、2m、3mの積雪は珍しくなく、上越市（旧高田市）では10mの積雪深もかつては観測されていた。

世界的にはこれほど雪が降る場所は珍しい。シベリアの積雪も、1mを超える場所はほとんどなく、大抵は数十センチである。気温が低くないと降る雪は融けて降雨になり、せっかく積もった雪も融けて流れてしまうが、気温が低い場合には大気中の水蒸気量も少ないのが普通で、あまり多くの雪は降らない、あるいは、雪を降らせるための水蒸気の供給が継続しないので豪雪となって何メートルも積もったりしないのが普通なのである。

しかし、日本には日本海がある。黒潮が分岐した暖流である対馬海流が流れ込んでいて、冬でも凍らない。シベリア高気圧から吹きだした乾燥して冷たい気団（空気の塊）は日本海上を吹走するうちに多少の熱と大量の水蒸気を含み、日本列島にやってくる。大気下層が暖かく湿る、ということは大気の鉛直成層が不安定化することであり、海岸での海陸風前線、あるいは山岳などに気流がぶつかると潜在的な不安定を解消すべく大量の雪が降る、ということになる。

また、雪が降り積もるのは、水が蓄えられていることである。利根川の最上流にある矢木沢ダムでは、ダム地点でも春先には2〜3ｍの積雪がある。富士山のように頂上が雲の上に出たり風が強くて積もった雪も吹き飛ばされたりするような山は例外として、一般に標高が高い地点ほど降水量は多く、積雪も深い。そうしたこともあり、矢木沢ダムの上流域には、一番雪が多く貯まっている春先、ダム湖の水の2〜3倍くらいの水が雪として貯えられている。

森を緑のダムと呼ぶならば、大量の水を蓄えてくれている雪は、白いダムの名にふさわしい。関東以北の日本の水田耕作では、一番水を必要とする代掻《しろか》き期の水を、そうした白いダムからの水、融雪水に頼っているのである。地球温暖化に伴って降雪量が減ったり、せっかく降った雪がさっさと融けたりして白いダムの貯水量が減ってしまうと、これまでのようには必要な水を必要な時期に得ることができなくなるかもしれない、と懸念されている所以である。

寒気の吹き出し以外にも低気圧の通過に伴って冬にも雨が降り、夏の南西モンスーンに伴う梅雨と冬の北東モンスーンの間には台風が来襲してやはり大量の雨をもたらす。そうした結果、日本では多くの地域で月降水量が50㎜を下ることがない。日本で一番降水量が少ないのは道東の十勝平野付近であり、その理由は梅雨や台風、冬の季節風の恩恵に浴することが少ないためである。それでも年間800㎜は降り、毎月の降水量もそれなりにある。

これは、雨がほとんど降らない乾季が何カ月も続く他のアジアモンスーン地帯の都市に比べると非常に恵まれている。つまり、単に降る雨の量が多いというだけではなく、その時間的変動が少なく、年中比較的まんべんなく降ることが日本の雨の水資源からみた特徴であり、非常にありがたいのである。蒸発散量が年間600〜700㎜程度なので、最低でも月50㎜程度の降水量がある、ということは、土壌が乾燥して草木が枯れて困る、といった状況が平均的には生じにくいことを示している。

それならば、日本は水に恵まれた国である、と言えるのだろうか。第1章で述べた通り、恵まれているかどうかの判断は常に需要と供給の相対的なバランスであって、絶対量だけで判断することはできない。日本のように降水量が多くとも、人口密度が高く水への需要もその分多いと必ずしも十分ではないとも言える。図3−1は主要な国における年降水量（左側の棒）、そして1人あたりの降水量と1人あたりの水資源賦存量（右側の棒）を示した図である。確かに日本の降水量は国別の降水量としては世界平均（約800㎜／年）の倍、先進国の中ではダントツに多い。しかし、1人あたりで換算すると日本の降水量は多いとは言えず、むしろ少ない方に属していて、イギリスや中国、イランと同程度である。

もちろん、こうした統計にはまやかしもある。オーストラリアは1人あたりの雨の量が年間20万㎥と莫大だといっても、それは広大な内陸部に降る年数百ミリの雨もすべてかき集めた場合の値であって、そのすべてが実際に利用可能なわけではない。

水資源賦存量は降水量から蒸発散量を差し引いた値で、放っておけば河に流れて海へと流出して

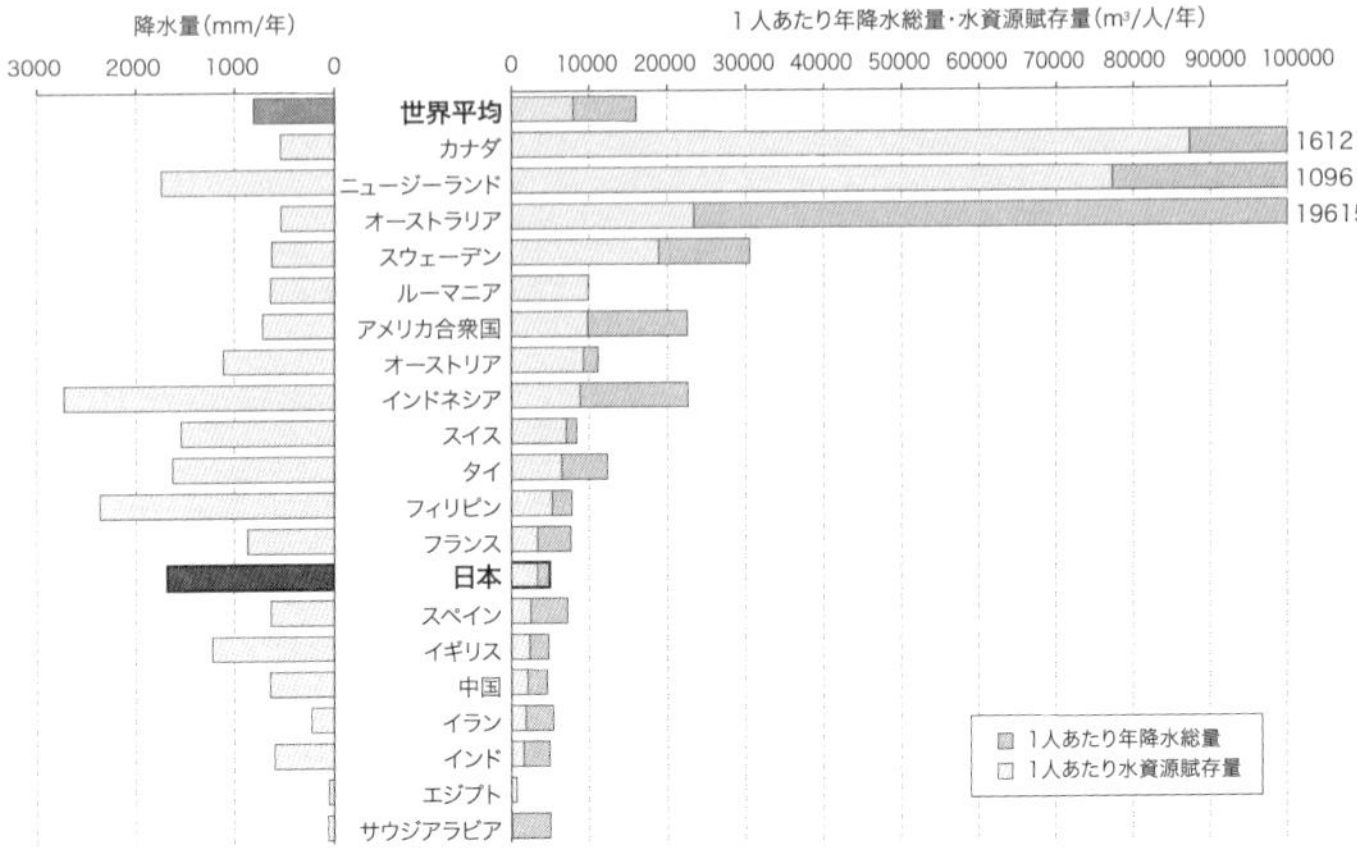

図3-1：世界各国の降水量等。平成23年版「日本の水資源」より。

いく分の水であり、利用可能な水の量の目安としてはより実態に近い。オーストラリアの場合、蒸発散で失われる分が多いため、1人あたりの水資源賦存量は年2万4000㎥と、降水量の1／8に過ぎない。サウジアラビアなどは、1人あたりの降水量で比べると日本と同じくらいであるが、水資源賦存量はほぼゼロで、降る雨のほとんどが蒸発して失われてしまっている。

　アメリカ合衆国の1人あたりの水資源賦存量は年間約1万㎥と多いが、比較的雨の多い南部や東部と、乾燥した西部とのコントラストが大きい。豊富に利用可能な地域と、循環している水資源では需要をまかなうことができない乾燥した地域の平均である、という点にも注意が必要である。また、エジプトは1人あたりの年降水量、水資源賦存量ともにほぼゼロであるが、これは、この計算には国外から流入する水資源量を算入していないからである。エジプトの場合、ナイル川協定に定められた年間555億㎥の水を8300万人の人口で利用しているとすると1人あたり年間670㎥程度の水資源賦存量と換算される。それでも第2章で紹介したファルケンマーク博士の水混雑度指標による分類では1000㎥／人／年以下の「深刻な水不足」に対応し、当然のことながら食料生産を国外に大きく頼っている。

国全体を平均するのではなく、細かく見れば、水需給が逼迫している地域があるのは日本も同じである。年降水量は北海道の1100（950）㎜／年から南九州の2500（2000）㎜／年まで約2倍の差があるものの、括弧内に示した渇水年でも2割減程度である。

これに対し、1人あたりの水資源賦存量は、人口密度を反映して関東臨海部では平年でも年間3000（2000）㎥／人と極めて少ないのに対し、北海道、山陰、南九州では年間8000（6000）㎥／人と20倍以上も異なり、渇水年と平均値との差も大きい。これは、日本のように降水量がそれなりにある地域では、渇水年でも降水量が減るほどには蒸発散量が減らず、結果としてその差である水資源賦存量（流出量）が降水量以上に減少するからである。

第2章（90ページ）で紹介した水混雑度指標に照らすと、関東臨海部は深刻な水ストレス下に分類される。しかし、多くの市民は水で困っているという実感はないだろう。それは、水混雑度指標がその場の雨と蒸発量から算定される水資源賦存量だけを考慮しているのに対し、日本を始めとして社会基盤施設が整備された国々では、他の地域の水資源を利用して水資源供給を安定させる手段を確保しているからである。

関東臨海部に関しては、江戸時代に多摩川の水を確保し、昭和になって奥多摩湖を造って供給を安定化し、さらに、矢木沢ダムなど奥利根にたくさんの貯水池を作って水を確保し、利根大堰や武蔵水路などの施設を造ることによって首都圏に送る体制が整えられているため、普段は水不足を意識せずに済んでいる。しかし、10年に一度、関東の利根川・荒川では5年に一度の渇水に対応する、という目標は非常に安全度が低い。今後何十年の間には深刻な渇水が生じるおそれがあることをあらかじめ想定しておく必要がある。

日本では人口密度が１０００人／㎢を超える地域を密集市街地と呼ぶ。全国平均で約１７００㎜の降水量のうち７００㎜が蒸発したとすると残り１０００㎜、ちょうど１㎡あたり年間１㎥の水資源が利用可能だ、ということになるが、１０００人／㎢だと、１人１０００㎥／年に相当する。実際には洪水時に使われることなく海へと流れてしまう分もあるため、この１０００㎥／年がすべて利用可能だというわけではない。よほど水の循環利用を進めないかぎり、密集市街地、都市では水に関して自給自足は難しいことになる。

考えてみると、都市とは、食料、水、エネルギーの生産を外部に頼って発展してきた存在である。高度成長期までの日本では、人材の供給も外部に頼ってきた。都市の繁栄はつねにその発展を支える様々な供給源としての郊外、農村、生産地がしっかりしているからこそであることを忘れてはならない。都市は都市だけで独立してはいない。都市問題の解決は周辺地域の問題解決と一体として考える必要がある。

日本と世界の豪雨

もう一度日本の水文気候学的な特性を眺めてみよう。図３－２は年降水量と年蒸発散量の関係を世界の主要な河川流域ごとに示したものである。年蒸発散量は観測された河川流量と流域平均の年降水量との残差として推計されていて、各プロットは、河口位置の緯度ごとに低緯度（☆）、中緯

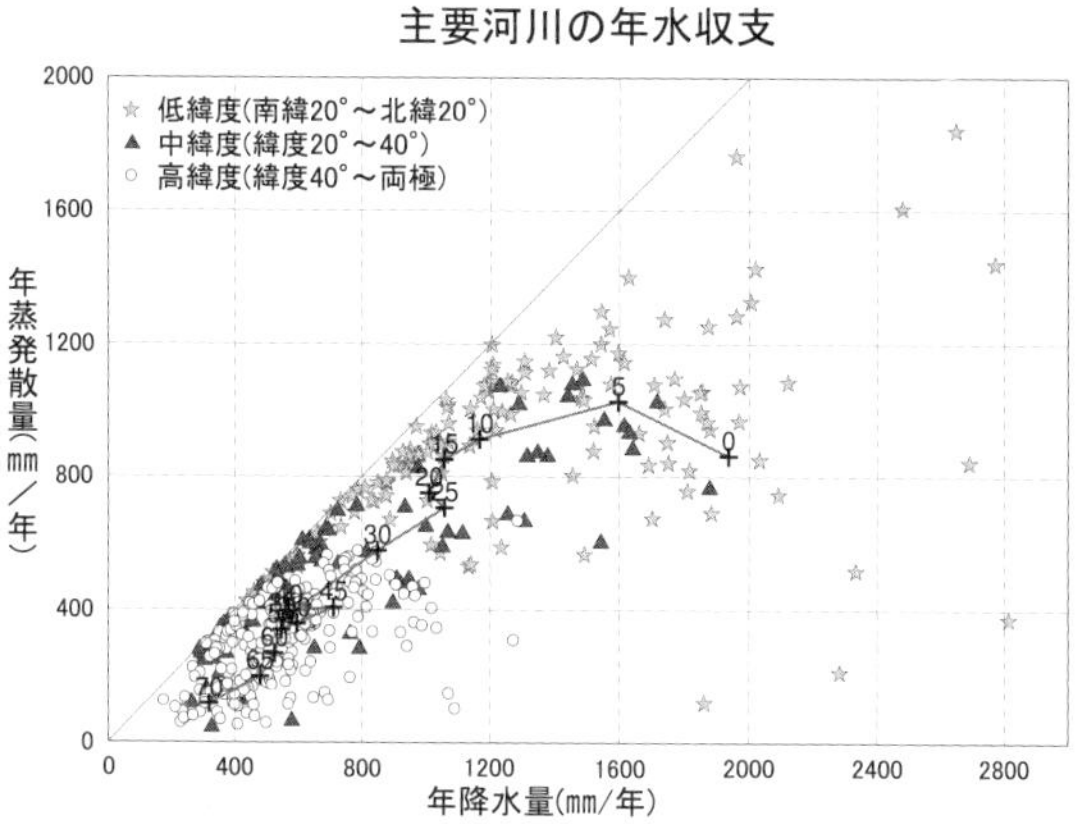

図3-2：世界の主要河川流域における年降水量と年蒸発散量。河口の位置によって低緯度（☆南緯20°～北緯20°）、中緯度（▲両半球20°～40°）、高緯度（○両半球40°～）にわけてプロットされている。（沖、1999）

度（▲）、高緯度（○）と変えてある。

ちなみに、日本で図3－2のような図を作成しようとすると、縦軸が負になる流域、すなわち、年降水量よりも河川流出量の方が多い河川が出てくる。その多くは日本海側の積雪が多い地域で、既存の観測網では、積雪量を過小評価しているからであると解釈されている。

卒論以来の恩師である小池俊雄東京大学教授は御自身の卒業論文でこの関係を見出し、より正確に積雪量を観測し、その差から融雪量を推計するため、積雪の標高依存性と、人工衛星画像に基づいて推計した積雪面積分布とから春先の融雪出水、「白いダム」からの流量を予測する研究をしておられた。

図3－2の熱帯の河川（☆）では、流域の降水量が800㎜以下の場合、降水量とほぼ等しい蒸発散量となり、河川に流出する分はほとんどない。一方、降水量が800㎜を超えると、ばらつきは大きいものの、平均的にはあまり蒸発散量は増えず降水量が増えた分流出量が増えることがわかる。

前者では地表面に到達するエネルギーが地表面に存在する水分を蒸発散させて余りある状況であるのに対し、後者では蒸発散に必要な太陽からのエネルギーが逆に制限要因となるため、降水量が増えても蒸発散量は増えない。高緯度の河川（○）では、蒸発散量は平均すると降水量の7割程度であり、河川に流出するのは約3割である。

中緯度の河川（▲）は低緯度と高緯度の中間に混じっているが、年降水量１６００㎜以上にあるプロットはいずれも日本の河川で、熱帯河川のプロットに囲まれていることがわかる。つまり、日本の河川は、水収支的にみると、１２００㎜を超える年降水量があって、６００〜７００㎜程度が蒸発散し、残りが河川に流出するという熱帯河川の特徴を備えているのである。主要な先進国の河川のほとんどが高緯度河川に属し、降水量６００〜８００㎜／年でその7割が蒸発散する、というのとは全く状況が異なる。

その昔、ある会議で「次は熱帯の国から来たMr. Oki」と紹介されたことがある。図３－２からすると、水文気候学的には確かに熱帯の国、でもおかしくはない。

さて、図３－３は世界と日本の降水量の極値、記録された一番大きな値を示している。横軸は時間単位で、１分降水量の最大値から、2年降水量の最大値までが示されている。縦軸は対数軸で、大きな目盛1つで10倍となっている。こうしてみると、24時間降水量では世界記録に匹敵するような豪雨（世界記録が１８２５㎜に対し日本記録が１３１７㎜）が観測されているが、８分雨量、15分雨量の世界記録がそれぞれ１２６㎜、１９８㎜であるのに対し日本の10分雨量の最大値は49㎜とかなり少ない。

１カ月以上の降水量の世界記録はインド・メガラヤ州にあるチェラプンジにおいて１８６１年６

～7月の豪雨を含む期間の観測値で、1カ月雨量で9300㎜（9ｍ）、12カ月雨量で2万6461㎜（26ｍ）である。19世紀の観測精度を疑いたくなるような数字であるが、近代的な測器が用いられている1973～2003年の平均年降水量が1万1987㎜、約12ｍであり、その間の最大値が2万4555㎜／年だったそうなので、やはりチェラプンジはまさに雨のホットスポット（特異点）と呼ぶにふさわしい地点である。

ちなみに、図3－3は我々の研究グループの木口雅司博士の研究成果である。そもそもは、高橋裕先生から、『河川工学』の改訂を出したいのだが、日本と世界の雨量極値の表が、最近の豪雨で更新されていないか、されていたらそれを教えて欲しい」と頼まれた際、京都大学の林泰一先生らとチェラプンジでの雨量調査を長年続けている木口博士に「ちょっと調べてみてくれない？」と話を振ったことがきっかけであった。

学部では物理学を学び、地理学分野から気候学を修得した木口博士は、調べ出したら面白くなったらしく、世界気象機関（ＷＭＯ）や気象庁が出している出版物に掲載されている降水記録ランキングを鵜呑みにすることなく、記録を出した各国の測候所や観測所に手紙を書いたりメールをしたりして裏付け調査を行った。

その結果、記載ミスや元データと孫引きを重ねて世の中に広まっている数字との間の乖離も見つかり、そもそもきちんとした記録が残っていないものも多いことがわかった。図3－3はそうした点に関して可能な限り修正を施し、従前に比べると信頼性が増した貴重な研究成果であり、その裏には、こうした実に地道な木口博士の労苦が詰まっているのである。

木口博士と林先生等の現地調査によると、チェラプンジでは非常に急峻な渓谷の最奥点に雨量計

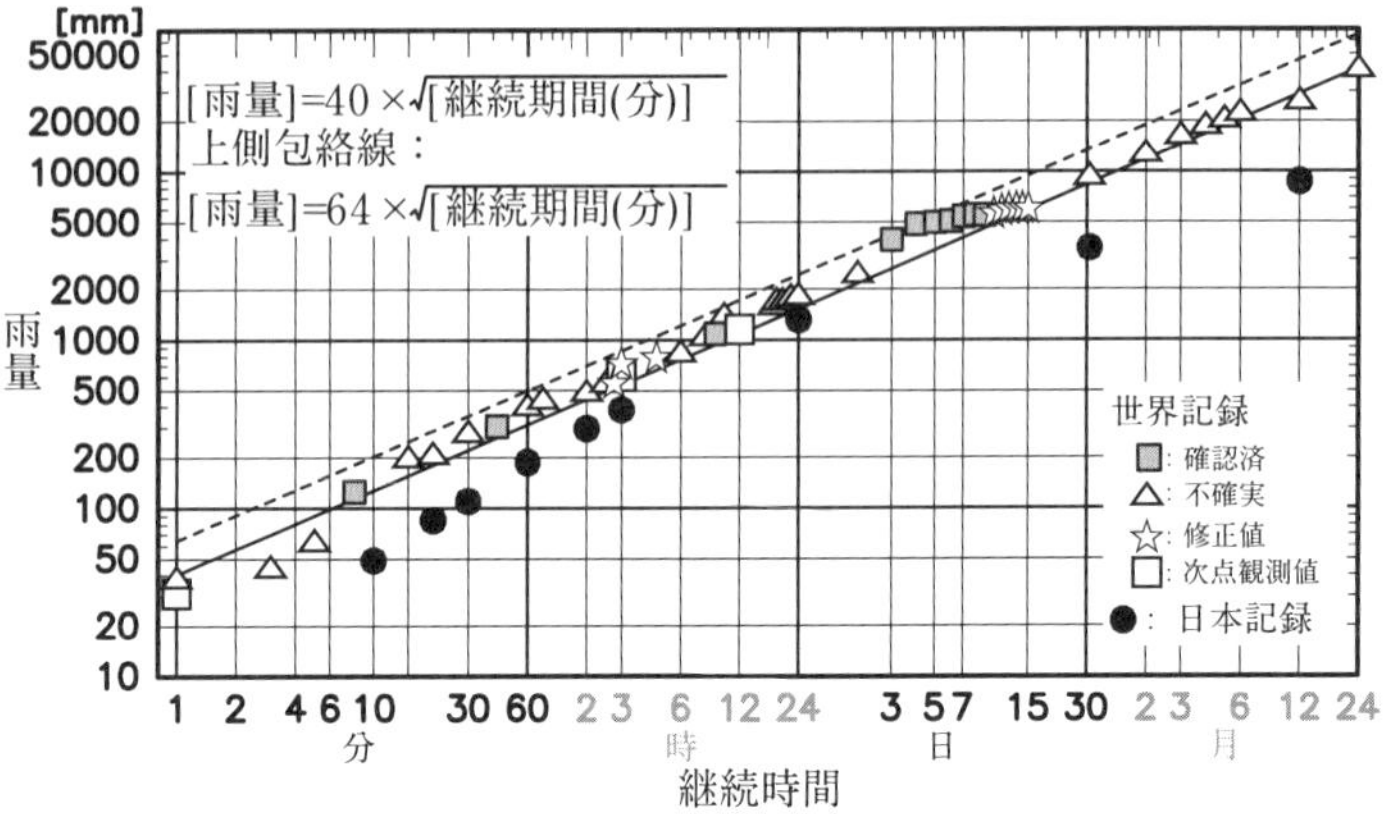

図３-３：観測された最大地点累積降雨量とその継続時間。■等は世界記録、●は日本記録を示す。世界記録のうち、■はより確かな値、△は不確実な値、☆は元データにより訂正した値、□は次点観測値。直線と点線は指数を0.5（平方根）としたときの回帰式とその上側包絡線。これらの線はすべてのプロットを含めて計算された。（木口、沖、2010）

が設置されており、夏のモンスーンに伴ってインド洋から継続的に吹き込む湿った空気塊が地形によって強制的に収束、上昇させられ、継続的な雨をもたらすそうである。

月降水量の日本記録は奈良県大台ケ原で１９３８年８月に観測された３５１４㎜、年降水量は宮崎県えびので１９９３年に観測された８６７０㎜であり、チェラプンジに比べると半分以下となっている。熱帯並みに強い豪雨が降ると思われる日本ではあるが、台風によってそれなりに強い雨が継続する時間スケールである日雨量以外は、世界記録に比べるとそれほどではない。

もうひとつ図３-３から読み取るべき点は、当然のことながら、24時間雨量の最大値は、１時間雨量の最大値の24倍ではない、ということである。では何倍になるか、というと、時間スケールのほぼ０・５乗、平方根に沿うことが知られている。図に記されたデータに最も合致するような線を引くと0・5乗ではなく0・5043乗などになるのだが、降水量の時空間分布はマルチフラクタルと呼ばれる数学的性質を持つということも知られており、考え方の美しさからほぼ0・5乗だと考えるのがいいだろう。つまり、24時間雨量の極値は1時間雨量の極値のルート24倍＝4・9倍、ほぼ5倍になるのである。

厳密には、24時間降水量の極値と日降水量の極値とは必ずしも合致しない。大雨が日界《にっかい》をまたいだ場合には2日に分けて記録されてしまうため、厳密に24時間雨量が最大になるように検討した結果とは異なってしまうからである。ちなみに、日界は現在の日本では深夜零時であるが、手作業で雨が測定されていた時代には、朝9時から翌日の朝9時までの降水量が前の日の降水量であるとされていた時期や、朝9時ではなく朝6時が日界であった時期がある。朝6時は、出勤して朝一番に測る、ということで都合がいいからかもしれないが、朝9時は世界標準時の午前零時にあたるため、気象の世界ではきりがいいのである。

天気予報の基本は世界中の気象データを相互にやりとりすることから始まり、まずは観測時刻を統一することが重要なので、世界標準時が採用されている。そういうこともあり、いまだに手動人力計測の雨量計が多く残っているタイでは日界は現地時刻の朝7時、世界標準時の午前零時である。明け方に降った雨は前日の雨として記録されているわけである。

日付がいつ変わるかは深夜零時にこだわる必要はない。主だった人々が活動している昼間に日付が変わるのは混乱の元かもしれないが、クーラーがない時代、比較的過ごしやすい夜に活動をしていた昔の貴族にとって夜中はまだ活動時間帯であった。そのため、『星の古記録』(斉藤国治)によると、『明月記』の解読により、鎌倉時代、日界は明け方4時頃であったのではないか、という。

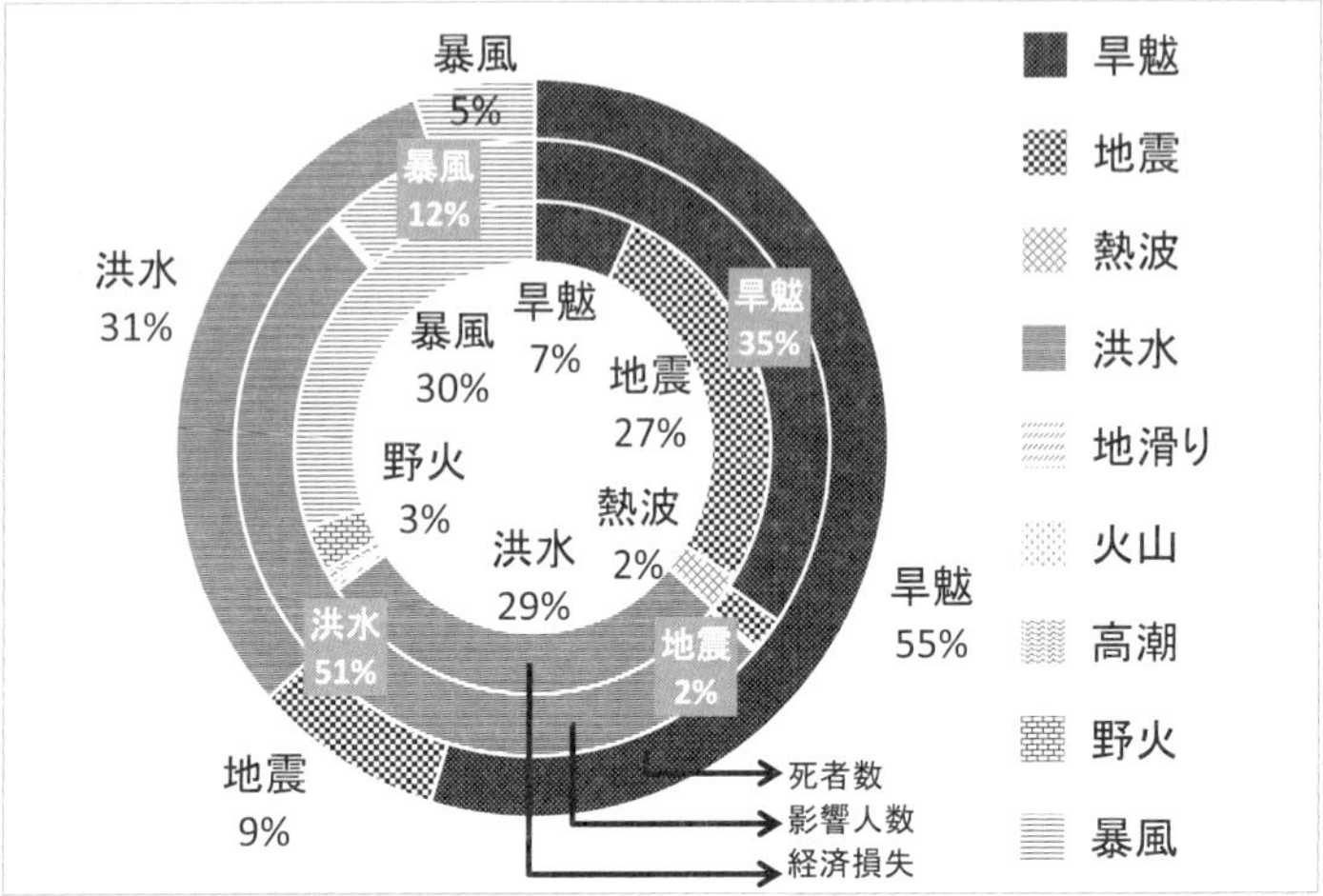

図3-4：世界の自然災害被害1900-2004。

なぜわかるかというと、明るい星が月に隠れる星蝕の時刻は過去にさかのぼって推計できるため、そうした天文現象が何月何日と日記に記されているか、から判別できるのである。宵っ張りの都会では、店を閉める時間の午前1時、2時を、25時、26時と表現したりしている飲み屋もあるが、それはまだ前の日の続きだよ、日界をまたいでいないよ、ということなのだ。

日本は地震国か洪水国か？

日本で自然災害といえば地震である。国の防災対策も地震がまず念頭にあり、関東大震災にちなんで9月1日に設定された防災の日でも、通常行われるのは地震防災訓練である。怖いものと言えば「地震・雷・火事・親父」であり、洪水や渇水は親父よりも怖くないらしい。

しかし、世界では地震よりも風水害の影響の方がはるかに甚大である。図3－4は1900～2

図3-5：日本における洪水による犠牲者（右軸・人）ならびに経済的損失(2000年の値に換算。左軸・億円)。死者・行方不明者・負傷者数については、1902～1941年は「戦後水害被害額推計」（河川局)、1946～1952年は「災害統計」(河川局)、1953～2003年は警察庁調べ、2004年以降は消防庁調べによる。水害被害額については、1875～1945年は「内務省土木局第30回統計年報」、1946年～1960年は「戦後水害被害額推計」、1961年以降は「水害統計」による。

００４年の世界の自然災害について、死者数、影響人数、経済被害それぞれの主な要因を示したものである。死者数の半数以上、影響人数の１／３を旱魃が占め、死者数の１／３、影響人数の半分、経済被害の３割を洪水が占めている。これに対し、地震は死者数の１割、影響人数の２％を占めるにすぎず、経済被害では３割弱ということになっている。経済被害では暴風によるものが３割あり、これも含めると世界的には風水害の方が地震よりもずっと怖いし（死者数）、影響も大きいし（影響人数）、対策を立てる必要がある（経済被害）ということになる。

　日本でも、実は洪水被害が少ないわけでは決してない。図３－５は日本における水害の犠牲者ならびに経済損失である。経済損失は２０００年の物価に換算されているが、犠牲者はそのままの数字で、1900年には内地だけで4400万人と現在のほぼ1／3であった人口の違いは考慮されていない。これを見ると、最も人的被害が大きかったのは1959年で、伊勢湾台風による高潮被害などにより年間6000人の命が奪われている。荒廃した国土に強い台風がいくつも来襲したり豪雨が降り続いたりしたこともあり、1000人を超える人的被害、2000年の貨幣価値で1兆円を超える経済被害がもたらされた年が特に戦後の15年間にわたって、何度も繰り返されたことがわかる。

熱帯気象力学で世界的に著名な東京大学名誉教授の松野太郎先生は、1999年にアメリカ気象学会の最高の栄誉とされるカール＝グスタフ・ロスビー研究賞を受賞された。その記念講演の最後に、普通であれば奥さんの名前を挙げて感謝するタイミングで、「キャサリーン、ジェーン、……」といきなりアメリカ女性の名前を並べて「感謝したい」と述べた。会場は一瞬「あれ?」と静まった。しかし続いて松野先生は、アメリカ軍が命名した、それらの女性名で呼ばれていた戦後の台風が日本に甚大な被害をもたらすのを見て、気象学の道へ進むことを決心した、そのおかげでこの受賞につながった、と説明し、会場は大うけの拍手喝采となった。

現在では、気象衛星による観測技術と計算機シミュレーションによる予測技術の進歩によって、発生前から台風になりそうな雲の塊の動向が把握できるようになり、進路の予報精度もそれなりに向上したため、台風による人的被害は減りつつある。ただし、事前に台風が来るとわかっていても、どこでどのくらいの雨風になるかの予報は難しい。

まして、2011年8～9月の紀伊半島豪雨のように3日間で1000㎜も降るような場合には、事前にわかっていたとしても被害を完全に防ぐことは極めて困難である。できるとしたら、安全な場所に避難することであるが、どこが安全であるかを見極めることも難しいし、危険が高まっているとしても、実際に被害が生じるのは何十年に一度なので、大抵の場合、危機が切迫した状況になるまで逃げない人が多い。

日本列島に梅雨前線や秋雨前線が停滞し、南の台風と影響し合っているような状況で、どの地域、どの市町村に降るかはよくわからないが、どこかでは集中豪雨が降りそうな場合、無駄足でも避難するのが本当は無難なのであるが、どしゃぶりの雨になってからでないと逃げない人がほとんどである。こうした事例を丹念に調査研究している静岡大学の牛山素行博士は、大学1年生の時から気象学会に参加して周囲を驚かせた人物であるが、爾来、集中豪雨など、自然災害をライフワークとしている。

牛山博士はアメダスデータの観測記録から瞬時に過去と比べてどのくらい深刻な豪雨であるかを広く告知する防災ネットを2000年から立ち上げ、また気象災害に限らず、津波や地震も含めて自然災害が起こると現地を丹念に調査し、どうすれば人的被害を軽減できるかの研究に尽くしている。彼のぼやきは、学術論文という形でしか結局は研究が評価されない、ということと、せっかく様々な自然災害リスク情報が出されているのに肝心の受け手に届かない、届いてもなかなか避難しない、という現状である。

図3－5に戻ると、ダム貯水池や堤防など治水施設が整備されたこともあり、死者数は徐々に逓減しつつある一方、治水が進むと以前なら水害リスクが高過ぎて水田以外には利用できなかったような土地が住宅や工場などに利用されるようになり、土地面積あたりの資産価値が上昇する。そのため一旦大洪水が生じるとそれなりの経済被害が生じてしまうことになり、経済被害はあまり減っ

ていない。

そうはいうものの、人命を守るのが第一だという観点からは日本の治水はかなり完成に近づき、あとは、経済被害をいかにして減らすかだと、21世紀を前に関係者は内心思っていた。ところが、2000年の東海豪雨で中部地方に甚大な被害が生じ、2004年には新潟・福島豪雨や10個の台風の上陸、特に台風23号被害などによって200人を超える人命が奪われた。その後も、2010年の奄美大島の豪雨や山口県で特養老人ホームが土石流で流された豪雨、避難中の住民が亡くなってしまった兵庫県佐用町の豪雨、そして2011年の台風12号による紀伊半島豪雨や、2004年に引き続いて再度の新潟・福島豪雨など、相次いで水害が生じている。戦後期に比べると被害はずっと少なくて済んでいるが、それでも1998〜2007年で平均年約7000億円（2000年貨幣価値換算）以上が失われ、平均して年67人が水害で命を落としている。

東日本大震災の20兆円、阪神・淡路大震災の2兆円といった規模に比べると、東海豪雨水害で1兆円という水害の被害は大きくはないが、平均年7000億円も20年では14兆円である。関東大震災の10万人、阪神・淡路大震災の6400人、東日本大震災の2万人といった死者・行方不明者数に比べると戦後の水害死者数合計約3万人は地震被害をしのぐ数字ではないものの、格段に少ない、というわけではない。

先に述べたように、現在の日本はようやく毎年のように渇水で困ることはなくなったという段階であり、洪水にも渇水にも日本はそれなりのリスクを負っている。私の師匠の虫明功臣先生は、そうした日本の水の状況を「too much water（洪水など多すぎる水）」「too little water（旱魃など少なすぎる水）」の両方の問題が共存するモンスーンアジアにおける変動帯の水循環の特徴だ、と指摘している。

それなのになぜ水害リスクが日本社会において軽んじられているのだろうか。地震は小規模なものを含めると多くの人々が経験しており、次は自分が被害を負うかもしれない、と日本に住む誰もが実感できるのに対し、恐怖感を多少なりとも感じさせるような洪水に接する機会は極めて少なく、かつ、相対的に水害に遭いやすい土地は地形に規定されている要素が大きいため、自分が被害を受けるよりもまずそうした地区の方に被害が出るだろう、という思い込みがあるのではないだろうか。

実は相対的に地震動の被害が生じやすい地域というのも明らかなのであるが、意識されることは少ないのかもしれない。また、緊急地震速報でわかる通り、地震が発生してから強い揺れが到達するまでせいぜい数分の猶予しかない。これに対して、豪雨水害では危険が増す様子は気象衛星や天気予報によって数日前から把握されているため、わかったような気になり、油断してしまうし、怖くないのかもしれない。もっとも、ゲリラ豪雨と呼ばれるような狭い範囲に集中して降る雨は、まさに直前にならないとどこにどれくらい降るのかを予測することは難しい。

荒川など首都圏を流れる川に破堤氾濫の危険があったとしても、危険が及ぶおそれがある人口が数十万人、場合によっては100万人以上にも及ぶので、全員が域外に避難することは事実上不可能である。集合住宅やビルなどの高層階に退避するなどしかない、というのが現実である。昨今では、浸水被害想定図や、さらに避難所や避難経路を描き込んだハザードマップが自治体ごとに公開されているので、住居や、学校、職場などについてはー度それらに目を通しておくと良い。

ただし、浸水被害想定図は、例えば淀川であったら、淀川の堤防が破堤した（壊れた）とした際の浸水域を、破堤箇所を100m置きに変えつつ計算したものを包絡するような合成図であり、必ずしも実際の洪水時にそうなる、というわけではない。大阪南部のように、淀川の浸水被害想定図では洪水にならないことになっていても、大和川の浸水被害想定図では浸水することになっている地域もある。

また、2004年の信濃川支川刈谷田川《かりやたがわ》のように、自然堤防地帯が破堤し、比高が高いため、そこ以外が破堤していれば浸水しなかった堤防沿いの建物を洪水流が直撃した例もある。このように、浸水被害想定図が万能ということではないが、相対的な危険度を知るには有用であり、住居を定める際にはぜひとも参照するべきである。浸水被害想定図が公表されると、浸水が想定される土地の価格が下がる、といって業界から大反対があったのを公共の福祉、防災のためにと押し切って作成、公表されているのであるから、利用しない手はない。

日本には国際河川がないから水をめぐる争いはないのか？

複数の国を流れる国際河川や、複数の国にまたがって横たわる国際帯水層をいかに公正かつ適正に管理するかが国際的には極めて難しい課題となっていることが多い。『水の世界地図』によると世界には260以上の国際河川があるという。

国際河川の水利用に関する国際的な枠組みとしては1997年に採択されたが発効していない「国際水路の非航行利用に関する国連条約」がある。日本は周囲を海に囲まれ、現在は陸上の国境を持たないため、国際河川の問題は関係ないという立場からか批准していない。

逆に、「日本は国際河川問題に関しては全く中立なので、調整役として貢献することが可能である」という考え方もある。実際、1995年に再発足したメコン河委員会の事務局長は的場泰信氏が務めた。国際河川を持たないということは、その問題解決の経験がなく、調停の難しさを知らないと思われるかもしれないが、実はそうではない。

国際河川を持たずとも、利害を異にする行政単位同士の水をめぐる争いは日本では昔からあった。江戸時代には藩が違えば別の「お国」であり、同じ藩の中でも上下流、左右岸で水をめぐって熾烈な対立があった。古田優先、上流優先などの水利秩序はそうした長年の軋轢・対立を解決する中で培われた。今でも、県が違うと時に感情的な対立があって、合理的な水配分が難しい場合も見られる。

四国は大規模な貯水池が早明浦《さめうら》ダムしかなく、未だに渇水リスクの高い地域である。早明浦ダムのある吉野川は高知県に水源を持ち、徳島県に河口を持つ。ため池が多いことで知られる香川県は水利権確保のため早明浦ダム建設に応分の負担をし、香川用水を作って吉野川の水を流域外の香川県に送ることができるように水利用体制を整えた。

しかし、瀬戸内海式気候で水資源が足りない地域であるため、近年でもしばしば香川県は水不足に陥る。2005（平成17）年には、少雨により早明浦ダムの水が底をつき、発電用の水も動員して対応していたが、それでも足りなくなる事態に陥った。ところが9月5日に台風14号が来襲し、一夜にして早明浦ダムが満杯となり、大規模な渇水は回避されると共に、平常時よりもさらに貯水池が空っぽであったために想定を超える洪水調節機能が働いた。

このように、日本の渇水は、少雨傾向が2～3カ月続き、貯水池の水が減ってダム湖に沈んでいた昔の小学校や役場が見えて深刻な事態に陥りそうになったところで、大抵の場合、幸いにも台風が来たりして大雨が降り、ことなきを得る場合が多い。しかしいつもそう都合よくいくわけではなく、数十年に一度は少雨がそのまま続いて水が足りなくなる事態が必ずやあるだろう。安定した供給が可能な体制を平常時から整えておくのに加えて、異常渇水時の対応も事前に計画しておく必要がある。

そういう意味では、徳島県の工業用水のうち、現時点では利用されていない分を使わせてもらえれば香川県の心配はだいぶ減るのだが、徳島県側にはメリットはなく、感情的にも許容しがたいようである。吉野川の洪水のリスクは徳島県が負っているのに、水の恩恵だけ流域外の香川県が享受するのは許せない、というわけである。しかも、県に限らず、国や市町村でも同じであるが、隣同士というのは長い歴史の中で様々な関わりや経緯があり、大抵の場合お互いに負の感情をいだいていて仲が悪いことが多い。徳島県としては「香川県に吉野川の水をあげるくらいなら、海に流した方がまし」なのかもしれない。

愛媛県の西条市は「うちぬき」、と呼ばれる自噴井《じふんせい》が多く水に恵まれた街である。ここでも工業用水を開発したのに対し、充分な需要が伸びず、現状では余裕がある。これに目をつけたのが松山市で、大規模導水の構想が持ち上がった。しかし、西条市は難色を示し、県を巻き込んだ課題となっている。同じ県であっても、昔の藩が違うと、簡単には協調しない、という例である。また、四国の中心となった香川県に対する徳島県の気持ち、県庁所在地となった松山市に対する西条市の気持ち、というあたりにもこじれの遠因があるのかもしれない。

国際河川管理で大事なのは客観的な情報の共有、可視化によるお互いの納得である。気象情報については世界気象機関（WMO）の主導調整により、全球通信システム（GTS）という通信網を通じて気象観測情報が準リアルタイムで共有されるようになっている。これは、自国の天気予報をするのに、隣の国、あるいはもっと北や南の国の気象観測情報が不可欠であるためで、東西冷戦の時代にも最低限の気象観測情報は全世界で共有されていた。

しかし、河川流量あるいは河川の水位に関する情報は、橋がなくとも戦車が渡れるのか、といった軍事情報的価値もあり、また、国際河川の上流国にとっては下流国に自国内の河川流量を知らせることのメリットは特になく、まして河川を共有しない他の国とは直接関係はないため、気象観測情報のように世界で共有する国際的な枠組みはない。

現在の日本国内では気象・水文情報は共有されているが、以前は定量的な観測情報が必ずしも存在するわけでもなく、貴重な水を割り当てるには、関係者の納得感を得るために水の量や流れを可視化する装置が考案された。そのひとつが、明治以降に各地に作られ、今も使われ続けている円筒分水である（写真3－1）。これは、鉛直に立てた二重の管の中心から農業用水を溢れさせ、二重部分を半々、あるいは1：2、といった風に定められた比で仕切っておいて、水が約束通りの割合で複数の地区に分配されていることをまざまざと可視化している装置である。

さらに、戦国時代より続くとされる山梨県の三分一《さぶいち》湧水は、単に可視化するだけではない。円筒分水を作る技術力がなかったためであるとも思われるが、湧水の水が水路を経由して四角に囲われた小さな池に入り、残りの3つの辺から3つの地区に灌漑用水として流れていく設備である（写真3－2）。

直感的にわかる通り、そのままだと上（写真では右下）から来た水は概ねまっすぐ下（写真では左下）の水路に流れ、左右の水路に流れる水は相対的に少なくなる。そこで、真ん中に障害物となる

写真３－１：岩手県奥州市胆沢平野土地改良区の円筒分水。（2002年５月著者撮影）

三角柱の石を置き、水の勢いを左右にも振り分けるようにしている。ここで肝心なのは、その三角柱の石をどこに置くかを、3つの集落の代表者が集まって試行錯誤し、全員が納得するまで置く場所を変えていたということである。まさに、可視化のみならず、集落間の納得感を得て、水をめぐる軋轢を避けるための装置なのだ。古典的なゲーム理論で、ケーキやリンゴを二人で半分に分ける際、片一方が切り分けてもう片方がそのどちらかを選ぶと双方が納得できる、という定石があるが、まさにそうしたやり方である。

　名前の由来からして、一つの湧水を3方向に分割するから「三（つに）分（けられた）一（つの）湧水」、「三分」＋「一湧水」なのだと推察されるが、今では「三分一」という名前の湧水である、という風に捉えられているようで、今も現役で残るこの施設の脇にある蕎麦屋は「三分一」という名前である。

　なお、英語の rival（競争相手）の語源はラテン語で「小川」を意味する rivus の派生語の rivalis

「他の人と共同で川を使う人」である。river そのものでも、river の語源の古フランス語の riv(i)ère でもない。したがって「rival の語源は river」というのは正しくない。

写真３-２：山梨県北杜市三分一湧水。（2009年10月著者撮影）

　また、日本には国際河川はないが、国際海はある。日本海である。日本海に流れ込む河川流域全体を日本海流域だとすれば、日本海流域における水の利用や制御、土地の改変、土砂の流出、汚染や浄化など、様々な人間活動の結果がすべて日本海に影響を与えている。

　日本海流域に暮らす人々が日本海からの自然の恵みを受けようとするならば、軋轢を生む恐れのある国際流域としての「日本海流域」の適切な管理が不可欠である。そのためには日本海流域の関係諸国、すなわち日本、韓国、北朝鮮、中国、そしてロシアが、それぞれの国益、利害はあるにせよ、適切な日本海流域の管理が、相互にとって最もよい利益をもたらす、という共通認識を持つことが重要である。中国が日本海流域に入るかどうか、地理学的には微妙かもしれないが、対馬暖流を通じて大量の水が東シナ海から日本海に流れ込んでいることを考えると、東シナ海流域の大部分を占める中国も日本海流域国だと考えるのが現実的だろう。

そして、日本海が流域各国にとって共同で管理すべきコモンズ（共有地）であり、それぞれの利益だけを追求していると、水質悪化や漁獲高の減少など、不適切な結末を招きやすい対象である、ということを関係各国で十分に認識する必要がある。さらに、そうした国際流域管理で重要なのは、十分な観測とその観測情報の関係主体間での共有である。

降水量や河川流量といった水循環の基本的なデータに関してすら観測網は必ずしも十分ではない上に、水質や土砂輸送量などの情報は各国においても限られており、まして、その公開はあまり進んでいないのが現状である。しかし、そうした日本海流域に関わる観測情報の共有は、会議の場を通じて何度も顔を突き合わせて対話することと同様、相互の信頼関係の構築に対して極めて重要であり、また、問題を事前に回避するにあたっても長期の観測データの蓄積が不可欠である。水質事故のような突発災害への備えとしては、そうした観測とデータ通信体制の自動化や関係主体間の連絡手段の確保も効果的である。

国際河川管理においては、下流に影響を及ぼすようなプロジェクトを実施する場合には関連各国に対して事前協議を行うことが合理的かつ公平な利用のためには望ましいとされるが、これも日本海流域に関してあてはまる。また、高度なモニタリングや環境負荷軽減などに関して、資金的、技術的に十分対応できない国や地域が流域内にあるとすれば、相対的に資金が豊富で技術が進んでいる国や地域が資金供与、技術移転、人材育成、組織強化などの支援を行うことも国際河川流域ではしばしば行われている。こうした取り組みは、日本海流域においても、積極的に考えるべきである。

日本は大量の水の輸入国か？

第2章103ページで示した図2－1のように、日本は大量の食料を輸入し、輸入した食料を作るのに必要だった水資源を国内では使わずに済んでいる。そういう意味では形式的には食料という形で大量の水を輸入しているようなものだとも言えるが、それ自体はいいとも悪いとも言えない、ということは既に述べた通りである。図2－1を見て、他国の大量の水資源に依存している日本の有様をまざまざと認識し、危機感を持つのは悪いことではないだろうが、そうであれば、水に換算せずとも、食料を大量に輸入している、という事実を深刻に考えるのがまず先である。

ただし、食料自給率約40％といっても、カロリーベースと言って、牛や豚、鶏などの家畜に食べさせる飼料や、食用油なども含めて消費される食料全体の中で輸入品が占める割合をカロリー換算で示した値である。生産額ベースでは約70％とそんなに低いわけではない。また、重量ベースの算定では、コメの自給率が高いことを反映して主食用穀物の自給率が約60％と比較的高く、飼料用の割合が多い穀物自給率は30％弱と低い。

確かに食料自給率が低いと、いざという時に食べるものがなくなって困るのではないか、と心配になる。あるいは、慢性的に食料が手に入らなくなるのではないか、と思うかもしれない。図3－6は2004年度の各県別のカロリーベースの食料自給率である。100％を超えているのは農業が相対的に盛んで大都市がない東北・北海道の5道県で、北海道は200％にも及ぶ。さすが、何を食べてもおいしい北海道である。

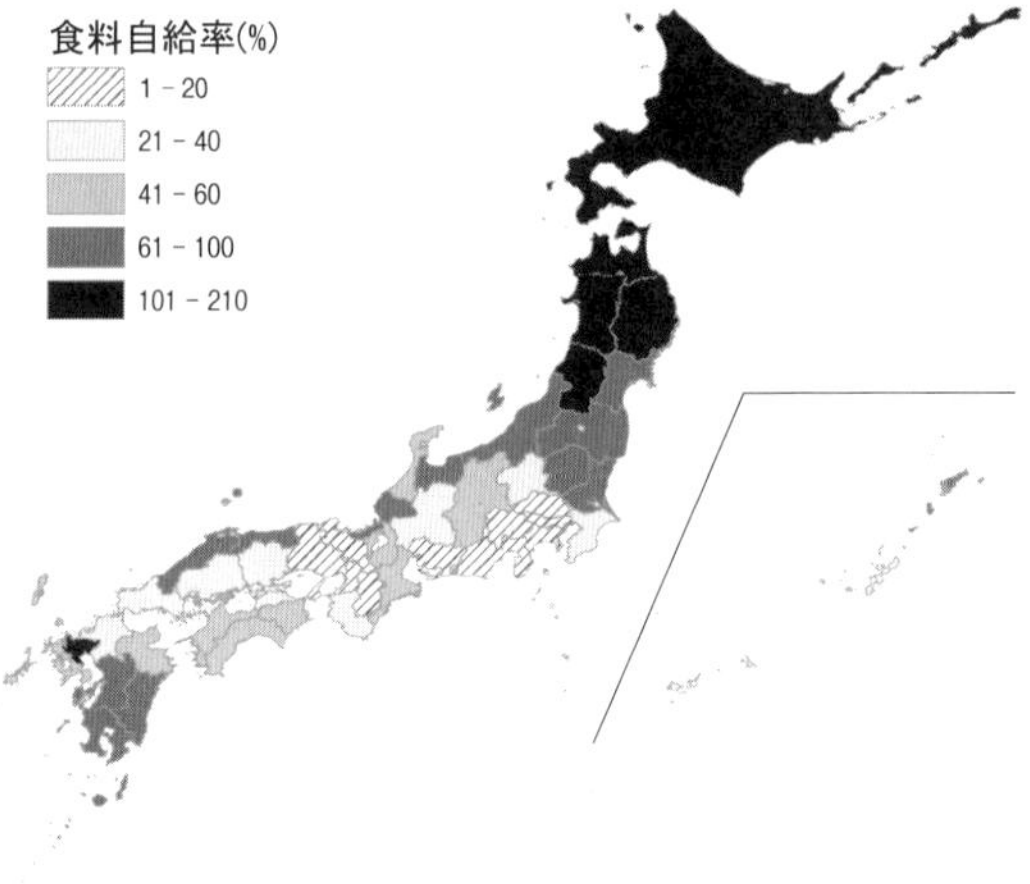

図3-6：都道府県別食料自給率（2008年度）
農林水産省「平成21年度　都道府県別食料自給率について」より作成。

これに対し、東京はわずか1％、神奈川は3％である。しかし、待ってほしい。だからといって、東京や神奈川のスーパーには食料品がほとんどなくて、列に並んだり配給を待ったりしないと日々の糊口をしのぐにも事欠く暮らしであろうか。そんなことはない。国内外の様々な種類の食材を選ぶことができるという意味ではむしろ豊かな食生活が可能となっている。食料自給率と食の豊かさとは関係がない。

もちろん戦争や経済制裁による封じ込めなどで海外からの物資輸送が滞るような事態になったら困るだろう、というのはその通りである。農水省が試算した国内農地のみで食事を賄う100％食料自給メニューが図3－7の通りであるが、主にイモ、おかずはほとんどなくて、卵は週に1個、9日に一度のごちそうが100gの肉類だけである。白米だけはまあまあ食べることができるのが救いだろうか。現在利用されていない放棄地なども含め国内農地約450万haで最大限カロリーが

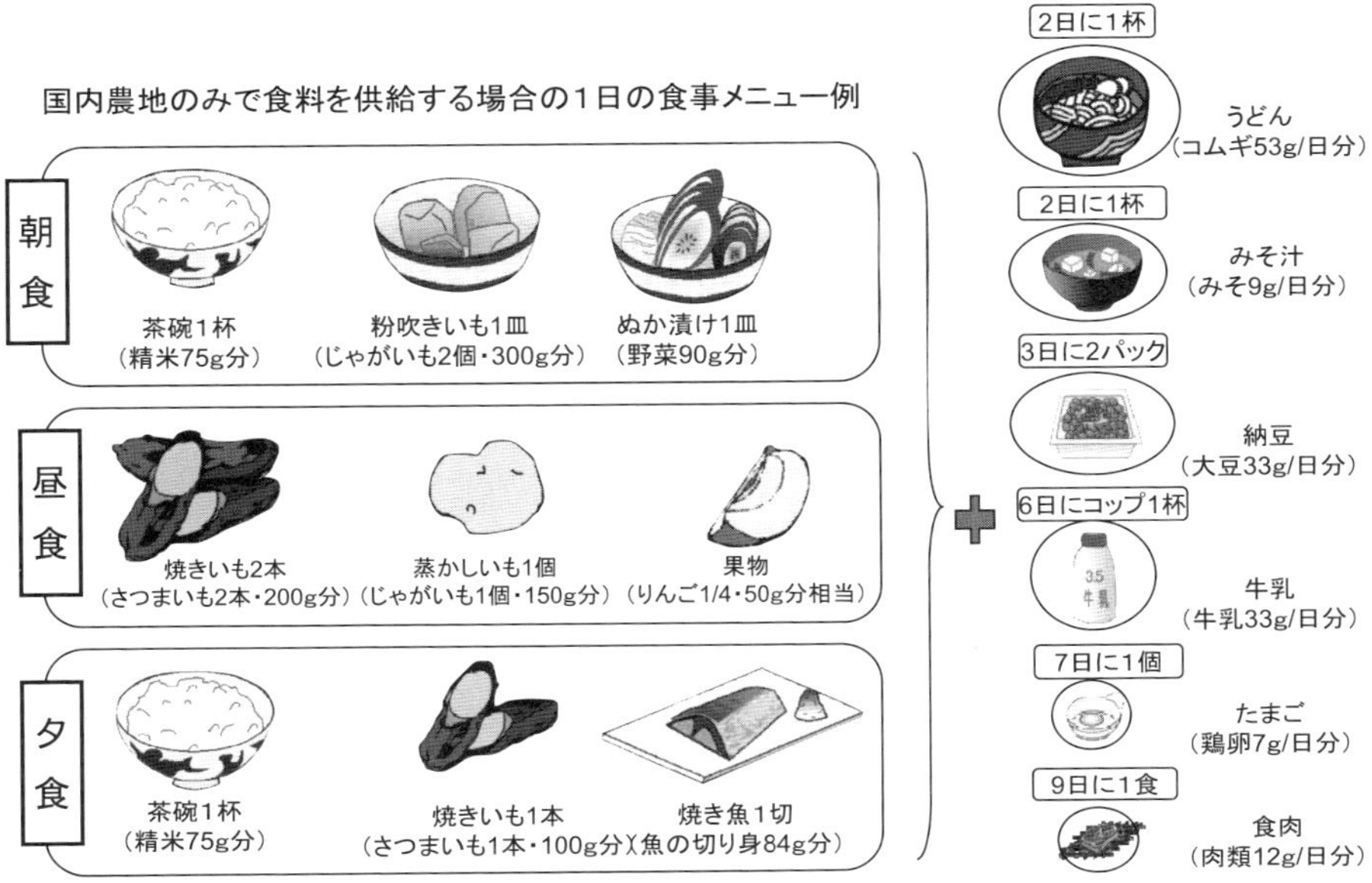

図３-７：食糧自給率100％の献立：国内農地のみで食料を供給する場合の１日の食事メニュー例。平成27年度における農地の見込み面積である450万 ha を前提に、熱量効率を最大化した場合の試算。（2020㎉／日）（食料・農業・農村基本計画〈平成17年３月策定〉）

摂取できるようにするとこのような献立になり、なんとか1日1人約2000㎉を確保できるということだそうである。

ただ、現実問題としては、食料が輸入できないような場合にはエネルギーも輸入できないだろう、という点にも留意する必要がある。原子力燃料のウランも元は輸入品であるが、石油や石炭、天然ガスに比べると低コストで備蓄が効くことから原子力発電分は自給だとみなされることもあり、そうした「準国産エネルギー」を含めても自給率は18％、水力・地熱・太陽光・バイオマス等の純国産エネルギーだけだとわずか4％の自給率である（2008年）。エネルギーが輸入されなければ化学肥料も製造できず、農機具も動かず、人手で作った農作物も輸送することがほとんどできない。

輸入できない事態を想定して食料自給率を上げる努力をするよりも、輸入できない事態に陥らないように経済力を維持し、国際社会の中で孤立しないように努力する方が現実的であると思うのだがいかがだろうか。食料自給率について詳しくは、川島博之先生のその名も『「食料自給率」の罠　輸出が日本の農業を強くする』をぜひご参考にして考えていただきたい。

いや、それでも、国際政治や多国籍企業の罠にはまり、食料だけが輸入できなくなった場合でも食べるに困らないためにやはり自給率を上げた方が安心だ、という思いもあるだろう。そういうことはまずあり得ないと願っているが、もしものことがあるかもしれないと思うと不安だ、というのには同感である。ただし、図3－6のように、食料自給率は都道府県によって、あるいは市町村によって大きく違う。

食料が輸入できなくなった場合に、食管法がなくなった今の日本で、果たして生産地の食料が消費者の手に適正な価格で届くのだろうか。亡くなった私の祖母は、戦争末期、食料を入手するのにかなり辛く嫌な思いもしたようで、幼い私に苦労話をしてくれたことがある。現在我が家ではコメだけは必要になる都度、生産地に直接頼んでいるのだが、食料輸入が停止、といった事態になっても今までどおりに送ってもらえるかどうか、よくわからない。そういう非常時でも宅配小包がちゃんと届く日本であって欲しいと願うばかりである。

もちろん、現在でも旱魃や水害、虫害や紛争などによって世界のどこかで収穫量が減ると、すぐに国際価格が上がり、日本国内での国民負担が増える。しかし、考えてみると食料自給率が高ければそうした事態が回避できるかというと、国内で不作の年にはやはり食品の価格は上がるだろうし、輸入を考えないとなると状況によってはなお深刻な事態に陥ることとだろう。

逆に、気候も収穫期も違う海外の様々な地域から輸入することは基本的にはリスク分散につながる。そういう視点からは、アメリカ一国からの食料輸入に過度に依存しすぎていることの方が、食料自給率が低いことよりも問題かもしれない。ただ、関係者に聞くと、他の国や地域での生産も現地を積極的に支援したりしているのだが、効率とコストの面からなかなかアメリカにはかなわない、ということのようである。

いずれにせよ、食料生産に必要な水の供給が足りるか足りないか、という問題は、グローバリゼーションに伴う食料交易の増大によって国内だけの問題ではなくなり、世界の水需給が日本の食卓に直結する事態となっている。だとすると、海外の食料生産がどういう状況にあるのか、それを阻害する可能性がある旱魃や水害など、世界の水問題にも我々はもっと興味を持つべきなのではないだろうか。世界から食料を買い付けてくれている商社などに頼るのもいいが、もし丸投げで任せているのであれば、もっと感謝した方がいいのではないか。

食料だけではなく、工業製品も国を超えて運ばれている。ある製品を作るのに必要な部品は最終的な生産地から離れたところで生産されている場合もある。２０１１年10月のタイの洪水では、浸水被害の出た地域にハードディスクとその関連工場が集積していて、工業団地全体の水没によって世界の供給量が激減し、パソコンを始めとする関連製品全体の生産に甚大な国際的影響が出た。

工業製品の場合、汎用品は価格競争が激しく、結果として寡占になっている場合も多い。そうなると、汎用品だろうが、特定の工場でしか作っていない部品であろうが、ある工場が被害を受けると結果としてすぐに代替品を探せない、という事態が生じてしまう。ラーメンの製麺用には国産コムギよりもむしろオーストラリア産の方がいい、という話もあるが、代替が全くきかないというわけではないだろう。そういう意味では工業製品の方が食料の場合よりも特定のサプライチェーンへの依存とそのリスクはより深刻かもしれない。

このように、世界的なグローバリゼーションの進行によって水はローカルな財から、グローバル財になった側面がある。バーチャルウォーターを輸入しているから、という心理的な問題ではなく、自分たちの生産活動、消費活動が海外における水の適切な管理によって維持されているのである。グローバリゼーションがもたらした緊密な関係を支えているのは水だけではなく、各地の安定した生産と消費であり、それを支える人や社会システムである。だからこそ食料を大量に輸入している日本だけではなく、大量に輸出している国にとってでさえ、他国の社会的な安定と災害軽減が自国に対するのと同じように重要な世界になっているのだ。

日本はダム大国か？　ダムは諸悪の根源なのか？

人口1人あたりのダム貯水池の総貯水容量を世界各国に関して国土交通省土地・水資源局水資源部（2004年当時）がまとめた結果が図3－8である。総貯水容量1億㎥以上のダム貯水池のみを集計した結果では日本に関しては1人あたりわずか73㎥しかない。小さいダム貯水池が多いから、と、1000万㎥以上の容量を持つ貯水池全部を集計しても152㎥／人になるだけで、ロシア、アメリカ、ブラジルといった国々とは比べ物にならないくらい少ないことがわかる。

もちろんこれは、水の需要量が少ないからではなく、季節を問わず雨が降り、普段の流量が豊富なので、貯水池からの放流がそんなには必要ではないからである。また、地形が急峻なため日本の場合ダム1つあたりの貯水容量が極めて小さいという特性もあって、1人あたりや面積あたりのダムの数で比べると逆に日本は多くなる。

しかし考えてみると、ダムとそれによる貯水池が必要な地域に多いからといってそれ自体が悪い、ということにはならない。そもそも、ダムは何のためにあって、どういう便益と悪影響を併せ持つのであろうか。

有史以来、水の制御、あるいは「水の支配」とそれによる安定した農耕が文明そのものであることは第1章のはじめに述べた通りである。水の流れを制御するだけではなく、豊富な時期に貯め込んで、足りない時期に使うことができる溜め池は、気まぐれで時として期待通りには降らない雨のせいで時間的に偏在する水資源供給を平準化し、安定して利用可能な水資源を増やす役割を持って

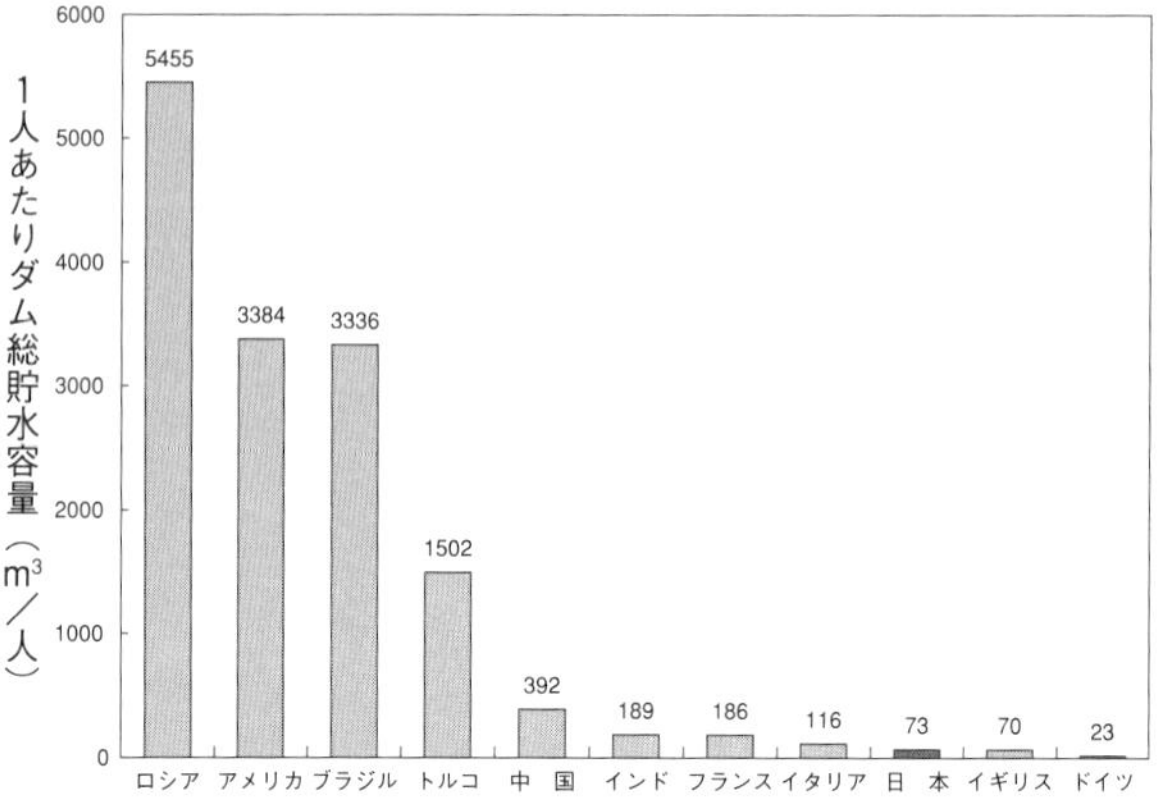

図３-８：主な国における１人あたりダム総貯水容量。ウェブサイト「World Register of Dams」のデータをもとに国土交通省水資源部作成。総貯水容量１億㎥以上のダムを対象。日本の総貯水容量1000万㎥以上のダムを集計すると152㎥／人。2004年度版「日本の水資源」より。

いる。庭の池程度の水たまりでも、ないよりはずっと役に立つ。

大規模なダムの設置に伴う貯水池が水資源に及ぼす影響も同じである。注意しなければならないのは、貯水池建造に伴って開発される水資源の量は、そこに貯められる水の量よりもずっと多い、という点である。新たに開発水量として利用可能となる分のうち、貯水池から実際に放流されるのは全体からみるとほんのわずかであり、ほとんどは貯水池がなくとも年間を通じて利用できていた水量、河川の自流だからである。言うなれば、貯水池建設による水資源開発は、レバレッジを利かせている（あたかも「てこ」の原理のように、少ない貯水量で大量の水資源を確保している）のである。

日本では古くから水は農業用に目いっぱい使われており、１８９６（明治29）年に旧河川法が制定される以前からの分については慣行水利権（すいりけん、と読む）として認められたため、水道や工業用水などの追加的な用途に対する水利権は基本的に貯水池建造等に伴う新規の開発水量に基づいて許可される。また、開発水量のうちの各都道府県などが取得する水利権の割合に応じてダム建設費用等を負担することになっている。

さらに、新たな貯水池の建設計画などはあるが、実際にはまだ完成していない場合でも、渇水年でなければそれなりの水を安定して取水することも可能である。急激な都市化に伴って水需要が伸びたにもかかわらず水資源施設の整備が追いついていないような場合には、渇水年には原則として取水できなくなることを前提とした水利権、暫定水利権が認められている場合がある。

また、ダム貯水池による洪水調節機能に関しても、想定している洪水時の河川流量の時間変化(ハイドログラフ、と呼ばれる)に対して最大限有効にピーク流量を低減することができるような操作ルールが貯水池ごとに定められている。しかし、実際の洪水は想定通りの時間変化をするわけではないので、計画通りに洪水ピークを減らせるかどうかはハイドログラフ次第である。大陸の大型ダムだと年流量以上の容量を持っている貯水池もあり、その場合には細かい洪水に関してはあまり操作を気にしなくとも洪水を全量貯め込めば良い。しかし、日本の多くの貯水池のように100年に一度といった大洪水だとわずか数時間分しか貯めることができないような場合には、いつがピークであるかを見極めてその前後の時間帯だけ貯留するようにしないと、なかなか効果的に洪水を軽減できない。

気象レーダによる雨域分布の把握とその短時間予測、分布型流出モデルと呼ばれる計算機プログラムによる数値シミュレーションなど、近年の技術の発達によってそうしたいわば神業的なダム操作もそれなりの確信を持って実施することが可能になりつつあるが、実際には逆行する方向にある。というのも、予測が不適切だと結果として不適切な放流操作をしたということになり、後でダム管理者が各方面から責められるからである。

そのため、人手による操作を行う必要がなく、貯水池の水位がある程度以上になると自然に越流ゲートから放流されるような設備が最近は好まれている。失敗や責任を問われることがなくなるのは確かに良いかもしれないが、過去の洪水の傾向とその豪雨の分布、貯水池への流入量の予測などを総合的に判断し、利用可能な貯水池の容量を最大限有効活用するような操作ができなくなるのは技術の敗北、あるいは技術への諦観であるような気がしてならない。

実際「ダムからの放流によって大きな被害が出た」という言い方を好んで使うマスメディアもある。洪水中には貯水池に流入してくる量を超えて放流することは基本的にないので、貯水池から放流される水量はダムがなくても自然状態で下流に流れていたであろう水量なのである。現実には貯水池への流入量は貯水池の水位の時間変化として把握され、放流量の調節にも多少の時間がかかる。そのため、1分、2分という時間単位で見ると、瞬間的には放流量の方が流入量よりも多く、そして次の時間単位には流入量の方が放流量よりも多くなる、といった変動が生じる。1時間といった単位で流入量の方が放流量よりも大きければ、貯水池はその分洪水を多少なりとも低減させた、ということになるのであるが、ダム貯水池下流で水害が生じた場合には住民感情がそれを許さない。たとえ1分でも放流量が流入量よりも大きい時間帯があった場合、水害被害が生じたのはそのせいではないか、と文句のひとつも言いたくなる気持ちは良くわかる。

加えて、ダムが嫌いな方々やマスメディアはここぞとばかりに、その点を責め立てる。結果として、近年のダム操作では、後で責められる可能性があるからと、流入量＝放流量にぴたりと調整することはやめ、放流量を流入量よりも常にやや少なめに調整して誘導するようになった。下流に到達する流量が常に減るのだからいい、と思うかもしれないが、その分ピークを下げるのに使える容量が減り、一番必要とされるピーク時に貯留効果を発揮できなくなるおそれがある。ある意味もったいない話である。

また、下流ですでに洪水被害が生じているのになぜ貯水池からの放流をやめないのか、という素朴な疑問も水害の度に繰り返される。満杯になったらそれ以上貯められないし、無理に貯めて溢れた場合にはダムの本体が構造的に破壊される恐れがあり、非常に危険だからであるが、やはり下流で水害が生じている場合には住民感情が許さない。

もっとも以前は、ダム建設計画が持ち上がって地元を説得する際に、「ダムができたらもう二度と水害は起こらなくなりますから」と建設推進側が口を滑らしていた、という話もある。ダムができたのになぜまた水害が、と思う気持ちは察して余りある。また、中小洪水がダム貯水池によって抑えられることにより、人々の洪水への危機感が鈍り、対応できないような大洪水の際、人々の避難が遅れたり、水防が適切にできなかったりして結果として被害が大きくなる、という欠点が指摘されることもある。

そういう側面があるのは否めないが、だからといって、毎年洪水に遭っていれば油断しないかというとそういうわけでもなく、やはり「前回の洪水で逃げなくても大丈夫だった」という記憶、成功体験が避難を遅らせることもあるので、ある程度までの洪水では被害が出ないようにし、ただし、万全の治水というのはあり得ない、ということを常に世間に意識してもらえるようにすることが必要なのだろう。

我々市民も、被災の体験談を話してくれるのは結果として助かった人であって、助からなかった人の話は聞けない、という点を深く考えてみる必要がある。私の隣の研究室は地震を主な対象とする防災工学の研究をやっているが、そこの目黒公郎教授はいつも「死者の声を聞け」と学生に教えている。もちろん、実際に亡くなった方の体験を聞くわけにはいかないわけだが、その方がなぜ災害で亡くならねばならなかったのかを考えて、次はそういうことをできるだけ減らすようにするのが災害軽減工学だ、というわけである。

ともすれば、生き残った人ができるだけ快適に災害前と同じような生活ができるための備えにばかり関心が集まりがちであるが、まずは命を落とさない、ということにもっと細心の注意を払うべきなのだ。

洪水対策にも渇水対策にも万能とはいえないがそれなりの効果がある一方で、ダム貯水池の建設の欠点、悪影響もいろいろある。昔は水没地の住民の移転に関わる人権問題が重大な関心事であった。筑後川上流の松原ダム・下筌《しもうけ》ダムでは、1958〜1971年、俗に蜂の巣城と呼ばれる小屋のダム建設予定地への設置などによる反対運動があり、強制撤去などの手段で強権的に建設を進めようとする国との激しい攻防が繰り広げられた。

近年、こうした移転が深刻な社会問題にならないのは、高度成長期に無理やりダム建設を強行して深刻になったそうした経験を受けて、ダム建設推進側が気長に待つようになったことが大きい。それは、毎年のように深刻な渇水に見舞われるので何としてでも水を確保せねばならない、というわけではなくなったこととも関係しているだろう。ただ、そういう「反対があるなら、なくなるまで待とうダム建設」というやり方が最適かというと、後世の評価は分かれるかもしれない。

長期的には人口減少が見込まれる中で、非常事態に備える保険としての貯水池の有効性も徐々に減る。建設への理解が得られ、反対が無くなる頃にはありがたみが薄れているおそれもある。逆に、機会を逃すと、今後中長期的には財政に余裕がなくなり、どんなに必要性が認められる施設でも未来永劫建設できない可能性もある。今のうちに整備して後世に残す方がいい施設もあるだろう。もちろん、余計なモノを作ると、後々まで祟る、という可能性も高く、何でも作っておけばいいというわけではない。

お隣、中国の三峡《さんきょう》ダムでは、私が1999年に現地を訪れ、三峡展覧館で話を聞いた際には移住は10万人程度、ということになっていた。しかし、実際には、工事が進むに連れ2009年の竣工までに100万人以上が移住し、さらに多く、最終的には400万人近くが移住せねばならないのではないか、とされている。

なお、三峡ダムの建設が2008年の四川大地震を引き起こした、という風説も流れた。大規模な貯水池の建造に伴い、その周辺で地震が生じるのはどうも本当らしい。考えてみれば水が満杯になればその分の重さが地盤にかかるわけなので、その荷重によって地盤が変形し、小規模な地震が生じてもおかしくはない。ただ、四川大地震のような大きな地震を引き起こすかどうか、三峡ダムが作られていなかったら大地震が起こらなかったのかどうか、というとそこまでの因果関係ははっきりしない。

はっきりしないと言えば、ダム貯水池を作ると周辺で雨が増える、という話もある。確かに、新たに水面が形成されてそれまでに比べて湖面からの蒸発の方が多いと、特に乾燥地域にできたダム湖周辺では雨が増える可能性はある。数値シミュレーションでは水面ができると何らかの変化はあり、領域平均で増えるか減るかは別として、増える地域も観察される。乾燥地帯に作られたダム湖からの蒸発量はそれなりで、せっかく水資源を開発しても蒸発して失われてしまうだけではないか、という意見に対して、周辺の雨が増える効果もあり蒸発する水は無駄にはなっていない、という反論もあるが蒸発した水がどの程度リサイクルされているのか定量的に見積もることは難しい。しかも、海に降ってしまうと人間にとってはあまりメリットにはならないので、どこに降るのかまで追跡する必要がある。

ダム湖に沈むのは人家だけではない。ヒト以外の棲家も奪われ、希少種が生息していたりすると取り返しのつかないことになる。また、土砂が供給されなくなる下流では河床が低下し、橋脚の安定性が失われたり、海岸の砂浜がやせ細ったりする。

土砂が下流に流れなくなる、ということは貯水池内に貯まる、ということであり、ダム貯水池への堆砂の問題は深刻である。当初から土砂が貯まる分が見込んであるにしても、100年、200年の間には徐々に蓄積し、その分、水を貯留する容量が減ることになる。

貯水池の上流端に川が流れ込んで流速がゆっくりになる付近に土砂は貯まりやすいので、そこに土砂ダムと呼ばれる小規模なダムを造って土砂を貯め、貯まった土砂を定期的に運び出してダム下流に置くといった工夫もされている。しかし、重機やトラック輸送で無理やり問題を解決しようとするのは20世紀的な印象があり、重力と水の流れをうまく利用した解決法の開発が期待される。コンクリートダムにせよ、フィルダム（主に土砂や岩を盛り立てて造られたダム）にせよ、ダム本体は時間を経てより安定すると考えられているので、堆砂の問題が解決できればダム貯水池は持続可能になり得る。

また、土砂だけではなく上流からの栄養素も貯水池内に貯まり、富栄養化するとアオコ等が発生し、浄水過程でも除去しにくいような臭いがついたり、貯水池内の生態系に影響を与えたりすることになる。

こうした、「環境破壊の元凶なのでダムは問題だ」とされていた時代を経て、近年では財政的に問題、とされることも多い。インフラ投資の成果として、平常年にはまがりなりにも水で困らなくなり、中小の洪水への備えは整って水害への懸念が以前よりは減った現在、これ以上の水供給や水害防御の安全性を求めるかどうかは、安心感とそれに関わる費用のバランスでのみ議論可能であり、価値観に直結する。

そうなると、これ以上の安全、安心を求めるのは費用の無駄、という主張が出るのはむしろ健全である。ただ、人権→環境→財政の問題というのはある意味では表層であり、とにかくダムは許せない、という根源的な嫌悪感にもダム反対運動は支えられているような気がする。見る人によっては壮大で威厳があり、存在感があって頼もしく思えるダムも、他の人にとっては威圧的で強硬で、個人の多様性を飲み込んで全体主義的な国家権力の象徴に映るのではないだろうか。

第2回世界水フォーラムの際に、国際水資源学会、ストックホルム国際水資源研究所、そして第三世界水資源センターによって選ばれた14人の若手（当時）による「次世代水指導者」プロジェクトの仕掛け人は『水の文化史』の著者で、水のノーベル賞「ストックホルム水大賞」も2006年に受賞したアシット・ビスワス博士であった。第3回世界水フォーラムに向けて「次世代水指導者」グループで準備会合をしていた際、彼に「ダムはいいのか、悪いのか」と単刀直入に聞いたところ、「良いダムと悪いダムがある」と答えた。世界ダム委員会の分厚い報告書を全部読んだのは日本では自分だけだ、と自負されている中山幹康先生（東京大学新領域創成科学研究科）も同じようにおっしゃっているので、ダム問題の専門家の答え、あるいは「はぐらかし」としては一般的なのだろう。

この「次世代水指導者」プロジェクトでは、ロックストルム博士（78ページ）やウォルフ教授（83ページ）らと仲間になれたのが収穫であった。

水は誰のものか？

そもそも水は誰のものなのだろうか。みんなのものだ、という答えは美しいが、みんなのものを飲んだり、庭や畑に撒いたり、みんなのもので洗濯したり体を洗ったり炊事をしたり、みんなのものをトイレに流したりするのは少しうしろめたい。

日本では川の水は公の水、公水であると河川法で定められている。川のそばの水で、明らかに川の水と一体となっている伏流水までは公水とみなされ、排他的な利用には河川管理者の許可が必要である。

許可を受けた水を利用する権利を俗に水利権と呼ぶが、法律には水利権という用語は定義されていない。水利権に対して流水占用料という名の料金を支払っているのは実質的に水力発電用に取水している事業者のみであり、農業用水や水道用水用の水利権については特に流水占用料は課されない。食料生産や水道水供給の公共的性格に鑑みての処置であり、また一方で、水力発電が確実に利益を生むからである。

ちなみに、河川法には自由使用という概念もあり、排他的かつ継続的に使用しない場合、例えば、川にパイプを突っ込んでポンプで水を引くのではなくバケツで川に水を汲みに行くとか、川辺で遊ぶ、船で通る、などは自由使用の範囲内だとみなされる。貯め込むのは水を使うわけではないから構わないかというとそうでもなく、下流の水使用に影響を与えるので、貯留権という概念が存在し、貯め込むのにも許可が必要である。

一方、日本の法律上は、地下水は土地に従属していると見做され、土地所有者に処分権がある。条例などの制限がない限り、自由に使ってよい私的な水、私水なのである。本来は地下水もゆっくりながら循環しており、表流水と同じく水循環の一部である。しかし、その動態の把握が技術的にまだまだ容易ではなく、ある地点での地下水取水が他の水利用者にどういう影響を与えるのかを明瞭にすることが困難であることから、私水という取扱いになっている。

しかし、定量的な把握は難しくとも、概念的には地下水が循環していて、大量の地下水利用が他の水利用者に影響を与えることに異論はないだろう。熊本市は上水道の水源を100%地下水に頼っている人口73万人の政令指定都市であるが、大量の地下水利用が可能なのは阿蘇山からの噴火堆積物由来の非常に多孔質の地層が厚く、大量の雨が地下に浸透して流れているためである。通常の地下水の100倍程度と極めて速い速度で流れているため、くみ上げ過ぎや汚染といった悪影響が表面化するまでの時間スケールが短く、逆に、対策が功を奏するまでの時間も短い。

そういうこともあって、熊本県は「地下水の公益的役割」を前面に出して地下水保全条例を改正し、地下水的に上下流の市町村が協働でその保全に乗り出している（2012年4月より）。しかも、地下水保全に努めよう、という精神的な規範だけではなく、保全活動を財政的に支えるため、水基金（公益財団法人くまもと地下水財団）を作り、地下水の使用量に応じて協力金・負担金を供出することをすべての受益者に求めている。

これと似た概念にミネラルウォーター税があり、山梨県で、ミネラルウォーター用の地下水取水に対して1㎥あたり1円といった負担を求める地方税が提案された。これは、企業側の反対にあい、裁判に持ち込まれ、税の公平性に反する、ということで実現しなかった。熊本の場合には、工業用のみならず、水道用も平等に支払う、ということで、各ユーザが納得しているのである。なお、248ページで紹介している通りミネラルウォーター生産高日本一の山梨県北杜市では、税ではなくやはり環境保全協力金制度を2008年に導入した。

日本では雨水の利用には特に許可は不要である（280ページ）。当たり前だと思うかもしれないが、考えてみると、本来その雨水は地下に染み込んで地下水を涵養し、いずれは川に流出して下流で使われることになる水循環の起点である。新たに勝手に雨水を使うのは、誰かが今まで使っていた水の利用可能性を奪うおそれがある。

実際、近年の渇水傾向でマレー・ダーリング川流域の水不足が深刻化しているオーストラリアにおいては、現在の法令では水利権許可を必要としない水の遮断（インターセプション）が問題視されるようになっている。「水利用の合理化に向けた〝水利権〟制度のあり方検討会」の「海外調査とりまとめ」によると、

●小規模な農場ダムによる地下水や河川水の貯留で商業用以外のもの（全国で約16億㎥）
●雨水貯留（全国で約26億㎥）
●家庭用・家畜用井戸からの地下水取水
●植林による保水

●鉱業による地下水の水抜き

などが遮断にあたるとされている。また、コロラド州立大学のクリス・クメロウ博士に聞いた話だが、アメリカ合衆国では州によって法律は様々であるけれど、コロラド州では地下水を使う権利は採掘権として土地の所有権とは別途設定されていて、かつ、雨水利用は厳密には地下水の採掘権に抵触する、ということであった。やはり、本来浸透するはずの水を横取りして使うようなものだから、ということだそうである。

水は循環してつながっている。良かれと思って導入される新たな取り組みが、別の問題を引き起こす可能性があることには常に配慮が必要である。

法律の先生によると水利権には物権的請求権があり、私有が認められているということなのだぞうだが、日本では取水が不必要になった場合には水利権を河川管理者に返納することとなっており、いらなくなった水利権を勝手に譲渡したり販売したりすることはできない。処分権に制約があるのである。

しかし、カリフォルニア州やオーストラリアのマレー・ダーリング川流域など、水が絶対的に不足しているような地域では、水利権の売買や水利権取引市場における競売なども行われるようになっている。売買、譲渡の形態は様々で、水利権そのものを永久に譲渡する場合もあれば、ある年や期間のみ権利を一時的に貸借する場合、あるいは、特定の水量の融通に対する対価の支払いなどもある。

神の見えざる手を信じれば、市場メカニズムを利用することによってもっとも水のシャドープライスの高い部門で水資源が使われ、水生産性が最適化されることになる。一時的にせよ、永久にせよ、水利権を手放す農家や企業は、水利権を行使した場合よりも多くの対価が得られるはずである。ただし、水の確保や食料生産に関しては、経済合理性だけではない文化的、心情的な側面があり、そう簡単に割り切れるものでもない。

とはいえ、水が足りないのに水田耕作をしたり、灌漑までして育てた牧草で家畜を養ったりするのはやはりもったいない。毎年のように続く旱魃でオーストラリアのコメの生産量は激減し、従前の2％になってしまっている。また、一部では灌漑により育てていた牧草の使用はあきらめ、ブラジルからの飼料用穀物の輸入に切り替えているようである。そして、オリーブや葡萄など、少ない水でより多くの利益があがるような作物に転換が進んでいる。

ここで注意したいのは、こうしたオーストラリアの大規模農業は産業としての農業であり、利益さえあがるのであれば、育てる作物は何でも構わないという点である。これに対し、自家用を中心とした農業では、それまでのやり方を継続しようとする傾向が強く、水をめぐる情勢が変わっても、すぐには変革が進まないのも仕方ないだろう。

考えてみれば水利権とは不思議な権利である。水利権が、「みんなのもの」である公水を特定のユーザが排他的かつ継続的に使う権利だとすると、それは土地の所有権に近い。

水も土地も使っても無くなることはないが、他のユーザの利用は制限される。水も土地も持っているだけでは何の利益も生み出さず、利用することで価値が生まれる。水は移動させることも多少はできるが、グローバルに考えると水も土地も過剰な地域から稀少な地域に持ち運ぶことはできず、過剰な地域で使うしかない。そう考えると、海水淡水化は水面の埋め立て造成で土地を作るようなもので、汚れた水をきれいにする造水は宅地造成のようなものかもしれない。本来の権利者以外でも、長期間使い続けていると権利が移る点まで水と土地は似ている。

原始の時代に思いを馳せてみると、誰のものでもなかったのに、いつのまにか排他的に利用する権利を有するようになるということでは、土地や水だけではなく漁業権も同じである。漁業権の場合には、開発行為などによって失われた場合でも、再び操業しているといつのまにか権利が復活することもあるらしい。水利権の場合には、逆に、使われていない分の水利権は更新の際に削減されることに制度的になっている。

水も土地も早いもの勝ちか、と思うと不公平な気もするが、そんな時、いつも思い出すのは岡村甫《はじめ》先生（東京大学名誉教授、高知工科大学前学長、現理事長）の授業中の雑談である。混んだ電車で、立っている人と座っている人がいるのは不公平だ、同じように料金を払っているのだから、混み具合に応じて、順番に席を譲り合うのが筋なのに、実際には先に座った人が占有し続けている、という話である。確かに、20分間の区間で、座席の4倍の人数が乗っているとしたら、5分ずつでどんどん席を替わるのが公平である。そうではなく、早く座った人が「みんなの座席」を排他的に占有する点、席を立ったら権利を放棄したと見做される点など、水利権に似ているが、権力を持った管理者がいるという意味では水利権の方が秩序は保たれていると言えるだろうが。

日本の水需給のこれまでとこれから

縄文時代の日本の人口は約20万人程度とされる。約2㎢に1人である。総合地球環境学研究所初代所長であられた故日高敏隆先生によると、自然環境下で霊長類の密度はざっと1㎢に1人だということなので、それより低い密度であれば生態系サービスは十分豊富であり、当時は食料を採集するのと同様、水に関しても泉や清流の水を利用していれば良かったに違いない。

水田耕作が始まるようになると、水を引き回す遺構が認められるようになる。遺構だけではなく、人力による過酷な労働によって開発・維持されてきたと思われる用水施設が日本各地に残っていて、今も使われていたりする。しかし、水と健康との関係は日常生活ですぐに意識されるので、飲み水には主に井戸の水が用いられていて、川や用水路の水は洗濯や水浴びに用いられていただろう。

そういう意味では、大規模な都市が形作られ、人口密度が高まるまでは基本的には井戸の水で足りていた、あるいは足りる範囲に人口の伸びが制限されていたのかもしれない。京都は地下水が豊富なことで知られ、明治初期に琵琶湖疏水が開通し近代水道が引かれるまでは飲む水を井戸水で賄っていた。もちろん、食料生産（のための水）は都の外に依存していたのである。江戸も小石川上水、神田上水と徐々に水源を遠くに求め、玉川上水を引いて多摩川から水を確保するようになっていた。

だが、やはり、水需要が大幅に増えたのは高度成長期、首都圏、中京圏、関西圏に大量の人口が流入した時期である。移動してくる前に住んでいた田舎で水を使わなくなった分、日本全国的にみると水資源使用量は変わらないのではないか、と思うかもしれないが、井戸水に頼っていた人々が水道水を使うようになると水使用量は大きくなる。以前対談の機会があった際にお聞きした話だが、練馬区ご出身のジャーナリスト池上彰さんは、昭和30年代、朝起きてすぐのお手伝いは、まず井戸の水を汲むことであったそうである。都内には既存の井戸がまだまだ多く残っているが、家庭での水使用量も増え、また衛生上の問題もあり、井戸は非常用、あるいは、飲み水としてしか用いられなくなっている。

そうした人口増、上水道普及率の向上、経済発展に伴う1人あたりの使用量の伸びによって、第1章で紹介したとおり、日本の水道水使用量は大きく伸びたのである〈55ページ（図1－8）〉。ある意味で、高度成長期から今に続く水資源開発はそうした急激な需要の伸びを受け、無理やりなんとか供給を増やそうとしてきた営みである。

首都圏は多摩川だけではとても足りずに利根川の水を開発した。もちろん、多摩川の水を使わなくなったわけではなく、首都圏で共有している利根川に比べ、独占的に利用可能な多摩川の水、奥多摩湖の水は、渇水の際にも最後の最後まで使わずに取っておく隠し財産である。

実際に隠されているわけではないが、奥多摩湖のように先行投資した施設のおかげで、首都圏の中でも、後から人口が増えて水資源開発に乗り出した埼玉県や千葉県に比べて、東京都の水資源はより安定した供給が担保されているのである。そもそも、東京都が東西に長いのは多摩川の水を確保しようとした旧東京市の意向の結果であり、さらに万全を期して、東京都水道局は他の行政区域である山梨県内に水源林を保有し、維持管理している。担当の職員の方の話では、間伐などの森林整備やシカ対策などを精力的に行うことによって山が荒れるのを防ぎ、奥多摩湖への土砂流入を極めて少なく抑えることができているということである。

関西圏では琵琶湖総合開発を行い、琵琶湖の水位をダイナミックに調整することができるようにして、琵琶湖そのものをまさに関西の水瓶にしてしまった。今では下流の京都や大阪を越え、琵琶湖の水は流域外の兵庫県にまでも送られ、水の安定供給に役立てられている。

中京圏は首都圏や関西圏に遅れたが、日本一巨大な徳山ダムと長良川河口堰という大規模な開発を行うことによって水資源を確保した。ただ、遅れたこともあって、工業用水需要は頭打ちで、一番需給が逼迫していた時期を逃した感もある。また、徳山ダムからの水を揖斐川から木曽川へとトンネル水路で運び、名古屋市が利用できるようにする木曽川導水路への強い反対があって整備のめどが立たないこともあり、異常渇水対策として利用することができない現状である。家を建築していて途中でやめるようなもので、当初の意図通り利用されないのはもったいない話であるが、環境、あるいは財政的な理由で、途中でやめる方がいいと総体的に判断されるのであれば、途中で撤退する勇気もまた必要なのであろう。

第3章のまとめ

- 日本のように雨や雪が多く降る地域は、世界的に見ると限られている。日本の年降水量や年河川流量は熱帯の範疇に入る。しかし、人口密度が高いので、1人あたりの降水量、水資源賦存量で比較すると世界各国の中で多いとは言えない。
- 森を緑のダムと呼ぶならば、積雪は白いダムである。
- 都市では水の自給自足は難しい。都市とは食料、水、エネルギー、人財の供給を郊外に頼っている存在で、都市の問題は周辺地域と一体となって解決していく必要がある。
- 日本の降水量の極値は、台風の影響を受ける1日降水量では世界記録に比肩する。24時間雨量の極値は1時間雨量の約5倍の量である。

●世界では地震よりも風水害の影響の方がはるかに甚大である。日本でも、水害による人的被害は減りつつあるが、経済的被害が地震に比べて極端に少ないわけではない。
●モンスーンアジアの変動帯に位置する日本では、「too much water（洪水など多すぎる水）」と「too little water（旱魃など少なすぎる水）」の両方の問題が共存している。
●水をめぐる軋轢は国際河川で大きいのみならず、都府県や市町村をまたぐ越境河川に関しても深刻な場合がある。
●日本海に流れ込む河川流域全体を日本海流域だとすれば、東アジアの各国は日本海流域関係国であり、適切に日本海をマネジメントする運命共同体の一員であるとも言える。
●国際流域管理で重要なのは適切なモニタリングと情報の共有、意思決定過程の透明性の確保である。
●エネルギーがないと食料の生産、輸送、消費もできない。エネルギー自給率が食料自給率よりもはるかに低い日本において、食料は輸入できないがエネルギーは十分に輸入できる事態を想定して食料自給率を上げる努力をするよりも、輸入できない事態に陥らないように努力する方が現実的なのではないか。
●食料や工業製品の交易拡大、グローバリゼーションの振興によって、水はローカルな財からグローバルな財になった。我々の生産・消費活動は、海外における適切な水のマネジメントによって支えられている。
●ダム貯水池の建造によって安定して利用可能となる水資源の量は、貯水池に貯められる水の量よりもずっと多い。

●ダム建造の問題は、人権→環境→財政と論点が変化してきている。
●日本では、川を流れる水は公水であるが、地下水は土地に付随した私水である。雨水の利用も国によっては他人の水の利用を邪魔しているとみなされる。
●人口も減り、1人あたり、GDPあたりの水使用量も減り始めている現在、今後、日本の水需要が大幅に伸びるとは考えにくい。

第4章　水循環の理《ことわり》

木を植えると山の水源が保全されるのか？

水と緑は豊かな自然の象徴であり、誰しもそれぞれ水への思い入れを持っている。本章では、水をめぐる様々な言説の中で、世の通説と学術的な理解との間に齟齬がある点について紹介したい。まずは、森と水の関係である。

地球環境のために何か良いことをしたい、と思う気持ちは自然である。様々な地球環境問題が1992年のリオデジャネイロでの地球環境サミットで取り上げられた。中でも、二酸化炭素など温室効果ガスの排出に起因する人為的な地球温暖化に伴う気候変動問題に焦点があてられてきたこともあり、省エネなどに加えて、木を植えて二酸化炭素を固定しよう、という活動が以前にもまして盛んである。厳密には、木が育っている間には二酸化炭素は固定されるが、生長が止まると、葉で光合成して固定される分と、落葉などが林床で分解される分とがほぼ釣り合い、森林は必ずしも二酸化炭素を吸収しなくなる。そういう意味では、ある程度生長したら切り出して木材として利用する、ということが二酸化炭素の固定、という面からも重要である。

これに付随して、木を植えると水が豊かになる、という、いわゆる森林の水源涵養機能も取りざたされ、木を植えると洪水も渇水も生じなくなるかのように考えられていることが多い。豪雨時には水を貯え、無降雨日が続く際には徐々に水を流すということから、森林を「緑のダム」と呼ぶことも市民権を得て久しい。水が乏しい地域に木を植えれば豊かに水を利用できるようになるのではないか、という期待も大きく、そういう因果関係を信じてやまない人々も大勢いる。

しかし、森と水との関係には美しい誤解も多い。

まず、木があると豊富に水を使えるようになるのではなく、水が豊富な場所に木が生えるのである。これは相関関係と因果関係との典型的な混同である。中国西部やアメリカ西部の半乾燥地を飛行機で上から眺めていると、谷底や山の北側斜面にだけ灌木が生えている光景に出くわすことがある。谷底は斜面土壌層内での水の移動によって水が集まる場所であり、北半球中高緯度の北側斜面は太陽光の入射エネルギーが相対的に少なく、蒸発散が抑えられて南側斜面よりは水が利用可能なのである。木が育っているという事実はそこに水がある印であるが、木があるから水が集まった、というわけではない。

また、忘れてはならないのは木が育つには水が必要だということである。木を植えたら、木が生存し育つための水が必ず必要なのである。

中国の北部から西部にかけては乾燥地帯である。中国第二の大河、黄河はその源をチベット高原に発するものの、乾燥した黄土高原を大きく囲むように流れ、乾燥し、かつ人口が多く水需要も多い中国北部を流れる。その黄河では１９７２年に初めて公式に断流といって川の流れが途切れる現象が観測され、１９９７年には年間２２６日、最大７００km以上にわたって河道に水が流れないという事態が生じた。

この理由として、20世紀の終わりごろ黄河流域が少雨傾向で乾燥していたことと、中流部黄土高原を迂回するあたりなどで盛んに灌漑用に取水していたことがあげられている。しかし、鳥取大学教授の福嶌義宏先生のその名も『黄河断流』によれば、退耕還林といって田畑として開墾した土地を森林に戻す国家的運動が繰り広げられ、森林面積が増大したことが断流の大きな要因となったというのである。

黄河断流に関して重要な教訓は、断流が国際的に話題となったことを受けて、それまでは主に洪水対策をやっていた黄河水利委員会が上下流の取水量を総合的に管理し、取水費用も倍増させて需要を抑えるなど水マネジメントを改善した結果、2000年以降断流は生じていない（ことになっている）点である。水問題は、問題の認識、解決へ向けた行政や市民の意志などが重要であり、より適切なマネジメントによって解決できることもある、という良い例である。なお、断流はコロラド川などでも生じているし、日本でも水力発電のために流れがほぼ全部迂回させられているような区間では瀬切れと呼ばれる流水のない区間が生じることもあり、黄河に限った話ではない。

このように、特に半乾燥地で木が生えていない場所にわざわざ木を植えるのは、百害あって一利なし、乾燥に強いポプラなどの木は、地下深くにせっかく貯えられている地下水にまで根を伸ばして吸い上げて蒸散させてしまい、地下水位を下げてしまう。環境に良い振りをしつつ実はそれが見せかけであることを greenwash と侮蔑するが、木を植える活動は、くれぐれも bluewash にならないように気を付ける必要がある。

ところが、善意に基づく国際貢献だと、現地の人々は文句も言えず、木を伐ることもできず困っているという報告も新聞で見かけた。日本のようにそれなりの降水量がある地域では、木を植えることは土砂流出の抑制、大気汚染物質の吸収、景観の保全などメリットの方が大きい。しかし、異なる気候帯、水文化の地域では、現地の実情に合わせた支援を考える必要がある。

沙漠に木を植えると蒸発した水がまた雨となって降ってまた蒸発して……という正のフィードバックが働いて水循環が強化される、という夢のようなアイディアが語られることもあるが、蒸発した水が同じ場所に降ることはほとんどなく、外部から水が何らかの形で供給されない限り、残念ながらそうした永久機関のようなうまい話はない。

なお、針葉樹と広葉樹とでは広葉樹の方が水源涵養機能は高いと考えられている。しかし、日本学術振興会の博士研究員として以前我々の研究室にいた小松光博士（現・京都大学）が様々な観測結果の報告を総合的に分析した論文によると、針葉樹では葉によって遮断される降水量、葉っぱに付着する雨水の量が多いため、雨の降り方、頻度によっては同じ降水量でも流出する量が少ないが、日本の気候の範囲では、両者に大きな違いはないという。

また、蔵治光一郎博士（東京大学准教授）は、ブナの木はその形から、葉で遮断された雨水が幹を伝って地面に流れやすく、たくさんの水が土壌に供給されているように見えることが、広葉樹、特にブナの森は水を育む、といったイメージにつながったのではないか、と語ってくれたこともある。

森林土壌がスポンジのように水を吸収して貯えるとしても、人間の都合に合わせて放流してくれるわけではない。むしろ、無降雨時の低水流量には、森林土壌よりはもっと深層の基岩の種類の影響の方が大きいことが我が師である虫明功臣先生の研究で明らかとなっている。固結して緻密な古い地層よりは、第四紀火山岩層のような空隙が多い地層、あるいは古くとも深層風化している花崗岩帯では、面積あたりの低水流量が多いことが流れ込み式の水力発電所で計測された流量データに基づいて見出されているのである。風化花崗岩の典型は中国山地の真砂土《まさど》と呼ばれるぼろぼろの土で、神戸の市街地を見下ろす六甲山地も真砂土で有名である。

人と森林とは水資源に関しては奪い合う関係にある。草原に比べて森林がどの程度水をより多く必要とするかを推算した結果によると、年間250㎜（落葉広葉樹）～500㎜（ユーカリ）の降水量相当であり、典型的な森林施業を仮定して草原状態に比べて追加的に必要な水量（㎥）は木材1㎥あたり概ね350㎥（スギ）～700㎥（ブナ）と推計された。2007（平成19）年の年間8000万㎥あまりの木材供給量の8割を輸入材が占め、もし生産地が森林ではなく草原であったとしたときに比べてそれらの木材の生産に追加的に必要な水量は約470億㎥と推計されている。この値は103ページの（図2－1）には含まれていない。

木材を通じたバーチャルウォーターの輸入量もそれなりに大きいことがわかる。輸入量が多い理由は、日本に水が足りないからではなく、輸送コストを考慮しても外材の方が安いからである。日本では森は山にあるが、それは、平地の森林は有史以来開墾され、わずかに鎮守の森を残すのみで他はすべて田畑や居住地などに転換されてしまっていて、棚田にもならない山だけが森林として残っているからである。これに対し、海外では森林が平地に位置する場合も多く、そうした森林からは伐採と運びだしのコストが日本に比べると圧倒的に安いのである。

もちろん、森林にいわゆる水源涵養機能と言われるような洪水調節機能が全くないというわけではない。森林土壌の浸透能は雨量換算で毎時200㎜にも達し、大抵の豪雨を一旦は貯えることができる。ただし、豪雨時には一旦土壌に浸透した水が斜面の基岩上に飽和層を作り、それが斜面下方に流動して斜面末端では土壌層が全層飽和し、雨水が浸み込むどころか、水が浸みだす「ソースエリア（飽和域）」を形成する。

そういう意味では、人間が作ったダム貯水池に治水の限界があるのと同様、緑のダムも万能というわけではなく、記録的な豪雨ではその洪水調節能力を超えてしまうような事態も生じる。ただしその場合でも、全く役に立たないわけではなく、それまで貯め込んだ分は多少なりとも洪水を低減する、という意味では緑のダムも人工的なダムも同じである。

土砂崩壊を食い止める、という役割も森林土壌には認められるが、記録的な豪雨では、深層崩壊と呼ばれるような、基岩もろとも山腹斜面が崩れてしまう土砂崩れや地滑りを押しとどめる力は、残念ながら森林にはない。森林土壌の防災機能には限界があり、森があるから洪水も土砂崩れの危険もない、と思ってはいけない。また、豪雨が降って洪水になりそうなので洪水に備えてあらかじめ放流し、貯水池の容量を空けておく、といった操作も、緑のダムでは当然のことながらなされない。

深刻な問題は、放置林である。植林の後、適切な間伐がなされないと樹冠が閉塞して林床に光が届かなくなる。そうなると下草が生えずに地面がむき出しになるばかりでなく、筑波大学教授の恩田裕一先生らの研究によると、樹冠から滴下する大粒の水滴が乾いた地面を叩いて土壌粒子が剝離し、表面流に流されて浸食が進行してしまうといった事態を引き起こす。木材の価格が下がり、森林施業が行われなくなってしまったため、蔵治光一郎博士に言わせると「緑の沙漠」と呼ばれるほど荒廃した森林の風景が日本中に広がっているのである。

水源涵養活動などに対して第14回日本水大賞経済産業大臣賞を受賞したサントリーでは、そうした因果関係を踏まえたうえで、地権者と契約を結んだ森林を「天然水の森」と名付け、整備を行っている。この「天然水の森」関連事業を一手に引き受けているサントリーの山田健さんに聞いたのだが、見学者に間伐のことを話すと「木を伐るのですか？」と驚かれるのだそうだ。自然を守るには人間が手を加えないのが一番、木を伐るなんてとんでもない、ということらしい。しかし、人工林は人の手が入った森林である。放っておいても200〜300年経てば天然林に戻るかもしれないが、そこまで待つのではなく、健全な状態になるまで人の手で管理する必要があると普通の森林関係者は考えているようである。

ちなみに、毎年九州と四国を足したくらいの面積（6万㎢）の森林が世界では失われている、1秒に直すと0・2haである、といった脅し文句を目にすることもある。しかし、FAOがとりまとめた衛星観測による推計結果では、アジアではむしろ森林面積は増大しているという。専門家に聞くと、そもそも木がどのくらいの密度で生えていたら森林とみなすのか自体も問題なのだそうだ。開発途上国における森林保全（REDD）という枠組みが二酸化炭素排出抑制、南北問題解決などのために構築され、その実現に向けて、本当に世界のどういう地域でどのくらい森林が増減しているのかも、よりよくわかるようになるだろう。

また、森林面積の減少と同様に深刻な問題として沙漠化がしばしば取り上げられる。そもそも、サハラ沙漠の南のサヘル地域やモンゴルの草原地帯などの半乾燥地帯は、数十年といった気候変動による降水量の長期的な増減に伴って乾燥化したり湿潤になったりという変化を概して受けやすい。湿潤になって草原の生産力があがるとすぐに人口が増えたり、家畜の数を増やしたりする。ところが、そういう状態が続かずに乾燥化すると深刻な問題を引き起こすことになる。さらに、そうした自然変動に加えて、過放牧によって家畜が草を食べつくしてしまうことも沙漠化の大きな原因である。それらの地域では、長期的にみて、もっとも条件の厳しい時期に合せた人口規模に収まっていれば多少の乾燥化にも耐えられるだろうが、人の世は、湿潤になり少し豊かになると、すぐに過去の試練を忘れてしまって居住域が広がり、いずれまたしっぺ返しを食らうことになるようである。

洪水はなぜ起こるのか？

そもそも、自然科学は「いかに（how）？」洪水となったかについては詳細に解説できても、「なぜ（why）？」洪水となったかの意味づけはできない。それは宗教に近い領域だ。

しかし、大雨が降った際、どのように洪水がもたらされるのかについて科学はいろいろと教えてくれる。「五月雨を集めて早し最上川」と芭蕉が詠んだように、雨が降れば川を流れる水の量は増える。自然現象としての不思議はないようにも思えるが、そもそも、雨として降った水がいつ目の前の川を流れているのであろうか？　今、降っている雨水がそのまま流れているのか、それともずっと前に降って地面に浸みこんで貯えられていた雨水が新しい雨水に押し出されてきているのだろうか。また、どういう経路で洪水時の水は流れているのであろうか。地表面を流下しているのか、それとも地中を移動している水の寄与が大きいのであろうか。実は、この、雨が洪水をもたらすメカニズムの理解に関して、20世紀には大きな変革があった。

20世紀初め、近代水文学の父とも称されるアメリカの学者ロバート・ホートン氏は、浸透能（水が地面に浸み込みうる速度）を超える強度の降雨があると、その超えた分は浸み込むことができないので、地表を流れて川に到達し、洪水となる、と考えた。そうしたメカニズムで流出した洪水の成分は彼の名にちなんで「ホートン型地表流」と呼ばれる。しかし、実際に森林の浸透能を測定してみると、森林土壌が形成されていれば毎時数十ミリメートル相当の浸透能がある。場所によっては毎時200㎜を超えるような土壌もあり、通常の降雨強度であればすべて森林土壌に浸透可能であり、地表流は生じないということになってしまう。

例外は林道など踏み固められた地表面で、そこでは多少の降雨ですぐに地表流が発生する。山歩きをされる方は、森林の中では流れが見られない時でも、登山道では足元を水が流れている様子をご覧になったことがあるのではないだろうか。

しかし、森林に降る雨の大半が一旦浸み込むと考えると、土壌中の水の移動速度は速くともせいぜい毎秒1㎜程度のオーダーなので、雨が降ってから川の流量増大への比較的短い時間差を説明するのは難しい。1950年代後半から山地流域での観測研究が盛んとなり、源流域の斜面に沿った土壌水分の分布や渓流水質の分析などから明らかになったのは次の通りである。

森林に降った雨は斜面上で一旦鉛直に浸透する。浸み込んだ水は、水を通しにくい基岩上に貯まって飽和層を形成し、斜面に沿って地中を流下する（飽和側方流）。鉛直浸透を取り込みながら斜面下端に向けて徐々に厚みを増す飽和層は斜面下端で地表面に達し、地表流を発生させる。地表流が発生するような飽和域（ソースエリア）に降る雨は浸透することなくそのまま地表流となって川へと流入し、洪水ピークを形成する。また、多少の水の移動だけで飽和となる領域が連続していると、不飽和浸透で想定されるよりもずっと速く降雨の影響は斜面下方へと伝達されることになる。

斜面や地下水中を流れるうちに水はいろいろな物質を土壌や岩石から溶かし込むため、雨水とは違う水質になる。そうした性質を利用して洪水期間中に流れる水の起源を推計した研究によると、森林流域の場合、ピーク時ですら、雨水の直接の寄与は1割程度で、9割前後は一旦浸透してから流出した水であるという結果が得られている。

また「水みち」という概念もある。これは、木の根が腐って残った空洞やもぐらや虫が掘った巣穴などによる土壌中の管路で、土壌中に通常ある1㎜といった大きさの間隙よりも口径が大きい。土壌が不飽和の際には、毛細管力によって大きな空隙よりも小さい空隙に水がひきつけられるので、こうした水みちには水は流れないが、飽和となるとこの水みちを伝って大量の水がパイプの中の水のように流れる場合もあるという。

このように、ホートンが研究室で思索を巡らせて構築した流出のメカニズムは野外観測、実験によって大きく覆され、鉛直一次元から斜面を含んだ二次元、あるいは流域の広がりも考慮した三次元のダイナミックな水の動き、特に飽和域の拡大・縮小で理解されるようになった。

人間社会との関係で考えた場合、物理的な流出過程のポイントはその非線形性である。線形であるとは、例えば、雨の量が2倍になったら流量が2倍、3倍の雨だと流量が3倍になる、といった比例関係が成り立つことで、実際にはそうはなっていないので非線形であるという。一番簡単なモデルは、コップに水を注いで溢れさせる実験である。200㎖の空のコップに250㎖の水を注ぐと50㎖溢れるのに対し、倍の500㎖注ぐと300㎖溢れるだろう。注ぐ量が2倍で溢れる量が6倍になるわけである。もしこのコップが空ではなく150㎖の水が残っている状態で実験を開始すると250㎖注ぐと200㎖、500㎖注ぐと450㎖溢れ、溢れる量の比率は6倍ではなく2・

25倍となる。比例しないばかりではなく、同じような雨が降っても流域の乾湿という初期条件によって流出量が異なることの例えとなっている。

一方で、そうした降雨流出過程の詳細なメカニズムが解明される以前から、河川の特定の地点において、どのくらいの流量が最大流れ得るかを知りたいという工学的なニーズがあった。例えば、非常時にダム貯水池から放流する洪水吐きの設計容量を決めるためであったり、河川を横断する橋の設計のためである。

この推計のために考案された手法で有名なのがクリーガー曲線である。クリーガー曲線は、様々な河川の主要な流量観測から得られた既往最大流量を、比流量という1㎢あたりの流量に単位換算し、かつ流域面積にしたがって並べた観測値の包絡線として得られる。それらの点を通るような近似曲線ではなく包絡線とするのは、観測期間が短いために、生じ得る最大値が観測されていない地点もあるだろうから、ということである。

強い雨であればあるほど空間的に集中して降り、逆に流域面積が大きくなると、流域全体で豪雨となることは少なく、流域平均の降水量は同じ発生頻度だと少ない量となる。また、大流域の洪水は長い時間の雨に対応して生じる。結果として、同じように稀な豪雨でも大きな面積、長い時間で平均する場合には相対的に少ない雨となるので、クリーガー曲線は大河川流域で小さな値を示す。

「日本の洪水は1泊2日」とは、元建設省河川局長の竹村公太郎氏が講演でよくおっしゃっているフレーズであるが、1～2日程度の洪水継続時間、あるいは雨のピークから洪水ピークまでの洪水到達時間がその程度であるのは利根川のような日本の大河川の場合である。都市河川の場合には雨が降ってから洪水のピークまで1～2時間、2008年の神戸市都賀川での水難事故の際には豪雨が降り出して10分後から20分後までの10分間に河川の水位が1・3m以上も上昇している。厳密には流域面積だけではなく、河川の勾配もこうした洪水の時間スケールに影響を与えており、日本の場合には石狩川のように比較的平坦な河川流域では大洪水の想定には3日降水量が用いられたりする。

大陸の河川となると、時間スケールはさらに長くなる。北アメリカのミシシッピ川の場合には、雪解けに加えて、春先の数カ月の降水量が多いと被害をもたらすような大洪水となる。2011年のタイのチャオプラヤ川の場合、流域面積は利根川の約10倍、16万㎢程度であるが、下流部の勾配が1／5万と極めて緩いこともあり、5月から10月までの半年間の降水量が平年の1・4〜1・5倍となることによって50年に一度とされるような大洪水が生じ、大きな被害がもたらされた。逆に、どんなに激しい時間降水量100㎜を超えるような豪雨でも、局所的で短時間であれば大河川全体に洪水をもたらすような事態にはならない。

ちなみに、こうした洪水時の流量は、日本の場合には普段（平水時）の流量のざっと100倍である。つまり、日本の河川では、普段目にする流量の100倍の水でも安全に流れるように河川の幅や深さなど河道断面、流下能力が設計されているのである。河川敷（高水敷）がある複断面の河川などでは、普段水が流れているところ（低水路）はほんのわずかで、だいぶ敷地が余っている、と感じるのではないかと思うが、非常時にはその100倍が流れるのだ。携帯電話はおそらく普段の3倍の通話量もさばけないであろうし、道路の場合には、容量を数パーセント超えるだけで渋滞してしまう。洪水対策と水資源利用の両立が難しいのは、単に非常時と平常時、というだけではなく、このようにとてつもない2桁（100倍）もの差が流量にあることも一因である。

2300年前に造られ今も四川盆地を潤している歴史的財産である四川省都江堰《とこうえん》の脇にそびえる二王廟には都江堰の建造に尽くした李氷親子が祀られ、「深淘灘低作堰」（淵は深く掘れ、堰は低く作れ）という治水の教えが石板に刻まれている。洪水対策用には河床を深く保つ方が良いのであるが、深い水深の箇所に低い堰では取水のための用をなさない。

洪水と水害

ここでは、自然災害を引き起こす現象（ハザード）としての洪水と、人間社会にもたらされる被害（ダメージ）としての水害を分けて考えてみよう。同じような洪水規模でも洪水に遭いやすい土地に人が住んでいるかどうか（曝露）、人間社会の対応準備状況や災害に対する社会全体の耐性や脆弱性次第で被害の出方は大きく異なってくる。当たり前の話だが、人が住んでいない土地にどんなに豪雨が降って大洪水が生じても人的被害は生じないだろうし、想定される水位よりもはるかに標高が高い避難所に全員が逃げ込むような訓練が普段からできていて、洪水時にもさっさと事前に避難するのであれば、被害は少なくて済むことだろう。

こうした、ハザードの規模とハザードに対する人間社会の曝露、そして災害に対する社会の脆弱性あるいはその逆の災害耐性（靭性《じんせい》）の兼ね合いで被害の大小が決まる、というのは自然災害に対するリスクマネジメントの考え方の基本である。洪水の場合には、さらに、人間活動そのものがハザードをも変化させ得る、という点が話を複雑にしている。

流域の土地利用変化は降雨流出過程を変化させる。既に述べたように森林土壌は浸透能力も保水能力も高い。しかし森林が失われたり、逆に間伐施業がなされず過密林になったりすると、水を貯め込む機能が劣化し、降った雨はあまり浸み込まなくなり、降雨開始初期、本来であれば流出にはならない初期損失と呼ばれる分が減って、同じ降水量でも河川の流量が多くなってしまう。

また、水田や畑地などが都市開発され、住宅や道路になってコンクリートやアスファルトで覆われるようになると雨水はほとんど地中に浸透しなくなるばかりか、そうしたコンクリートやアスファルトの表面、そして下水管渠などを通じて速い速度で川に水が集まるようになる。24時間かけてゆっくり流れれば洪水にならずに済むような場合でも、同じだけの水が川に集中し、1時間で流れるのなら大洪水となってしまう。これが都市洪水のメカニズムである。

洪水の規模には、降水ピークから流量のピークまでの洪水到達時間内の平均降水強度が関係するが、都市化はこの洪水到達時間の短縮ももたらす。すでに図3－3（150ページ）で紹介したとおり、時間を短く区切って考えれば考えるほど強い平均降水強度となる可能性が高くなる。都市化によって洪水到達時間が短くなると、より短時間の強い豪雨によって洪水がもたらされる危険性が高くなるのである。典型的な都市河川である神奈川県の鶴見川の場合、１９５８（昭和33）年にはわずか10％であった都市化面積率が１９９５（平成7）年には85％となり、既往最大雨量に対応する洪水の到達時間は約10時間から約3時間に短縮され、ピーク流量は倍増する。別の見方をすると、以前なら１００年に一度生じたような洪水が2～3年に一度生じるという推計に相当する。

鶴見川の場合にはこうした状況に対し、新たな宅地造成にあたっては開発以前に比べて流出量が増えないように開発区域の一画に遊水地などの雨水貯留施設を設けることが義務付けられたり、大規模な洪水調整地を設置したりして下流の川崎を守っている。ちなみに、新横浜駅の近く、２００

2年FIFAワールドカップの決勝が行われた横浜国際総合競技場を含む一帯は鶴見川の多目的遊水地である。

さらに、洪水対策のための治水事業も降雨流出過程を変化させる。堤防は土で建造するのが基本である。そのため、長時間高い河川水位が連続すると堤体内に水が浸透して、場合によっては蟻の一穴ではないが、堤防の中に浸み込んで流れる水流の速度が上がって目に見えて漏水し、決壊に至る場合がある。堤防が貧弱であった昔は特に破堤が恐れられていた。

昔ならいざ知らず、現代ならもっと強固なコンクリートや金属製の堤防にすればよいではないか、という考え方もあるだろう。コンクリート壁や鋼製矢板によるほぼ垂直に近い壁のような河川堤防も高度成長期以来日本各地にあり、それらは土でできた普通の堤防に対して特殊堤、と呼ばれる。しかし、河川治水においては、守りきれない規模の洪水の可能性を常に想定し、一方で、強固な特殊堤でも破壊される可能性があることを考えると、土の方が、破壊されて下流に流されてしまった際に、他へ及ぼす影響被害が少ない。また、河床の土砂を製造材料とすることができ、コスト的にも安いなど堤防は土で作る方が総合的に有利なのである。

土の堤防への負荷をできるだけ少なくするため、明治以来の治水事業では、少しでも洪水継続時間を短くするべく、洪水を速やかに海へと流すことに主眼が置かれた。具体的には、堤防のかさ上げや河床の掘削によって洪水時の水深を増したり、蛇行流路に捷水路（ショートカット）を設けて直線化し、河床勾配を少しでも急にすることによって流速を速めたりするような治水事業が行われた。

しかし、流速が上がると洪水継続時間は短くなるが、同じ規模の降水量に対する洪水のピーク流量は大きくなる。さらに、以前なら高さが足りずに破堤せずとも越流氾濫していたような箇所や堤防が未整備だった区間に十分な高さの堤防が整備されると、それまでは氾濫していた分の水もそのまま下流に流れるようになった。

図4－1は、霞堤と呼ばれる不連続な堤防で、多少の氾濫を甘受しつつ上流からの氾濫水を河川に戻したり、貧弱な河川堤防に過度の負担をかけないようにしたりするための工夫でもあったが、土地利用の高度化に伴う周辺住民の希望により閉め切られる場合もあり、それも河道を流下する洪水流量を増大させた。

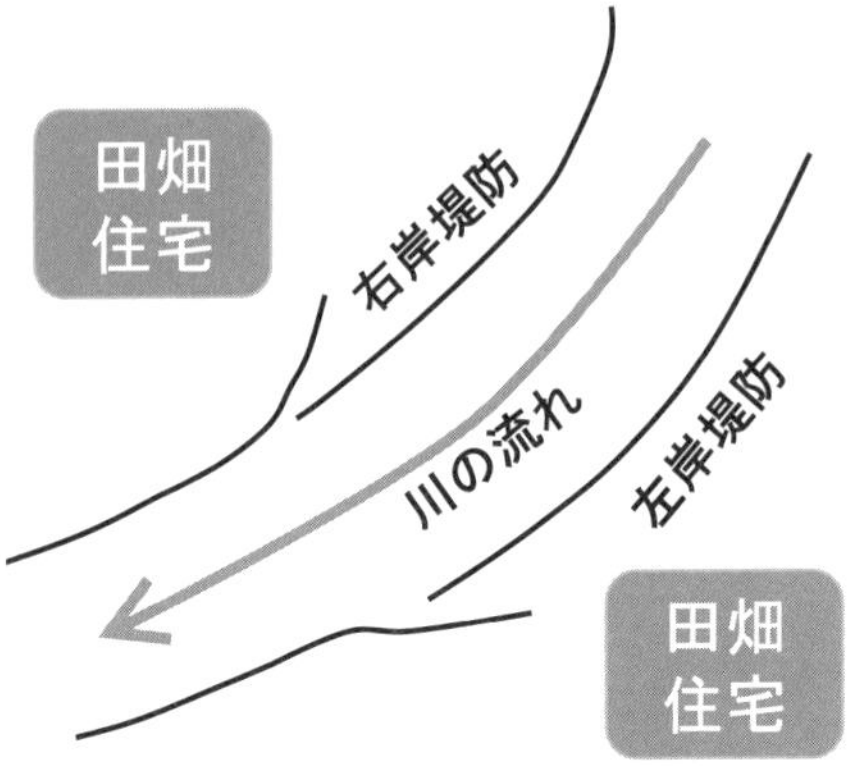

図4－1：「霞堤」の概念図。線形が連続していない堤防。

結果として、治水事業が進むに連れて同じ規模の豪雨に対して洪水到達時間、ピークの出現時刻が早くなり、ピーク流量自体も大きくなったのである。壊滅的な被害をもたらす破堤リスクが、そうした近代治水事業前後で軽減されたのか増大したのか、といった視点も加えて良し悪しの判断をせねばならないのだろうが、こうした変化は一見、治水事業が洪水を激化させているようにも見え、当時の河川管理者はそうした研究を黙殺した。当時というのは1960年代、黙殺したのは建設省河川局、洪水ピークの変化を見出したのは本書に何度も登場いただいている恩師、高橋裕東京大学名誉教授である。

高橋裕先生は、戦後間もない1953（昭和28）年に生じた筑後川大水害の調査を行ううちに、河川水位と降雨量に関する精度のよい長期間の観測データを見出し、上記の発見につながった。経緯や研究内容の詳細については『日本の水資源』や岩波新書『国土の変貌と水害』に詳しい。私が高橋先生の講義を受けた1980年代後半にはまだ建設省河川局と高橋先生の確執は続いており、一説によると、高橋先生あるいは門下生が日本各地にある河川事務所を訪問しても、パンフレットなどの資料を見せてもらえなかった、という話もまことしやかに伝えられていた。

産官学の絆が強く土木一家と呼ばれるような分野で、しかも、多数の官僚を輩出する東大の教員と官庁との関係としてはかなり珍しい。そのためか、高橋先生の研究室では建設省管轄の河川に関する研究はほとんど行われておらず、卒業生も建設省では肩身が狭かったという。

しかし、1970～80年代にかけて都市洪水が深刻化し、その原因究明と対策の中で大河川の治水整備事業と洪水流量の関係も理解されるようになり、東京大学を退官された後の1990年代半ばになってようやく高橋先生は当時の河川審議会委員となられ、河川審議会総合政策委員会水循環小委員会委員長として「流域における水循環はいかにあるべきか」の答申とりまとめなどにご活躍された。

とはいえ、堤防を高く整備したり、川幅を広げたり、河床を掘削したりして河道の流下能力をあげ、上流で氾濫しないようになると下流にその分の流量が流れるということ自体は今日的にはある意味自明であり、そのため、河道整備は下流から順次行うのが世界的に治水の基本である。

タイのチャオプラヤ川でも、バンコック付近は土地の高度利用がなされ川幅が広げられず河道の流下能力を上げることができないため、約100㎞上流のアユタヤ付近にある狭窄部の河道を広げることは決して行われない。ある規模以上の洪水時にアユタヤ上流で溢れなかったら、下流のバンコック付近の洪水氾濫リスクが高まるからである。

蛇行の激しいチャオプラヤ川をショートカットすると、勾配が多少急になり流れが速くなることが期待できる。しかし、そうすると、洪水時には多少良くても、普段の流速も速くなり、船が遡上するのには不便になってしまう、という副作用も甘受せねばならない。

この、下流から治水整備を進めるといった取り組みは、水管理は流域単位で考えるべきだ、という考え方が主流になり、かつ、財政的にも技術的にも組織的にも流域全体の調和を考慮した施策が可能になった20世紀の終わり以降のことである。

日本でも、昔は「地先治水」といって、目の前を流れる川が溢れる洪水から自分たちの土地を守ることが集落ごとに行われていた。ところが、戦後の経済発展と共に、洪水ばかりではなく水資源の利用に関しても上下流、左右岸でそれぞれの利害が対立しているのを洪水防御も含めて総合的に調整する必要が生じ、「水系一貫」という概念が1964（昭和39）年の新河川法で打ち出され、トップダウン的な河川管理がより強化されるようになった。

流域の土地利用変化が河川の流況や水資源の管理に大きな影響を与えるということが広く認識されるようになってからは、河道管理だけがイメージされる水系一貫から「流域一貫」という言葉も用いられるようになっている。ただし、河川を流域単位で中央政府が管理しているのは日本や中国など比較的限られた地域で、世界ではまだまだ地先治水的な色彩が濃い。だからこそ、水に関わる様々な国際会議では、流域を単位として水管理をすべきだと、日本ではあたりまえのことがスローガンや主要な主張として繰り返されるのである。

皮肉なことに、治水が進み、洪水氾濫などによる浸水の頻度が減少すると、以前は水田などにしか使われなかった土地が高度に利用されるようになり、資産密度が高まる方向に流域の土地開発が進む。ある意味では技術と投資によって有効に利用可能な土地面積が増えるわけなのだが、どんなに治水が進んでも100％の安全はあり得ず、想定を超える洪水、超過洪水の危険性は常にあり、一旦豪雨が降って洪水になったなら、被害額は資産規模に応じて大きくなってしまう。

ＩＰＣＣが２０１１年秋に発表した「気候変動への適応推進に向けた極端現象及び災害のリスク管理に関する特別報告書（ＳＲＥＸ）」でも、近年の世界的な自然災害被害の増加は、主に開発が進展したことなどによる人間社会の自然災害への曝露の増大によるもので、気候変動はそれをさらに激化させている、といった記述となっている。

難しいのは、こうした都市化などの土地利用変化や河川改修などによる流出形態の変化、そして一旦洪水が生じた際の潜在的な被災危険規模が増大している状況は、洪水が実際に起こるまではなかなか顕在化しないことである。

一例を挙げよう。名古屋の北西を流れる庄内川の場合、左岸、東側に氾濫が生じると名古屋城下が水害に見舞われるので、庄内川を氾濫させないこと、特に決して左岸側には水害を生じさせないことが濃尾《のうび》平野の治水の歴史的な原則であった。しかし、庄内川の治水を考えるには、名古屋を擁する庄内川をさらに抱擁するような木曾川を切り離して考えるわけにはいかない。以下の話は、関東学院大学名誉教授の宮村忠先生の論説を参考にしている。

宮村忠先生は、新潟大学名誉教授の大熊孝先生並びに虫明功臣先生と同年代で、大学院生の頃、古びた建物（東大工学部1号館）の奥まった部屋で居室を共にしていたのだそうである。物理学、力学、水理学を基礎にした河川工学が主流であった当時、河川を観て歩き、歴史的変遷や人と川との関わりを踏まえた河川水の管理、地質や地形などで規定される川の個性などを議論していた彼らは、隠し砦の三奇人あるいは三悪人と呼ばれ、居室は隔離病棟とも陰口されていたという。純粋な学生が彼らと交わると変な思想を植えつけられる、とまで言われていたのは、もちろん、三人を擁していた高橋裕先生への嫌味、あるいは今でいういじめ、の側面もあったに違いない。

それはさておき、濃尾平野を流れる木曾川は山地部から平野部に出てきて犬山を扇頂とする扇状地を形成している。自然状態では出水のたびに流路を振り子のように左右に変えていたものと思われるが、徳川家康によって一番北側に流路が固定された。その際に作られた堤防を御囲堤《おかこいつつみ》と言う。

一番標高が高い北側に流水を固定しておけば灌漑などに水を利用する際にも便利である。

この木曾川から、旧流路などを使って灌漑に利用された落ち水（農耕地で利用された後の流水のこと）は庄内川に排水されることになる。豪雨の際にはこれらの水路を通じて洪水が庄内川に入ってしまう。この水を庄内川に入れないようにするため、また、最大左支川の矢田川と合流して洪水氾濫の危険性が高まる庄内川の洪水流を迂回させるため、新川が開削された（1787年竣工）。

庄内川から新川への接続点には洗堰と呼ばれる越流堤が設けられ、庄内川の水位が一定以上に達すると新川の方へ洪水流が溢れて流れるようになっている。しかも、以前は庄内川に入っていた農業用水路からの落ち水も新川で受けるようになったのである。こうした経緯で作られたため新川は自流域（この場合、本川である庄内川の流域だけではなく、新川独自の流域）を持ち、東京の東を流れる隅田川の純粋な放水路である荒川とは異なる特徴を持っている。

また、この新川が庄内川から分岐したすぐ下流には小田井遊水地がある。昔は水田であった小田井遊水地は、庄内川からは貧弱な堤防でしか守られておらず、いざという時にはその堤防を破壊して洪水流を引き込み、下流での破堤を未然に防ぐ、といったことが行われていた。しかも、その堤防を破壊する労働には小田井の農民が動員されていたという。つまり、自分たちの水田に洪水流を引き込み、せっかく育てたイネを台無しにする犠牲を伴う作業を自らせねばならなかったのである。もちろん気が進むわけではなかっただろうから、彼らは非常にのろのろと作業をしたのだという。そこから、「小田井人足」という言葉が生まれ、作業をさぼることを形容してこう呼ぶことになったそうである。

面白いのは、この濃尾平野全体の水管理の枠組みが実は関東平野のそれと鏡像のように似ている点である。江戸湾に注いでいた流路を千葉の銚子まで東遷させられた利根川が、同じく徳川家康の命により御囲堤によって北に固定された木曾川に対応し、江戸城側が氾濫したら甚大な被害が想定されるところ、荒川放水路で守られているかのような隅田川が新川を分岐する庄内川に相当する。

1978（昭和53）年、都市開発に関わる土地規制が緩和され、それまで水田が主だった新川の自流域で、名古屋の郊外として猛烈な都市開発が進んだ。しかし、2000年9月11〜12日、東海豪雨と名付けられる2日雨量で約600㎜近くの雨が降るまで、都市化によって高まっていた洪水リスクは顕在化することがなかった。東海豪雨の際には、庄内川の水が上昇して設計通りに新川に流入したばかりではなく、以前であれば水田に貯留されてゆっくり流れて来ていたはずの水が洗堰から新川に流入した。それらが相まって新川の水位は急上昇し、左岸側が破堤して、庄内川との間の中州のような、しかし堤防に挟まれた西枇杷島町（当時）全域が浸水する事態となった。

この際「破堤するなら右岸（西側）のはずなのにおかしい」と、浸水被害を受けた西枇杷島地区の住民が憤っている、という話を聞いたが、破堤するなら右岸、というのは庄内川の話で、庄内川左岸が破堤しない限り名古屋城下は守られる。新川の左岸での破堤は、より大きな問題にはつながらない、という意味では想定内、優先度が低いのである。また、当時はまだ、庄内川の右岸側と左岸側とでは、堤防天端（一番上の部分）の高さが異なり、当然ながら守るべき左岸側の方が3尺高かったという。

歴史的経緯や、名古屋の中枢を守ることの重要性が頭ではわかっても、被害にあった側の住民にしてみれば、なぜ名古屋中心部を守るために自分たちばかりが犠牲にならないといけないのか、という感情を抱くのももっともな話である。また、長期的にはこの洗堰は閉鎖し、庄内川と新川とを別の河川として管理する方針が1975年に打ち出されてはいたものの、それを実施するために必要な庄内川の治水安全度が確保できていなかったためか、閉鎖される前に東海豪雨災害が起きてしまったのである。このため、新川沿川の住民らによって、庄内川から新川への洗堰の嵩上げを求める訴訟が起こされた。

タイ・チャオプラヤ川の洪水でも、1996年の洪水の際には大規模に氾濫、浸水しても問題にならなかったバンコック北東部～東部地域だが、アジア通貨危機を乗り越えたその後の経済成長で激しい勢いで広域に開発された。その結果として、2011年の大洪水の被害がさらに甚大になってしまった、という説明を現地で聞いた。

また、バンコックを囲むキングスダイク（王様の堤防）は上流で氾濫した水が中心部に入るのを防いでおり、2011年の洪水でも期待通りの効果を発揮したが、逆にこの堤防の外側は深刻な浸水被害にあった。特に、バンコック北部を東西にキングスダイクが走る地域では、キングスダイクがなければ洪水流がもっと南下し、バンコック中心部が浸水する分キングスダイク北側の浸水深は低下するので、南へと通じる水門を強引に開けたり、キングスダイクの未完成部分に急遽設置された巨大な土嚢による緊急堤防を破壊したり、といった行為がキングスダイク北側の地域住民によって行われた。

また、バンコックの北側に位置し、浸水被害が深刻であったパトゥムタニ地域では、空から視察したところ、アクセス道路が浸水して孤立してしまっているような地域には新興住宅街が目立った。2004年の福井豪雨の際にも、浸水した地域には比較的新しい住宅が多かった。宮村忠先生の『水害』によると、長男の家、本家は水害を始めとする自然災害に対して比較的安全であり、逆に、分家は危険なところに位置していることが多いという。

そういう意味では、自衛の意味も込めて、住居を構える際には古い地図を眺めて、昔からの住宅地であったかどうかを確かめた方がいい。少し前まで水田であったような地域や、以前は河道であったような土地だと、過去数十年は大丈夫でも、万が一の際には水害に見舞われるリスクが周辺に比べると相対的に高い。一方で、山間部の地すべり地帯では、滑った結果、山間部には貴重な平地ができ、そこに家が立てられることも多い、ということも宮村先生らから教わった。こうした流域の地形地質と流出と人間活動の関わりの歴史的経緯を踏まえた水管理の理解は、元は小出博博士による『日本の河川』だとは、虫明功臣先生の弁である。

このように、大雨が降れば洪水になる、という自然現象に関しても、大雨の後、いつ頃どのくらいの洪水になるのかは、流域によって大きく異なっている。さらに、その洪水が水害をもたらすかどうかは、その流域の水管理の歴史的経緯、現状、そして人々の対応次第で全く違ってくる。

高橋裕先生は、その昔、日本のどこかで洪水被害が出ると、いち早く破堤現場にかけつけ、テレビカメラに向かって解説をしていらしたらしい。ただ、当時の東京大学ではそうしたマスメディアへの出演を軽視する風潮があったそうで、テレビに映っている高橋先生の姿を見て、「休暇届が出ていたのか？」と、後に教授会で問題になったこともあるそうである。想像するに、やっかみもあったのではないかと思われるが、いずれにせよ、新聞、テレビ、雑誌などメディアへの露出がむしろ奨励される昨今とはまったく逆の論理が40年前の大学では幅を利かせていたようだ。

近年、高橋先生がされていたような災害現場で専門家が解説する、といった姿があまり見られなくなったのはなぜだろうか。昔は、河川管理の不十分さ、都市開発に伴う洪水の深刻化など、もし適切に先手を打っていれば災害の激化を防げたかもしれないという意味で、人災だ、と言って国や県などの河川管理者を非難するような意見を出すのも一理ある場合があったであろう。人災だとすると、大いに報道価値があるとメディアは判断するものなのである。

今でも自然災害後のインタビューでは、まず一番に人災なのではないか、ということを直接間接に聞かれることが多い。人がいなければ災害が生じない、という意味ではすべての災害は人災であるとも言える。それに、想定していることに対しては何らかの準備、対処をしているので、甚大な被害が生じるのは大抵の場合想定外の事象に対してである、というのも高橋先生の教えである。

どこまでを想定していれば管理責任を果たしていると判断されるのか、どういう事象なら想定していなくても瑕疵だと認められないのか、については司法の判断であるが、テレビドラマ「岸辺のアルバム」にもなった、１９７４年９月に東京都狛江市で起きた多摩川水害の訴訟の際に高橋先生は「非常に優秀な河川技術者であれば迂回流が生じて破堤に至ることは予見できた」と陳述して被告である国（当時の建設省河川局）を激怒させたということである。

一方、最近では、どんな豪雨が降った場合にも流域全体を洪水被害から守ることは現実的には不可能である、ということが関係者の間では広く理解されていることもあり、水害リスクのある危ない地域にはできるだけ住まないようにとか、避難勧告が出ているのに過去の空振り経験からほとんどの人が逃げないのが危険だ、とか、住民にとって耳触りが良くはないコメントをせざるを得ない場面が当然出てくる。

タイ・チャオプラヤ川下流部バンコックの北100kmほどの地点に位置するアユタヤ市は世界遺産の寺院が点在する観光都市であるが、近年では工業団地も周辺に建てられている。最近になって建てられた工業団地もある、ということは相対的に洪水被害にあいやすいということである。2011年の大洪水の被害調査をしていると、実は2010年にも洪水が押し寄せ、その際何とか対応できて被害を受けずに済んだ、という経験が一部の工業団地ではあったそうである。そのため、2011年9月にタイ政府が洪水に対する警告を発しても、「昨年大丈夫であったから今年も大丈夫」だと判断してしまい、適切な対応が遅れた工場があったという。

政府を批判するのは普通の国では一番安全でかつウケがいい。しかし、被害者にも後から思えばよりよい対応ができていた点があるような意見はマスメディアでは報じにくいし、言う方も嫌われる。もしかすると、そうした理由で最近は専門家による洪水の実況放送がないのではないだろうか。

洪水被害を軽減するには？

川は溢れる。急峻な山あいにできることのある河谷《かこく》平野は何十年、何百年に一度の大洪水の際に谷を埋めた土砂によって形作られている。山地から平野部に出る部分に形作られる扇状地は大きな礫や岩石を含むような、言ってみれば土石流が残した地形で、大洪水のたびに流路を右に左に振る。海沿い、河口付近の沖積平野は川が運んできた土砂が堆積してできたものである。

川は水だけを運んでいるわけではない。川は土砂、そして栄養素を山から海へと運んでいるのである。人工的な貯水池が問題なのは水没地、住民移転や環境影響だけではなく、そうした土砂や栄養素の循環を断ち切る点にもある。ダム貯水池に土砂が貯まるのは自然の循環を改変した当然の副作用であり、その分河口から海岸へと供給される土砂が減って河口や海岸が決壊し、砂浜が後退するといった事態をもたらす。

治水が進み、排水が良い現在の日本の河川しか知らないと、日本の多くの大都市が本来は氾濫原に立地していることをつい忘れてしまう。しかし、ほんの昔、明治以降の治水が進展するまで、水はけが悪い沼のような水田、大雨の度に洪水に見舞われる都市が日本各地にあった。典型として、大河津分水ができる前の新潟平野では、田舟と呼ばれる木の舟につかまりながら、水深１ｍにもなる沼田で田植えなどの農作業がされていたという。

一方、川が溢れると困るので洪水にならないようにと堤防を高くすると、本来氾濫して市街地や田畑などの堤内地に貯まるべき土砂が河道内に堆積し、河床が上昇する。すると氾濫しやすくなるので、また堤防を高くすることになる。この繰り返しでどんどん河床が高くなって「天井川」が形成される。川は完全な自然公物でも道路のような人工公物でもなく、半自然公物だとされるが、天井川はその典型で人と自然が協働で形作ったものである。

治水が進んだ日本では全国各地に天井川があり、例えば神戸市東灘区を流れる住吉川も典型的な天井川で、六甲の風化花崗岩、真砂土によって大幅に上昇した河床は市街地よりも一段と高くなっており、交差するＪＲの上を住吉川は高架で越えている。洪水の際にしか市街地からの雨水や下水は川に流れ込まないので、水質は非常にきれいである。阪神大震災の直後、家庭用水としてそのまま利用できたのはそうしたわけであった。

しかし、天井川は持続的ではない。中国東北部を流れる黄河も天井川である。記録が残っている過去２０００年の間に40回、平均50年に１度大規模な破堤氾濫を繰り返し、時には流路も大きく変わっている。大量の「レス」と呼ばれる細かい土砂を黄土高原で大量に含み、世界一の土砂を運んでいる黄河ならではであり、中国のように４０００年の治水の歴史がある国でも繰り返される氾濫を止められなかったのも、近代まで大量の土砂をコントロールできなかったということである。ちなみに、最後の氾濫は１９３８年、中国国民党軍が日本軍の進撃を止める目的で起こした人為的な堤防破壊による大規模氾濫である。その後70年、当然のことながら黄河の河床は上昇を続けている。研究室の後輩で、今は中国北京にある清華大学で水工学分野の教授をしている楊大文氏とも議論したことがあるが、当然彼らもこの状態がそう長くは続かない、ということを認識しており、いずれかの時点で別の河道を準備して流すといった手段を考えねばならない、という話になった。しかし、堤内地も市街地化、開発が進み、今から放水路のような河道を新たに設けるのはかなり困難である。

かといって、先送りにしておくのもリスクが高い。いざとなった場合には氾濫させる場所、時刻を決め、被害を最小限に抑えるように管理した人為的氾濫といった手段も考えねばならないのかもしれない。

ところで、豪雨を人工的に引き起こすことは今のところできないが、氾濫を人工的に生じさせることはできる。普段は可能な限りすべての土地を公平に守るようにしていても、すべての土地を現実的な手段によって完全に守ることが不可能な現況では、暗黙の優先順位にしたがって洪水を溢れさせた方が、どこで堤防が壊れていつ氾濫するかがわからない状況よりもずっと被害を低く抑えることができる。

水田の遊水機能とは本来そういうものであるし、宮村忠先生によると、1週間くらい冠水しても、開花期などを除けばイネは大丈夫だ、という。もちろん、歴史的にずっと我慢を強いられてきた優先順位の低い土地についても可能な限り守ろう、という営みが近代治水である。それなりの成果をあげて、多くの土地で水害頻度は確実に下がっている。

水害頻度が下がると、洪水に対して備えをしなくなるので却って危険である、という意見もある。日本の防災が地震対策ばかりで水害は忘れ去られている現状をみると、そうかもしれないとは思うが、一方で頻繁であればいい、というものでもない。過去の成功体験に引き連られて失敗する、というのは人の常のようであるが、毎年のように水害に見舞われる地域では、過去の水害で深刻な被害には至らなかった経験から、リスクを過小評価してしまう、ということが大災害ではしばしば観察される。

2004年に起きた豊岡市の円山川《まるやまがわ》の堤防決壊の調査でも、以前の洪水ではうちは大丈夫だったから逃げなかった、という話が聞かれた。また2011年の東日本大震災の際の津波でも、1933（昭和8）年の昭和三陸地震の際の津波はここまで来なかったので、今回も何とかなると思って油断して逃げ遅れた、というケースも多かったのではないかと推察されている。また、どのくらいの高さの津波を危険と思い、どのくらいの高さの津波で避難するか、という質問に対する答えでは、高さが東日本大震災以降上がってしまったことも報告されている。これはアンカーリング効果という参照すべき値（この場合は東日本大震災時の津波の高さ）に引っぱられたからだと説明されている。

忘れた頃にやってくる自然災害だけではなく、忘れないうちにやってくる災害もまた、問題を引き起こすのである。結局は頻度が高くても、低くても、痛い目にあわないと身に染みて防災の備えをしないのが人間というものであろうか。

ただし地震とは違い、近年の気象観測・予測技術の向上、水循環予測技術の向上によって、洪水については以前に比べるとかなり事前に災害リスクの上昇が把握できるようになっている。そういう意味では、大雨警報が出たら学校は休校とし、会社も業務を速やかに停止して通常の社会活動を控えるべきである。気象庁の責任は重くなるが、外れてもそもそも免責なのであるし、責任と予算とは正の関係にあるので、気象庁にとっては悪い話ではないだろう。

むしろ問題は、空振りも含めて年に数日、気象災害被害軽減のために社会活動を停止すると、その分、経済的にはマイナスになるということである。労働効率が上がった現在、全国各地で毎年平均2日はそうした状況が起こる、ということを前提に業務計画を立てるくらいのことで良い気もするが、1年365日の2／365の時間、生産活動が停止し、その分国民総生産が低下するのだとしたら2日で約3兆円に相当する。近年の日本の水害被害推計額は平均すると年間約7000億円程度である。水害被害額には人命の価値、不便さ、休業補償などは必ずしも含まれていないので、例えば現在の治水事業をやめたとした場合にどのくらいの年間被害を想定すべきなのかは不明である。しかし、その場合でもさすがに平均年間被害額が現在の3倍を超えるとは考えにくいので、豪雨が想定される場合には社会活動を停めればすべての洪水被害がゼロになるとしても、休業による経済的損失の方が大きいということになる。

ちなみに、日本における治水関連事業費は最近大幅に減って年間1兆円弱であり、もし治水事業をしていなければ生産活動を停めねばならなかったであろう約3兆円に比べると十分に元が取れている。厳密には、休業、社会的機能停止も被害額に換算して算入し、治水事業費との和が最小になるように投資するのが経済学的には正しいだろう。そういう意味では、予報の精度をあげて空振りを減らし、できるだけ社会の機能停止時間を短くすることも、見逃しを減らして洪水被害を減らすことと同様に大きな投資効果が見込める。

しかし、もはや国も地方自治体も大型投資が難しくなっている現在、稀に生じる災害に伴うマイナスを減らす、という消極的な施策である防災に予算を回す余裕はどんどん少なくなっている。在任期間中に災害が生じなければ防災投資を倹約した分得をする、という誘惑に負けた政策決定者は、大雨が降るたびに水害に結び付きませんように、と強く願っていることだろう。運が良ければ任期を無事終えることができ、潜在的な災害リスクは後世へと伝えられていくことになる。

また、災害を減らすには曝露量を減らす、という方策もある。洪水被害軽減の場合では、氾濫しそうな土地には住まない、そうした危険性の高い土地の高度利用をしない、などである。

高度成長期以来、都市圏の土地が足りずに無理やり水害危険地域にも住宅地が広がり、致し方なしに後追いでそうした地域を守る治水施策も行われてきた。約2400億円かけて作られた外郭放水路や1000億円かけて作られた神田川・環状7号線地下調節池などはその典型である。そうした投資のおかげで、水害に対してもそれなりに安全な土地が増え、結果としては良好な都市の居住環境の確保に役立ったのである。しかし、今後、人口が減少していくことを考えると、安全な土地を増やすという方策のみならず、危険な土地には住まず、利用せず、相対的に安全な土地にのみ集中して住むように誘導する、という施策も重要になってくる。これは大都市圏のみならず、スプロール化した郊外都市、さらには過疎が進む地域でも同じである。

100年に一度の洪水とは

さてここで、しばしば耳にする「100年に一度の洪水」という用語について解説しておこう。

100年に一度の洪水とは、必ず100年に一度生じる、ということでも100年に一度しか生じない、ということでもなく、平均的な間隔が100年ということであり、その流量よりも大きい洪水の生じる確率が1年間に1%の洪水を指す。その流量がちょうど出る確率ではなく、その流量よりも大きい流量が観測される確率であり、さいころの目で例えると、5が出る確率は1／6だが、5以上の目が出る確率は1／3なので、5の目は超過確率が1／3になる目、ということになる。

5以上の目が出る間隔の平均は3回になるはずだが、実際にサイコロを振って数えてみればわかる通り、5の目以上が出てから次に5の目以上が出るまでの間隔は、続けて出ることが回数としては多く、2回目、3回目、4回目、と、間隔が空くに連れて頻度は減っていくことが観察されるだろう。そしてもし何千回とサイコロを振る実験をしたら、時には数十回、5以上の目が出ないこともあるだろう。そうした間隔の平均をとったらほぼ3回になるはずである。

この説明は、幾何分布と呼ばれる頻度分布の説明をしているだけで水害や自然災害に限った話ではない。ただ、災害は忘れない頃にやってくることも案外多いが、すっかり忘れた頃にやってくることもある、という捉え方が適切だということを示唆している。ある年に100年に一度の洪水があると、しばらくは同じような大洪水が生じないように感じてしまうのだが、独立な事象であれば数学的にはまったくそういうことではなく、長期的な気候の変動、長期的な気候の持続性を考えるとむしろ確率は上がっている可能性すらある。

地震の場合には、プレートテクトニクス等によって徐々に歪《ひずみ》が貯まり、一旦地震が生じてその歪が開放されると同じ地点はしばらくの間は地震源にはならない（それでも、違う地点を震源とする地震による揺れによって同じ場所が被災する可能性はある）。

水害の場合には大気の不安定が開放されて豪雨が生起しても、同じ気象場ではむしろその不安定が継続する場合があり、数時間以上連続し、豪雨をもたらす可能性がある。台風や梅雨前線による豪雨がその典型である。そういう意味では、5の目が連続して4回出るさいころがあったとしたら、そうなる確率が統計的にはゼロではないとしても、さいころに何かしかけがあるのではないか、と疑った方がいいのと同様、特定の場所で100年に一度の豪雨が毎年のように続いた場合には、その豪雨の生じる確率を過小評価しているのではないか、あるいは以前とは気候が変化しているのではないのか、と疑った方が良い。

どうやって100年に一度の雨量や洪水流量を算出するのかは専門の教科書をお読みいただくと

して、では、100年に一度を想定するのか、200年に一度を想定するのか、という安全度はどうやって決まっているのだろうか。

もちろん、防災レベルが高く、安全である方がいいに決まっている。しかし、防災レベルを高くしようと思うと、多額の投資が必要となり、また、完成にも時間がかかることになり現実的ではない。

そこで、基本思想としては、治水への投資額と、その治水投資によって回避される被害額とを比べ、投資額が増え、防災レベルをあげていくと、経済学でいう限界効用逓減の法則によって投資の割にはあまり被害減額効果が期待できなくなり、投資額＝回避される被害額、になる防災レベルがあり、そのあたりに安全度は設定されることになる。投資額は社会的なコスト、回避される被害額は社会的な便益に相当するが、例えば治水に伴う景観悪化や環境影響などの社会的なコスト、あるいは台風の際にも安心できるといった社会的な便益はそうした定量的な分析には必ずしも反映されない点にも注意が必要である。

さらに、既往最大、過去に実際に生じた洪水規模より低い洪水流量を設計の基準にすることは工学的、現実的にはあり得ない。そういう意味では、既往最大洪水の確率規模を調べたら概ね100〜200年であったので、そのくらいの流量はせめて安全に流せるように、という風に基本高水（設計の基準とする洪水流量）を算出する手法と安全度が決められたのではないか、とも想像される。

当然のことながら、既往最大は今後も最大であるという保証はなく、むしろ、設計時の想定を超える異常洪水が大いにあり得ると思った方が良い。10年に一度の渇水時にも取水制限にはならないように、という安全度が目標となっている水資源（利水）分野ではさらに当たり前である。水分野は地震よりもはるかに頻繁に設計時の想定を超える災害原因に見舞われるのである。

そういう意味では、氾濫を許容する治水思想というのも、実は新しい発想ではなく、設計時の想定を超える異常洪水に元々対処するのが当たり前であったところ、たまたま20世紀終わり頃に大きな水害が長崎水害くらいしかなく、大河川の水害があまりなかったので忘れ去られていただけ、という見方もできるだろう。

ここで改めて強調しておきたいのは、絶対に安全、という基準はあり得ず、常に我々は多少のリスク（危険性）にさらされている、ということである。しかも、それが十分小さいから、という判断は生じる確率の絶対値、例えばそのリスクによって命を失う確率が年間1／100万だとか、一生の間で1／10万だとかで決まっているとは限らず、リスク回避に必要なコストとの兼ね合いで基準は決められているのである。付け加えるなら、回避策がないリスクに関しては、実現可能性を考慮して安全基準値が決められていたり規制されていなかったりする場合もあるという。村上道夫東京大学特任講師から、水質の安全基準に関して聞いた話である。

小さな確率の計算、あるいは回避されたはずだと想定されるコストの推計には多少の誤差が避けられない。しかも、客観的に推定されるリスクに対して、社会、あるいは個人のリスク認知、どのくらいの危険性があってどの程度それを避けるべきだと考えるか、という主観的要素も加味して安全基準は決めざるを得ないので、最終的には専門家による判断が入らざるを得ないことが多い。

東京大学新領域創成科学研究科教授の鬼頭秀一先生（環境倫理学）の講演の際に伺った話であるが、専門家への信頼がない場合には、人々は絶対安全、ゼロリスクを要求するものなのだそうだ。そういう意味で専門家の責任は重いが、信頼というのは得ようとして得られるものでもなく、そもそも誰が何の専門家であるのか、の定義も難しい。さらに、対立する懸案に対しては賛成、反対という立場の色分けがはっきりし、双方が相手の立場を支持する専門家への信頼を持たなくなる、という状況では結局専門家は役に立たない。

「お前の立場、主張には反対だが、言っていることは信用する」と言われるようになるにはどうすれば良いのだろうか。それとも、これも、自分が正しいと思うことを他人に信じてもらおう、という単に傲慢な態度なのだろうか。

また、「安心」は主観的な問題だが「安全」は客観的に決まる、というのも幻想で、ある年に被害を受ける確率が1％なら十分安全だと判断する人もいるだろうし、たとえそれが1億分の1でも安全ではない、危険だ、という判断をする人もいるだろう。あるいは、100Bq（ベクレル）／kgどころか1Bq／kgのセシウム137が入った牛肉でも食べたくないのに、O157の感染リスクで死んでしまうかもしれない生レバーは毎日でも食べたい、と思う人がいるかもしれない。家族に喫煙者がいるのに、肥満のリスクばかり気にしている人もいるかもしれない。

リスクに対する人の考えはそれぞれである。だからといって、他人にも影響を及ぼす可能性のある危険性をどう社会として管理していくのかについて、多数決で決めて良いとも限らない。しかも、専門家がその時点の最新の科学的・客観的知見に基づいて中立的に正当な判断を下せるとも限らない。どうせ様々なリスクを甘受せざるを得ないとしても自分で責任を負うのは嫌なので、せめて他人のせいにできるように誰かに判断して決めてもらった方がいい、という人もいるだろうし、自分で判断しないと気が済まない、という人もいるだろう。専門家には後者が多く、しかも、つい、自分の専門外についても自分で判断してみたくなる、ということも大きな問題なのかもしれない。本書もだいぶ私の本来の専門を逸脱している。自制すべきかもしれないが、書かずにはいられない。

第4章のまとめ

- 木が生えていると豊富に水を使えるようになるのではなく、水が豊富な場所に木が生える。相関関係と因果関係を混同してはいけない。
- 無降雨時の河川流量の多い少ないは、森林に覆われているかどうかよりも流域の地質に大きく依存している。
- ヒトのみならず、木が育つのにも水が必要である。人と森林とは水資源を奪い合う関係にある。
- 日本の森が山にしかないのは平地の森は開墾し尽され、棚田にもならない山だけが森林として残されているからである。
- 放置された森林の地面には「緑の沙漠」が広がっている。
- 自然科学は「どのように（how）？」という問いには答えられるが、「なぜ（why）？」には答えられない。
- 洪水時でも川を流れる水の大半は一旦地面に浸みこんで土壌中に貯えられていた水である。斜面中を横方向に下る流れによって谷付近に形成される飽和域（ソースエリア）が洪水流に大きな影響を与えている。
- 降る雨の量と川の流量とは比例関係にはない（非線形な関係である）。

●木の根が腐ってしまった跡やもぐらや虫が掘った穴など、地中の大きな空洞には土壌が不飽和の際には水は流れない。しかし、土壌が飽和するとそうした穴は「水みち」となって大量の水がパイプの中の水のように流れるようになる。

●豪雨は集中して降るため、流域が大きな河川になればなるほど、観測される既往最大流量の流域面積あたりの流量は小さくなる。

●雨のピークから河川流量のピークまでの時間（洪水到達時間）内の平均的な雨量強度が洪水の規模を決める。都市河川では10分~1時間、日本の大河川では1日程度の降水強度に相当するが、大陸の大河川や勾配の緩い河川では、数カ月間の雨量で洪水規模が決まる場合もある。

●日本の河川では、洪水時には平常時のざっと100倍の流量が流れる。

●都市化が進展すると、コンクリートやアスファルトに覆われて雨水が地中に浸透する分が減り、より多くの水が川に流れ込むようになる。さらに、道路表面や下水管渠などを通じてより速い速度で水が川に集まるようになり、洪水到達時間が短くなる。1年に一度生じるような豪雨でも、短い時間になればなるほど1分あたりの降水強度は強くなるので、結果としては洪水のピーク流量は非常に大きくなる。これらが都市洪水のメカニズムである。

●土で造られるのが普通の堤防への負荷をできるだけ少なくするため、少しでも洪水継続時間を短くするような治水が行われてきた。また、氾濫もできるだけ少なくするような努力がなされてきた。それらの結果、同じ規模の豪雨に対して洪水到達時間は早くなり、ピーク流量自体も大きくなる、という事態が生じた。

●上流で洪水が溢れないようになると、その分の洪水も伝播するようになって下流の危険度は上昇する。そのため、川幅の拡幅や河床の浚渫など、河道を流れ得る水の量を増やす治水事業は下流から順次整備していくのが常識。

●都市化や森林伐採・土壌流亡など流域の土地被覆変化は洪水に対する潜在的な危険度を増す。しかし、実際に豪雨が降るまで時として何十年もの間その危険度は顕在化しない。

●木曾川、庄内川、新川からなる濃尾平野の水管理の枠組みは、利根川、隅田川、荒川からなる関東平野の水管理と鏡映しのように似ている。どちらも徳川家康の手による治水事業である。

●どんな豪雨が降った場合に対しても流域全体を洪水被害から守ることは現実的には不可能である。歴史的経緯で、水害から守るべきところ、先に浸水して犠牲になるところの優先順位が、暗黙のうちに設定され、21世紀になっても川の左右岸で堤防の高さが異なっていたり堤防の厚みが異なっていたりする場所もある。

●想定している自然災害の生じ方に対しては何らかの準備、対処をしているので、甚大な被害が生じるのは大抵の場合想定外の事象に対してである。

●川は完全な自然公物でもなく、道路の様な人工公物でもなく、半自然公物である。

●水害頻度が下がると水害を回避する文化が失われて却って危険かもしれないが、頻繁な小規模水害に慣れると、たまに生じる規模が大きい水害時に油断する危険性もある。

●100年に一度の洪水とは、必ず100年に一度生じる、ということでも100年に一度しか生じない、ということでもなく、その流量よりも大きい洪水が生じる確率が1年間に1%の洪水を指す。

●自然災害がまったくランダム（でたらめ）に生じるとしても、平均的な間隔よりも短い間隔で大きな災害の直後に次の災害が生じることも案外多いが、すっかり忘れた頃にやってくることもあるという捉え方が適切である。

●水分野は地震防災に比べると遥かに頻繁に設計時の想定を超える自然災害に見舞われる可能性が高い。

●安全基準は絶対安全とみなせる水準に設定されているというよりは、危険性回避に必要な費用と危険性回避によって得られる便益との兼ね合いで決められている。実現可能性を考慮して、安全基準が決められていなかったり、規制されていなかったりする場合もある。

●絶対に安全、というゼロリスクはあり得ない。命を失う確率がどのくらいであれば実質的にゼロとみなしても構わないかはリスクを許容する人によって、また、リスクの原因によっても異なる。専門家への信頼感がないと人はゼロリスクを要求する。

●安心も安全も客観的には決まらない。

第5章　水危機の虚実

地球の水は枯渇するのか

さて、これまで地球をめぐる水と水をめぐる人々について様々な視点から紹介してきたが、本章では、巷で「（世界の）水危機」として取り上げられている主要な話題についていくつか取り上げて考えてみることにしよう。

まずは、地球の水が無くなってしまう、あるいは干上がってしまう、という話である。すでに第1章で紹介したように、水は太陽エネルギーによって駆動されている循環資源であり、数百年、数千年といった人類にとってさしあたり関心のある時間スケールでは水という物質が地球から失われていく、ということはない。

持続可能な水資源、という面では循環量が重要であるが、人類が川や地下水などから取水しているのは循環している資源の約1割に過ぎず、そういう意味ではまだまだ資源的にも余裕がある。地球全体としては充分なのに水不足が生じるのは、水資源賦存量が時間的・空間的に偏在しているため、そして平準化して安定して利用できるようにする社会インフラや制度、それを可能とする投資や人的資源が不充分であるため、足りない時期や地域が生じてしまうからであることは既に述べた。

そういう意味では、自然の浄化作用で水質が回復するくらいの人口密度で、利用可能な水資源の地理的な分布に応じて人が住み、無理をせずとも利用可能な水資源を用いて食料生産も行うのであれば、水問題は生じない。しかし、水の利用可能性にかかわらず人口は増え、増えた人口はますます都市に集中し、2011年10月末には世界人口は70億人を超えて、しかもその半数以上が都市に居住するまでに至っている。

都市の水環境は時として非常に劣悪となる。狭い土地に密集して居住しているために水の自給自足、地産地消はとても望めず、郊外、あるいは遠く離れた水源地で確保した水を延々と運んで需要を満たす必要がある。自然生態系には有機物を分解して水を浄化する作用（生態系サービスのひとつ）があるが、高い人口密度から排出される汚濁負荷はその処理能力を超え、水環境は悪化する。第3章で紹介したように、日本でも高度成長期には、人口が急増しつつあった都市では水資源も足りず、都市を流れる河川の環境も悲惨な状況であった。今、発展しつつある途上国の大都市で同様の事態が生じている。

しかしなぜ、持続的に利用可能なエネルギーや水、食料など生存に基本的な資源の制約にかかわらず都市の人口が増大するのだろうか。仕事がある、という経済的な理由だけではなく、芸術や文化など日々接することのできる体験や情報の豊かさ、あるいは医療や買い物に関しても選択肢が多いという機会の豊富さに惹かれるからだろう。そうした機会が満たされるとは限らなくても、可能性がある、と少しでも期待できるところが都市の魅力なのだ。その都市の魔力に取りつかれて環境容量を超えて人が集まるからこそ水の問題が深刻化するのである。

世界人口は、２０５０年頃には90億人前後になると見込まれている。現在でも飢餓人口が９億人近くの世界に、今後さらに20億人も増えて、果たして食料が足りるのか、その食料増産を支える水が足りるのかは気になるところである。振り返れば農地の拡大による食料増産よりは、単位面積あたりの収穫量（単収）の増加によって20世紀の１００年間で4倍近くになった世界人口の食欲は満たされてきた。

それを支えたのは高収量品種と水と肥料であるが、人工肥料の製造にはそれなりのエネルギーが必要である。第2章で述べた通り、水、食料、エネルギーの三者は相互に連関しており、相乗作用として逼迫する可能性がある。もちろん、それは、絶対量が足りなくなるわけではなく、社会的、経済的理由によってそれらを手にすることができない人々が出てくる、ということである。

しかし極めて幸いなことに、人口は指数関数的には増えないと見込まれている。マルサスが言うような「人類の根源的な欲求」（註：性欲のこと）のため、人口は指数関数的に増える、というのはあまりに直截的な見方であって、実際には経済的に発展し、女性の社会進出が進むと出生率が下がる、ということが世界中で観察されている。国連の推計によっても、２０５０年には90億人内外、シナリオにもよるが、その後遠くないうちに世界人口はピークを迎え、やがて減少に向かうと想定されている。指数関数的な人口爆発による人類の破綻は、いまや過去の幻想に過ぎない。

ワシントン大学名誉教授のスティーブ・バージス先生は、退官記念講演をとりまとめた論文に「なぜ私は楽観主義なのか」という題をつけている。基本的には過去の技術発展がいかに様々な問題を解決してきたか、という経験に基づいた楽観主義なのであるが、世の中はどんどん悪くなっていて、地球環境は悪くなる一方である、という世界観を植えつけられている今の若い世代には理解しがたいかもしれない。

逆に、だからこそ、バージス先生は自分の研究経歴を振り返って実感した「世の中どんどん良くなってきた」ということを伝えたかったのであろう。人口増加が環境問題の根源的原因だとすれば、21世紀中に訪れるであろう世界人口ピークをなんとか乗り切れば、22世紀には持続可能な世界を構築することが必ずやできるに違いない。

水の使用量に関して日本では、1992（平成4）年の年間約900億㎥がピークであり、2005年に人口減少が始まるよりも早く減少し始めた。アメリカも1975〜80年頃をピークとして人口あたりの取水量（淡水＋海水）では減少し始めているものの、いまだに人口が増大している分、全体の使用量としてはまだ増えている。

そういう意味では、日本でも世界でも、水を確保し安定して供給するのに不可欠な様々な施設が老朽化しつつある点が問題である。些細な不具合が重大な事故につながる飛行機などとは異なり、多少の事故なら人命に関わるほどのことではない場合も多い水資源施設について、普通に機能しているものを壊れる前に取り換えるのは無駄だと思う気持ちもわからなくはない。

財政難がそういう判断を後押ししている結果、国内外で問題の先送りが行われ、水資源供給、水道の安定供給、排水の適正な処理を支える設備の老朽化が進んでいる。そもそも、本来であれば更新を見越して減価償却し、更新費用を積み立てておくべきであるところ、日本の公共部門でそうした公共財の資産管理、減価償却といった概念が導入されたのは21世紀になってからである。

たとえば、水道管破裂が年500件、下水道管に起因する陥没事故に至っては年間4000件以上が全国で生じているという。計画的な施設の維持管理、更新が必要であることが頭ではわかっていても、水供給事故が頻発し、その間接影響として市民の日常の時間損失が深刻な問題として認識されるようになるまでは、財政的困窮、優先度の問題から、余裕のある自治体以外では適切な更新が行われない可能性が高い。そのため、このままではそうした給排水に関わる事故は今後ますます増大するだろう。

人口減にあわせて水資源施設を縮小していければ良いのだが、スプロール化（無闇に拡大）した都市が再び中心部に集まるといった、いい意味での都心回帰が進んだとしても、受益者1人あたりの大規模施設の維持費用は増えることになる。水は安い方がいい、できれば無料がいい、という世論が大勢を占めるなら水分野への投資は限られ、結果として安全な水を安定して供給する体制は維持できなくなる。

水に限らず、安全や安心を得る、あるいは健全な環境を維持するには多大な労力が必要で、他人に任せるとしたらそれなりのコストが必要である、ということを念頭に置く必要がある。何でも安ければ安いほどいい、という風には考えない方がいい。

水という資源が無くなることはなくとも、人口が集中しすぎたり、十分な水を安定して供給する施設が不十分だったり機能不全に陥ったりすると、必要なだけ水を使うことができない人数が増える可能性がある。それは、水を使いつくしてしまうからではない。社会の無関心や、財政的な制約のため、水資源開発やその機能維持への投資が不十分な状態が続いて供給可能量が需要を下回り、安定して安心な水を供給できなくなるということである。

瓶詰水輸入の功罪

ペットボトルや瓶に詰められた飲料水に対する風当たりも強く、『ミネラルウォーター・ショック』のように、ペットボトル水用に採水する多国籍企業とアメリカ・メイン州の地域住民との軋轢を主題にした書籍も出版されている。

グローバル化した資本主義社会において、悪の権化の象徴にされることの多い多国籍企業によって地域の水源が奪われてしまうのではないか、という話がこの本の経糸《たていと》であるが、ミネラルウォーターの歴史にまつわる蘊蓄や、アメリカにおいていかにボトル水ビジネスが展開されているかといった緯糸《よこいと》部分も興味深く、やはりきちんと時間をかけて自ら調査したルポは読んでいておもしろい。

甘くない飲料として、あるいはおいしくて安全な水のイメージでボトル水が普及する以前は、主に虚飾、見栄のために外国製ミネラルウォーターがレストランで飲まれていた、という指摘にはなるほどと思う。また、ニューヨーク市が東京都と同じように広大な水源林を維持管理していたり、日本と同様、アメリカの家庭にも浄水器が普及していたりすることも読み取れて面白い。

なお、ペットボトルや瓶に詰められた飲料水の総称として本書では「瓶詰水」を用いている。容器に詰められているからといってミネラルウォーターであるとは限らず、水道水を濾過してカルキ臭を取り除き、手軽に購入して持ち運べるようにしただけの水である場合もアメリカなどでは多いからである。

1990年代、バブルが弾けて日本の消費が地味になって以降、一見高価な瓶詰水の消費はむしろ伸びた。当時、日本は欧米に比べて瓶詰水の消費量が少なく、食事の洋風化が進むに連れて瓶詰水の消費量も伸びるだろう、と期待された。実際、そういう水業界の期待通り、1990年には国民1人あたり年間1・6ℓであった瓶詰水の日本における消費量は、2010年には19・8ℓと20年間で12倍にも増えた。

しかし、増えたのは日本だけではなく、先進国全体で増えたのである。しかも、欧米とひとくくりにするのは乱暴で、イギリスやカナダ、アメリカなど旧大英帝国系の国々は比較的少なく日本の3〜7倍程度であるのに対し、欧州、特にラテン系の国々では日本の10〜13倍もの瓶詰水を飲んでいる。この理由として、ラテン系の国々では水道水にミネラル分が多く、そのままでは飲めないから、という説明を聞いたことがあるが、だからといって、瓶詰水ならミネラル分が少ないか、というと、必ずしもそういうわけではない。不思議である。

高橋裕先生は、日本で水道水が飲まれなくなり、瓶詰水が飲まれるようになったのは河川などの表流水が汚されて、それを水源とする水道の水がまずくなったからだ、と論じた。しかし、東京都の金町浄水場では1992年からオゾン処理と生物活性炭処理による高度浄水処理が、大阪市水道局でも1998年から同様の高度浄水処理が導入され、大阪市では2000年には市内全域に高度浄水処理水が供給されるようになっている。

高度浄水処理水は格段においしい。浄水器を通したり一旦沸かしたりしてカルキ臭を取り除けば、さらにおいしくなる。もし味だけが原因であれば、2000年以降、大阪では水道水が飲まれ、その分瓶詰水の消費が伸び悩んで良いはずである。水道水はまずい、という固定観念が一度植えつけられたら二度とその水は飲まないものだ、ということなのだろうか。

そういう理由もあるかもしれないが、世界中で瓶詰水がさらに多く飲まれるようになったことからわかる通り、健康志向で甘い飲料があまり飲まれなくなるに連れて、その代替品として水が飲まれるようになったのである。アメリカで瓶詰水の消費量が少ないのは、水よりもソーダ類（炭酸飲料）を飲む機会が相変わらず多いからだと考えれば納得がいく。イギリスはオゾンを用いた高度浄水処理がテムズウォーターなどでは導入されているため、水道水（を沸かしたお茶など）を飲む人が多いのかもしれない。

内閣府大臣官房政府広報室による「水に関する世論調査」（平成20年6月調査）の結果を見ると、半数の人が水道水の質に関して「全ての用途において満足している」と答え、4割の人が「飲み水以外の用途において満足している」と答えている。さらに、水をどのように飲んでいるかに関しては、複数回答で「特に措置を講じずに、水道水をそのまま飲んでいる」を37・5％の人が挙げ、「浄水器を設置して水道水を飲んでいる」32・0％、「ミネラルウォーターなどを購入して飲んでいる」29・6％、「水道水を一度沸騰させて飲んでいる」27・7％であった。

これらを勘案すると、日本では多くの人が水道水質に関しては満足しており、そのまま、あるいは浄水器を通して、もしくは一度煮沸した水道水を飲んでいる人が圧倒的に多く、だからこそ、欧州、特に南欧に比べると1人あたりの瓶詰水の消費量が少ないのだ、と考えるべきである。

それでも日本で瓶詰水の消費が伸びているのは、やはり健康志向のためだろう。実は、瓶詰水よりもっと消費が伸びたのは茶系飲料、日本茶やウーロン茶等である。つまり、瓶詰水を水道水と比べるのはやはり不釣り合いで、清涼飲料の一種として考えるべきなのだ。

それなのに高度浄水処理をしてまで水道事業者が瓶詰水と張り合い、水道水の瓶詰まで頒布するのは、「水道水はまずい」と言われることへの対抗心に過ぎない。確かに、瓶詰水の場合、水道水用に処理した水でも最後にカルキを加える必要がなく、飲んでみるとおいしい場合も多い。コスト的には大量生産のメーカー品に対抗はできないようだが、大阪市水道局の水をペットボトルに詰めた「ほんまや」が2011年にモンドセレクション第50回ワールドセレクションで金賞を受賞したことでもわかる通り、高度浄水処理をしていれば一般に味に問題はない。

また、日本でも世界でも、先進国がより豊かになったことも瓶詰水の消費の伸びに貢献しているだろう。物価変動の影響を取り除いた日本の実質GDPは1990年の1人あたり362万円から2010年には423万円と17%増えているし、購買力平価でしかもドル換算では1990年の1人あたり1万8861ドルから2010年の3万3885ドルへと約8割も増えているのである。失われた20年、というのはデフレも購買力の増大も考慮しなかった場合の虚像（物価変動を含んだ名目GDPは1990年で1人あたり359万円、2010年で376万円と一見20年でわずか4・7%の伸び）に過ぎない。実効実質的には国際社会の中で日本経済は着実に発展し、少なくとも平均的には日本での暮らしはぐっと楽になったはずなのである。

なお、一般社団法人浄水器協会によると、2011年7月の調査で、全国の浄水器普及率は39・6%と2009年調査の30%から大幅に伸びている。この増分は、言うまでもなく、2011年3月の東京電力の原子力発電所事故によって水道水が放射性物質（ヨウ素131）で汚染されたことに端を発した水道水の安全性への不安に対する家庭の対抗措置である。

放射性物質に限らず、何か体に悪いものが水道水に含まれているのではないか、という漠としたイメージが、水道水は飲用にはしない、という行動に繋がっている可能性はある。実際には、世界保健機関のガイドラインに沿って厚生労働省が定める水道水質基準50項目で規制がかかっている水道水に比べると、瓶詰水では製造基準として水源水質18項目、成分規格として8項目が設定されているだけで、しかも基準値も項目も異なるなど瓶詰水の方がやや規制が緩い。良心的なメーカーであれば瓶詰水に対しても水道水質基準50項目について基準値の○分の1以下、といった内部基準を設けて自社内でチェックしているだろうが、別にやらずとも良いわけなので、瓶詰水の方が安全だ、ということにはならない。

また、FAOとWHOの合同食品規格委員会が定めるCODEX（食品規格）には、この値以下の場合にはそれを理由に輸入を禁じてはならない、という食品のガイドラインが示されている。その基準値は、例えば放射性ヨウ素131に対しては100Bq／kgであり、貿易される瓶詰水などにはこの基準値が適用される。これに対してWHOが定めた平常時の飲料水水質ガイドラインは10Bq／kgであり、水道水質基準の方が厳しい。もっとも、CODEXの基準が緩いのは、輸入品ばかりを摂取するという食生活は想定しておらず、せいぜい総摂取量の1／10を輸入品からの消費が占めるという前提で安全性を検討しているからである。

なお、日本の水道水質基準には放射能の項目はなく、原子力安全委員会が事故時の飲食物摂取制限に関する指標として甲状腺（等価）線量50mSv（ミリシーベルト）／年を基礎とし、飲料水、牛乳・乳製品及び野菜類（根菜、イモ類を除く）の3つの食品カテゴリーについて策定していた指標から、放射性ヨウ素131に対して300Bq／kgという値が先の原子力発電所事故時には用いられた。

さて、最近では、日本のみならず、いくつかの国で瓶詰水の消費量が頭打ちになっている。イギリス、カナダ、アメリカなど比較的消費量の少ない国は順調に伸びていて、むしろ消費量が多かった国で横ばい、あるいは減少傾向がみられるので単に市場が飽和したということなのかもしれないし、南欧での経済危機を先取りしたシグナルなのかもしれない。しかし、もうひとつ考えられるのは、環境意識の高まりである。特に、ゴミとして目に見えてかさばるペットボトルの山をみて、資源の浪費ではないか、との罪悪感を覚え、瓶詰水の購入を控えるという動きも考えられる。

水道水をそのまま飲むということに関する消費エネルギーはペットボトルの水よりも少ないが、もし、水道水を沸かしてから冷やして飲む場合、消費エネルギーとしてはペットボトルの水とあまり変わらないか、むしろ多いくらいだ、という研究結果を東京大学工学系研究科都市工学専攻の中谷隼博士が試算している。また、そもそもペットボトルが発明され、その利便性が認められて普及したからこそ500㎖の清涼飲料水や水の消費が伸びた、という貢献分も大きいので、ペットボトルはなかなかなくならないだろう。

そもそも、瓶詰の水を飲むことと、水道水を飲むことが同じであるとみなすかどうか、が分かれ目である。清涼飲料としての瓶詰水は嗜好品であるから、味や見た目、ブランドも含んだ価値を持つ。瓶詰水は水道水とは違う、と感じる人にとっては、水道水を飲めばいいじゃないか、という意見は不当だろう。それは、ワインの味がわかる人に対して「わざわざエネルギーを消費して地球の裏側から運んでくるワインを飲まなくても国産のワインを飲めばいいじゃないですか」と言うようなものである。

実際、ある時、国産の瓶詰水を飲むのはいいが、外国産の瓶詰水を飲むのはエネルギーの無駄だ、と主張する方がいらしたので、ワインはどうですか、と尋ねたところ、その方は「ワインはフランス産と日本産は違うから輸入してもいいけれど、水は同じ」だと答えたのであった。水の味にこだわる人にとっては納得のいかない話ではないだろうか。

適度に冷え、カルキ臭のしない水が外出時、いつでもどこでも「他の清涼飲料と」同じかやや安い価格で購入できる瓶詰水への需要はなくならず、水道水を冷やして水筒で持ち運ぶ手間を誰もいとわなくなるまでは、瓶詰水はなくならないだろう。容器製造や輸送にかかるエネルギー消費の環境影響が問題になるとしても、それは水だけの問題ではなく、清涼飲料全体に対してつきつけられている課題である。

エネルギーといえば、海洋深層水はおそらく最もエネルギーを消費している。ペットボトルなどに入れられて飲料水として売られているので、海の底には真水が貯まっていると勘違いしている方もいるようだが、塩分濃度が濃い水の方が重いため、むしろ海洋深層水の塩分濃度は濃い。適当な方法で深層の海水を淡水化し、しかし、それでは海洋深層水の特徴である「ミネラル豊富」ではなくなってしまうので、適宜ミネラル分を追加して売られているのが海洋深層水である。逆浸透膜を用いる手法でも海水淡水化には大量のエネルギーが必要となり、だからこそ海洋深層水の瓶詰水はポンプで地下水を汲み上げるだけの瓶詰水に比べると格段に高いのである。なお日本のナチュラルウォーターには加熱殺菌されていてエネルギーがそれなりに使われている場合もある。

水マネジメントの民営化と水紛争

世界の水問題が語られる際、しばしば紹介されるのが水を民間企業、しかも大資本でグローバルにビジネスを展開する多国籍企業が独占し、自由に水が使えなくなってしまうという話である。第

2章でも触れた通り、ボリビアのコチャバンバでは、水供給の民営化への抗議行動に対する政府の武力弾圧で200人近い死傷者を出す事態が生じたこともある。

しかし、考えてみれば、水は大量に必要な割には安価なので、独占して貯め込んでおくことはあまり得策ではない。独占するとしても、水を独占するのではなく、せいぜい取水する権利を独占することが現実的であろう。

民営化にもいろいろな形態があるが、特定の地域の水供給を特定の企業あるいは組織が担うかどうかは、そもそも地方自治体や政府が許可するのである。もし不当に高い水道価格が設定され、支払い能力のない人々が安価な水へのアクセスを剝奪されて困窮するような事態になるのであれば、それはその企業と共に、うまく統制できない行政にも問題があるのだ。かといって、民営化をやめて、そういう行政組織に任せたからといって適切な水供給が実現されると期待できるだろうか。

企業は貪欲に利潤を追求するので、その分割高になっているはずだ、という素朴な洞察はおそらく正しい。しかし、民が担当しようと、官が担当しようと、水供給に必要な業務は基本的に同じである。民は、官を上回る効率で業務をこなすことによってはじめて、官と同様の価格でも追加的な利益を得るのである。

電気、ガス、通信、交通など、現代の日本では、命を守り、生活に不可欠な公共サービスのうち、地域独占的性格を持つものでも、ほとんどは民間が担っている。「お役所仕事」という侮蔑があるように、官の業務は非効率で愛想も悪く、気が利かない、いわゆるサービスが悪い、とされる。地域独占型であることを巧みに利用して不当に儲けている企業は業種を問わず多いだろうが、民が担えば多少は効率よく、サービスが良くなるのではないだろうか。貪欲な民間と非効率な役所、どちらがより適正な価格でより良いサービスをしてくれるか、という観点から判断するしかない。

水は命に直結し、口にするものだから特別だ、という意見も聞く。しかし、我々の食べ物の供給はすべて民が担っている。それなのに、水だけは民ではなく、官に担ってもらった方がいい気がする、というのは水の七不思議の一つである。

貧しい人に配慮し、最低限必要な量の水は安価に供給できるようにするといったことが民ではできない、という意見もあるが、貧困対策を水だけで実現しようとすることにも無理がある。供給元が民だろうが官だろうが水コストは全員が負担し、負担できない人に社会福祉として補塡する方が最初から料金を免除するよりも公正性が保てる。

大事なことは、水事業を担うのが官だろうが民だろうが、それらが適正なコストで良質なサービスを提供するように、地方自治体がきちんと監理する能力を持っていることである。民営化で問題になったケースでは、発注側の統治能力が不十分で民間事業者に丸投げ、あるいは任せっきり、という例が多い。これは何も水事業に限らず、電力やガスなどのエネルギー、鉄道や道路などの交通、電話やインターネットなどの通信事業など、地域独占的な公共サービスすべてにあてはまることだろう。

水の民営化と共に、しばしば大きな問題として取り上げられるのが、水へのアクセスは「basic human needs（人にとっての基本的な必要性）」か「basic human rights（基本的人権）」か、という点である。水へのアクセスが満たされておらず困っている人々にとっては、「必要」だろうと「権利」だろうと満たされていないことには変わりはない。しかし、政府にとっては、一旦「権利」だと認めると、水へのアクセスを提供する義務が生じるということで、なかなか「権利」だとは認めたがらない。

しかし、2001年には当時の国連事務総長コフィ・アナン氏が、安全な水へのアクセスは人間の基本的必要であり、したがって基本的人権だ、と3月22日の世界水の日に発言した。また、2010年の国連総会は安全で清浄な水へのアクセスと衛生とは人権であるとの認識を示した。そうした経緯もあり、今では水に関する国際的な会議では誰もが権利だと認め、必要か権利か、といった不毛な論争は聞かれない。

しかし、基本的人権だから、無料で提供されるべきだ、という意見に関しては、未だに根深い対立がみられる。それは、有料で価格が上がることに対する懸念よりも、不当な安価で供給され、資金が不足し、適切な維持更新や必要な投資ができないことの方が問題だ、という風に考える専門家が多いからである。

実際、第2回世界水フォーラムで公表された世界水ビジョンでは、「full cost pricing（全費用負担設定）」が高らかにうたわれている。これは、水供給に必要な費用は、その受益者ですべて負担すべきだ、という理念である。世界水フォーラムを運営する側は、水供給に関わっている企業や組織であったり、水への投資が自らの利益につながったりしている場合も多いので、そうした理念を唱えるのだろうということを差し引いても、ある意味では至極当たり前の原則である。良好なサービスを維持するためには誰かがその費用を負担せねばならない。常に赤字経営である事業は決して持続的ではない。

1992年にリオデジャネイロにおいて開催されたいわゆる地球環境サミットに先立ち、アイルランドのダブリンで「水と環境に関する国際会議」が開催された。そこでとりまとめられた「水と持続可能な開発に関するダブリン原則」では、第4原則として「水はすべての競合的用途において経済的価値を持ち、経済財だとみなされるべきである」とわざわざ書かれている。こうした文書は逆に読むのがわかりやすい。つまり、経済財であると普通には考えられていないからこそ、こうした提言がわざわざなされるわけである。

例えば、同じダブリン原則の2では「水の開発と管理は、すべてのレベルにおける利用者、計画者、政策決定者の参画方式に基づくべきである」と書かれている。これも、当時の水資源開発や水管理は政府主導で進められていて、地域住民や水利用関係者の意向が当初から反映されるような仕組みには必ずしもなっていなかった、ということを示している。日本でも、河川開発に住民の意思を多少なりとも反映させる仕組みが制度化されたのは1997年に新河川法が改正されて以降のことである。

南アフリカ共和国では、月6㎥までの水は各家庭に無償で供給されるが、料金を支払わないと、6㎥使った時点で供給が停止するプリペイド式の水道メーターが導入されている。これに対し、月6㎥は8人家族であれば1日1人25ℓにしかならず、基本的人権としては不十分だ、50ℓ必要である、という判決が高等裁判所によって2008年に下された。しかし、2009年には憲法裁判所によってその判決が覆されて、このプリペイド式水道メーターは合法だ、ということになったのだそうである。

水と安全はただであるに越したことはないかもしれない。しかし、どちらもその維持にはある程度の費用がかかり、誰かがそれを負担する必要がある。安く済ませようと思えば、サービスレベルを低下せざるを得ない。日本の場合、これまで営々と築き上げてきた社会資本整備の結果、安全な水を安定して供給する体制が整い、「清浄な水を豊富かつ低廉に供給する」という水道法第一条に掲げられた趣旨を満たすことができている。世帯あたりの水道料金負担額は年5万円弱であり、電気料金約10万円や通信約12万円に比べると安い（総務省「家計調査」2010〈平成22〉年度、総世帯）。

ちなみに、日本の水道料金は逓増制《ていぞうせい》といって、使用量が多いほど単価が高くなる仕組みになっている場合が多い。大口利用者ほど割り引くことが多い通常の商取引とは正反対である。これは、高度成長期、急速に増大する水需要に供給が追い付かなかった時代に、大口利用者の節水投資を動機付けるために導入した仕組みの名残とされるが、大口利用者は主に公共施設や大規模な商業施設や工場であり、特定しやすくかつ数が限られているため未払いの恐れも少なく、そうした事業所からの所得移転的性格をもった制度であるとも考えられる。多くの場合水道料金は地方議会の承認が必要であり、一般家庭の料金を上げるのは地方議員の反対にあって非常に難しいそうだが、少数の大規模事業者は相対的に政治力が小さい、ということなのかもしれない。

東京大学は東京都随一の大口水道利用者である。本郷キャンパスには職員・学生など併せて毎日約2万人以上が集まる上に、医学部附属の病院まで含まれるためである。この場合、水道料金の単価は420円／㎥となり、都で一番安い単価140円／㎥の3倍である。学生には冗談で「トイレは家でしてきてくれ」と言うのであるが、まったく同じ水なのに、と思うとやや理不尽な気がしないでもない。

もちろん、大学当局も予算が逼迫するに連れて水道代の節約に乗り出し、以前は大学構内での漏水も多かったのを修復し、それなりの水道料金削減に成功している。なお、これにはこぼれ話があって、漏水が減ると同時に、通称三四郎池として知られる構内の育徳園心字池の水位が下がったという。必ずしも都市伝説とは限らない。虫明功臣先生の指導で岡村次郎氏が修士論文で推計したところによると、東京都市部の地下水にとって、上水道からの漏水は、地表面からの雨水浸透の半分弱にも達し、都市の水環境を潤す重要な要素なのである。

いずれにせよ、水供給に関しては誰が担うかよりは、どのように担われるかが重要であり、官がやるにせよ民がやるにせよ、適正に運用されるように地方政府と市民社会が統治・監査できる仕組みが不可欠である。それは水に限らず、電気・ガス、あるいは公共交通機関や通信・放送など、地域独占的な性格を持つ社会基盤サービス一般に言えることであり、水だけを特別視しない方が冷静な議論ができるだろう。

地下水の枯渇

近年、地下水が注目を集めている理由のひとつが外国資本による水源地買占め問題である。人と社会の生命線である水供給の源が外国資本によって買い占められ、日本が自給できる数少ない資源のひとつである水資源が脅かされるおそれがある、あるいは水が海外に奪われてしまう、というのである。この問題は国会でも取り上げられ、林野庁によると、２００６~２０１０年に40件６２０ha分の外国資本による山林の買収が確認されたという。

こうした状況を受けて、スキーリゾートを抱える北海道・ニセコ町では断面積８㎠を超える井戸については許可制、それ以下についても届け出制とすること、という条例による規制を２０１１年５月に新たに制定した。他にも山梨県富士吉田市（２０１０年９月）、宮崎県小林市（２０１１年６

月）、山形県尾花沢市（9月）、山梨県忍野村（10月）、鳥取県日南町（12月）などでも地下水条例の改正が進み、埼玉県は、水源林の売買に事前の届け出を義務付けることとしている（2012年）。先（181ページ）に紹介した熊本県の地下水保全条例でも、地下水位の低下が顕在化している「重点地域」においては、揚水管の断面積が19㎠を超える場合には許可制とし、重点地域外でも断面積が125㎠を超える揚水管に関しては従来の届け出制から許可制に移行している。

外国資本による水源林の購入は、一見深刻な問題のようにも思えるかもしれないが、水はその価値に比べて輸送コストがかかるため、わざわざ日本で水を汲み上げて海外に運ぶくらいであれば、海水淡水化施設を導入する方がずっと賢明である。輸送経路の確保や天候に左右されないこともあわせて考えるとなおさらそうだ。瓶詰水として日本で商売をするということであれば、単なるビジネス投資である。誰も気付かなかった市場を狙う、あるいは日本の企業や地場産業は儲からないと判断し、手を出していない事業にあえて取り組むということなので静観して良いのではないだろうか。そうはいうものの、愛国心に火がつけられて、無条件に守らねばならないとつい思ってしまうのは、「水源」や「源流」といった言葉の力のなせる業だろう。

日本で一番ミネラルウォーター用の生産量が多いのは山梨県の旧白州町（現北杜市）であることは既に述べたが、年間約1000万㎥の出荷量を誇る。膨大な量に思えるが、例えば北杜市の面積約600㎢で割ると、年間約16㎜分の雨に相当する。日本平均よりは少ない1138㎜／年の降水量に比べても、ミネラルウォーター用に汲み上げられる地下水の量は、多いとは言えない。

5万人足らずの北杜市の上水道供給量はミネラルウォーターの生産量とほぼ同じ年間1000万㎥足らずであるが、その取水源の6割を地下水、湧水に依存している。汲み上げたその場でペットボトルに詰められるミネラルウォーター工場では1㎥あたり20円くらいの取水コストであるのに対し、水質的にはそのまま飲んでも問題ないとはいえ、水道として配水するには塩素消毒をしたり配水管を維持したりするのにどうしてもコストがかかる。そのため、全国平均よりは安いものの北杜市の上水道コストは1㎥あたり約100円となっている。

財政難を少しでも緩和するため、北杜市ではミネラルウォーター税という形ではなく、森林および地下水等の保全のための基金への協力金という形で地下水の恩恵を受けている企業にも負担してもらう仕組み（北杜市環境保全基金条例による「北杜市環境保全協力金」制度）が2008年に導入されている。

そもそも、海外からにせよ、国内からにせよ、仕事がなくて困っている地域に資本が投下され、産業が興るのは喜ぶべきことである。よほど資源略奪的な事業でない限りは規制するのではなく歓迎するのが普通だろう。水は循環資源であり、適正範囲で利用するのであればその便益の方が、利用に伴う悪影響よりもはるかに大きい。化石燃料や鉱物資源など、一旦採掘して利用してしまえばその場所からは失われてしまう資源を世界中から日本が買い集めて使っていることを思えば、循環資源である日本の水を海外の人々が使うことにいちいち目くじらを立てるのはやや偏狭な考えである。

また、国内の資本なら日本の水で儲けても良くて、海外資本ならダメというのも、慎重に判断した方が良い。貿易収支（国内外でのモノの正味の売買）が長期低落傾向で2011年には31年ぶりに赤字になったところ、過去30年にわたって積み上げてきた海外投資からの所得収支（投資収益や利子の海外との正味の収支）で補い、経常収支を黒字としている現在の日本にとっては、逆に世界各国がもし日本などを含む海外資本の締め出しをするようになったら死活問題である。

それに、地元経済への貢献、ということを考えるのであれば、国内企業ならいいというわけではなく、同じ都道府県の企業、あるいは地元市町村の企業でないと厳密には「よそ者」である。地域の雇用を支え、適正な労働環境を持続的に確保してくれることが大事なのであり、地元企業だろうが、国内大手だろうが、多国籍企業だろうが、その本拠地だけで差別するのは意味を持たない。

そういう意味で、各地方自治体による地下水条例の改正は、地下水の枯渇や汚染を未然に防止し、地下水の持続可能な利用を可能とすることこそが目的であって、一切利用しないようにするのが必ずしも主目的ではない。

一方、東京都では、高度成長期の過剰な地下水汲み上げにより、沿岸部を中心として地盤沈下が大幅に進行した。東京湾の平均潮位よりも地盤高が低い、いわゆるゼロメートル地帯が東京都の東部、江東区を中心として広がっているが、元々海面水位以下だったわけではなく、広範囲な地盤沈下の結果としてそうなってしまったのである。

昭和30年代に始まった規制と強制的な工業用水道や上水道への転換により、地下水位は明治以前の水準にまで戻ったが、一旦沈下した地盤はリバウンドして膨らむことなく、沈下したままの状態である。このため、今でも東京都は地下水の利用を厳しく制限していて、揚水管の断面積が21㎠を超える井戸は島嶼《とうしょ》部を除き設置が禁止されている。

ちなみに、都内の地下水位は1975（昭和50）年頃がもっとも低かった。その頃に設計された東北新幹線の上野駅地下ホームなどは、その後の地下水位の上昇により、想定を超える浮力、底面への水圧を受けることとなり、ホームの下に錘を置いたり床板を補強したりといった対策工事が必要となった。また、この湧き出した水をトイレ用水に有効利用しようとしたところ、そうした利用は、地下水利用のなし崩し的な拡大につながるので好ましくない、という行政指導を受け、現在は上野恩賜公園内の不忍池に浄化用水として送られている。

一方で、上水道料金の逓増制は大規模事業者にとっては不利なため、地下水を汲み上げて膜処理などで浄化して供給する、という地下水ビジネスが21世紀になって急速に全国で伸びているが、東京都ではこのように地下水の利用規制が厳しいため、そうしたシステムの導入はあまり進んでいない。

質的には農地、日本だと特に茶畑やメロン畑などへの過大な施肥（肥料のやり過ぎ）や完璧ではない畜産廃棄物処理に起因する硝酸性窒素汚染が密かに進行しており、飲用に適さないとされる基準（亜硝酸性窒素と合せて10㎎／ℓ以下）を超える井戸も増えているようだが、全国的なデータベースが整っているわけではなく、全体像は摑めない。

世界に目を移すと、地層に元来含まれている天然のヒ素やフッ素の含有量が高い井戸の水に起因する長期的な健康被害がバングラデッシュやインドなどの南アジア、あるいは東南アジアなどで報告されている。これらは人為的に汚染されたわけではなく、健康被害をもたらす成分濃度の高い、深い場所にある地下水を汲み上げることが可能になったためである。

技術的には除去することができても、汚染水を浄化した副産物として生成される高濃度のヒ素やフッ素を含む汚泥の処理、あるいは浄化コストの問題がある。そのため、せっかく安全な水へのアクセスを増やそうと設置された井戸ではあるが、結果としては、飲用には使用不可と、×印をつけて注意を喚起する、といった対応に留まっている。

中国北部は人口が集中する割に利用可能な循環水資源量が少なく、1人あたり年間利用可能な水資源量は約700㎥と南部の1／4となっている。そのため周辺の河川から水を北京に集めたり、地下水に依存したりしている。結果として、華北平原では過去30～40年の間に毎年1m以上も地下水位が低下してしまっている。

こうした中国北部の水不足への対策のひとつとして、長江流域の水を水路で北部に運ぶ南水北調というプロジェクトが進行中である。3本の路線が構想されており、一番東、海岸沿いの東線は古くからの運河を拡幅するなどの工事が進んでおり、黄河の下をくぐるサイフォン（満管状態で液体を流すことにより多少の高低差を越えて液体を通過させる装置）も完成している。ただ、水質は悪く、汚水北調だという陰口まであるそうである。

地下水の持続可能でない利用、というと、世界的にはアメリカの中西部に位置する大平原帯水層（ハイプレインズ帯水層：日本ではオガララ帯水層として知られる）やインド、パキスタン、あるいはサウジアラビアの乾燥地帯地下に存在する帯水層が有名である。久保賢一氏（現・東京都）が修士論文で調べてくれたところによると、ロッキー山脈の東に広がる大平原帯水層は、約45万㎢と日本全体よりも広い面積を持ち、ネブラスカ州からテキサス州までの8州にまたがる。汲み上げられる地下水は年間約235億㎥にも及び、その97％が灌漑に用いられ、全米の地下水灌漑の30％を支えている。

アメリカ地質調査所（USGS）の報告によると、積極的に利用され始めた20世紀中頃以降で、地下水位が最大150フィート（約50m）以上も低下した地点もあるが、若干ながら増大している地点もあり、領域平均では4m程度の低下となっている。近年では年間0・2m程度の低下というデータもあり、その持続可能性が気になるところであるが、ＵＳＧＳによると３兆６７５０億㎥の地下水が大平原帯水層に貯えられているとのことであり、単純計算をするとまだまだ１００年以上は利用可能だ、ということになる。

地球全体や大陸スケールといった広い領域で、地下水がどこにどのくらい貯留されているかを観測推定する技術は現時点ではない。しかし、その変化量については、ＧＲＡＣＥという地球の重力場を宇宙から測定する衛星で推計することが21世紀に入り可能となっている。

ＮＡＳＡによって２００２年に打ち上げられた２つの衛星が２２０㎞程度離れて地表面から５００㎞程度の宇宙空間を飛行し、地球の重力の微小な変化に応じて高度が変化し、衛星間の距離が10μｍ（１㎜の１／１０００）オーダーで変化するのを計測して地球周辺の重力場が測定されている。

その重力場の時間的な変動成分から気圧や海面高度等の情報を用いて大気や海洋の変動の影響を取り除くと、残りは氷河や雪、地下水、河川水や土壌水分など地表水の変化分を観測推定できる。長期的な増大や減少については、氷河氷床や地下水などの増減に対応し、実際、大量の地下水が灌漑に用いられているインド北西部などで陸水貯留量が長期的に減少傾向にあることがＧＲＡＣＥによって検出されている。

こうした非持続的な地下水利用には危機感が伴う。どの国や地域で、使ったら無くなってしまう貴重な水資源を誰が使っているのか、そうまでして乾燥地で食料生産をしなくとも他の水がある地域で生産すれば良いではないか、と思う方も多いだろう。しかし、原油や天然ガスなどの化石燃料に比べてなぜ水だと非持続的な利用はだめで、エネルギーなら仕方ないと思うのだろうか。これも水の七不思議のひとつである。

なぜ気候変動問題なのか？

地球温暖化とそれに伴う気候変動はそもそもなぜ問題で、なぜ対策を施してできるだけ回避せねばならないのだろうか。温暖化問題の信憑性や適応策の必要性、将来価値の問題はいずれ別の機会に述べることとする。『地球温暖化はどれくらい「怖い」か？』にも多少書いてある。温暖化に伴う気候変動が人間社会に及ぼす悪影響のほとんどは水を通じてである。水が直接関わらない熱波に関しても、死因は脱水症状であったりするし、温暖化に伴う疫病の蔓延にも気温だけではなく雨量の増加による水たまりの増加が関係する。

ＩＰＣＣの第２作業部会第３章「淡水資源とそのマネジメント」の執筆チームで第４次評価報告書（ＡＲ４）の原稿について検討していた際、文献レビューを踏まえ、比較的確実な情報として何が伝えられるか、について話し合った。その結果、①気温の上昇に伴う水循環・水資源供給変化の影響、②海水面上昇が水資源利用に及ぼす影響、③雨の降り方が変化するなど、水循環が現状とは変化してしまう影響、の３つだろうということになった。具体的にＡＲ４第２作業部会第３章のサマリーに掲載された主な項目は次の通りである。

○温度上昇の直接的影響

➤雪氷に覆われた地域では気温の上昇に伴ってしばらくは流量が増加するが、面積の減少により、安定して利用可能な水資源量は減る。そうした流域に世界人口の１／６が現在依存している。

✔冬季の雪が雨になったり早期融雪が促進されたりすることによって河川の季節的な流況パターンが変化する。

✔水温上昇により水質変化や生態系への影響が生じる。

○海面上昇の影響
✔海水面上昇に伴い、海水が浸入して沿岸部の地下水資源の利用可能性が減ったり、海水が陸地奥深くまで河川を遡上したりする。

○気候変動の間接的影響
✔現在も比較的水資源が豊富な極域と湿潤熱帯域で10～40％水資源賦存量（潜在的に最大限利用可能な水資源量）が増加する。

✔比較的水資源に乏しい熱帯・亜熱帯の乾燥域で10～30％水資源賦存量が減少する。

✔旱魃の影響を受ける領域は増大する。

✔激しい降水の頻度は増大し、これにより洪水リスクが増大する。

さらに、地域的に細かくいうと、
○アフリカでは2020年までに7500万～2億5000万人の人々が気候変動により水ストレスが増大する。
○アジアではヒマラヤの氷河融解により今後20～30年にわたり洪水、岩雪崩、水資源への影響が生じ、中央、南、東、東南アジアの特に大河川で渇水の危険性が増大して2050年までに10億人以上が影響を受ける。

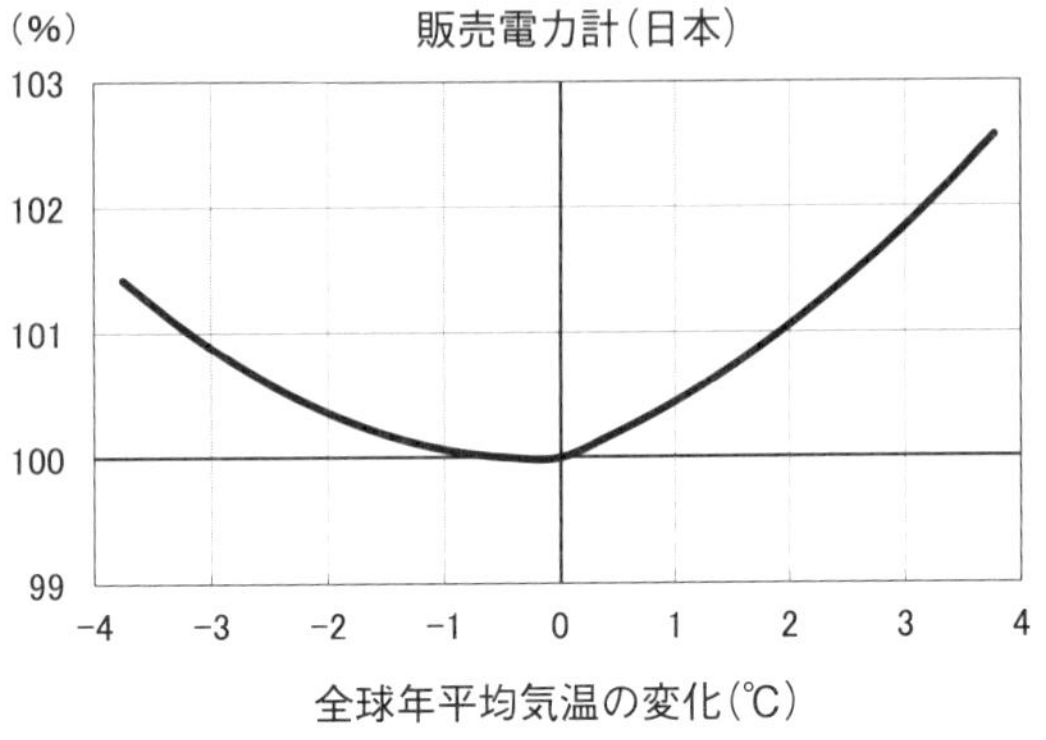

図5−1：年平均気温変化と電力消費量。（赤井朋子、2008）

○オーストラリア南・東部で2030年にかけて水問題が深刻化する。
○ヨーロッパの内陸で洪水は増大し、水資源・水力発電は減少する。
○南米では海岸付近の洪水が増大し、水資源は減少する。
○北米では積雪量が減少し、冬洪水は増加し夏季の河川流量は減少する。
○小島嶼では、カリブ、太平洋で淡水レンズ（海水とのつり合いで島嶼地下に形成される地下淡水層）が薄くなり地下水の利用可能性が制限されることなどによって水資源が減少する。

これらのうち、量的な影響が最も大きいのは中高緯度で融雪水が重要な水資源となっている地域であり、また、降水分布が時間的・空間的により集中する悪影響、すなわち洪水・渇水両者の増大も懸念される。

なお、注意すべきなのは、年平均気温が20℃になったら困るとか、年降水量が2000㎜になったら困る、といった風に、絶対値が問題だというわけではないことである。地球上には様々な気候が分布していて、人間はその活動を広く展開している。住居や衣服の工夫によって様々な気候下で文化的かつ健康に暮らすことが可能である。

しかし、現在の気候にちょうど合うように、それぞれの地域の暮らし方、生活や生産の仕方が順応しているのに、気候が変わってしまうと従来のやり方の変更を余儀なくされる、というのが問題なのである。

例を見てみよう。図5－1は気温と電力使用量との関係を各月、都道府県ごとに定め、全国一律に気温が変化した場合に全国の総電力使用量がどうなるかを示したものである。現状維持で気温に変化がない場合、消費電力は一番少なく、暑くなっても、寒くなっても今よりも使用量は増える。それは、とりもなおさず、現状で一番電力消費が少なくて済むように建物や冷暖房施設が備えられていて、そこから変化すると余分にエネルギーを使わなければならなくなる、ということである。これは赤井朋子さんが修士論文のテーマ決めに悩んで数十冊の本を読んで議論した末に行った研究成果の一部である。

アル・ゴアの『不都合な真実』でも述べられているが、世界の各地域が現在の気候、寒暖や乾湿、洪水や渇水の頻度にそれなりに順応しているところ、そうした外部条件が数十年といった人間の一生に比べても短期間に変化してしまうことが気候変動の問題なのである。当然、そうした変化に適応できる国や地域と、なかなか変化に対応できない国や地域があり、悪影響は後者の国や地域に住む人々にとってより深刻な事態を招くことになる。

地球温暖化に伴う気候変動は水を通じて社会に悪影響をもたらすとして、では逆に、世界の水問題にとって気候変動はどの程度深刻な問題なのであろうか。

長期的な気候の変化を考える際、地球温暖化だけではなく、都市化に伴うヒートアイランドや大規模な土地被覆改変なども地域的な気候を変化させ、水資源賦存量や洪水リスクを大きく変えてしまう点にも注意が必要である。

温暖化に伴って変化する降水量はせいぜい10~20%程度であるのに対し、人口が増大し、経済も発展して都市に集中すると、水需要は2倍、3倍になり得る。少なくとも現在発展しつつある国や地域における今後数十年の水需給の変化を考えた場合には、気候変動の影響よりも社会変動の影響の方がずっと深刻である。それでも、世間では地球温暖化に伴う気候変動の問題ばかりを取り上げている。

もう10年以上前、ちょうど21世紀になった頃のことであるが、アシット・ビスワス博士（179ページ）が水に関する国際会議でしきりに「気候変動で死んだ人はいないが、水の問題では毎年何百万人が命を失っている」と述べ、地球規模の環境問題の中で地球温暖化にばかり人々の関心が集まることにいらだちを表明していた。

私も、水と気候変動の両分野に関わりつつ違和感を持っていたのであるが、ある時ふと気づいた。それは、2009年に世界政治フォーラムというブリュッセルでの会合に招かれた際のことである。この会合はソ連最後の最高指導者となったミハイル・ゴルバチョフ氏がノーベル平和賞を契機に組織した国際NGOで、その年の会合の主題は「水と平和」であった。その場でゴルバチョフ氏は、「気候変動問題はエネルギー問題だ。しかし、水の問題が忘れられている。世界平和のため、水問題の解決にももっと注意が払われるべきである」と述べたのである。

確かに、主要な気候変動対策として取り上げられるのは緩和策であり、それは化石燃料消費の抑制である。内政不干渉が原則の国際交渉ではあるが、エネルギー政策は各国の産業に影響を及ぼすため、エネルギー利用に関する国際的な取り決めは他国の経済活動を束縛し、実質的にコントロールすることも可能である。

21世紀になり、いわゆる新興国でエネルギー需要が急激に増大することが明白になったのを受け、できるだけ安価にできるだけ長く化石燃料も利用したいと考える国であれば、少しでもエネルギー需要の伸びを抑制しようと考えるのは極めて自然である。つまり、エネルギーに関する安全保障と直結しているからこそ、地球温暖化問題は各国の主要課題となり、国際政治の中心的議題のひとつとして君臨しているのである。

科学者、研究者の中には、ＩＰＣＣを軸とした気候変動研究がきちんとしているし、社会への説明責任も果たすように努力を続けているからこそ国際政治にも影響を持ち得ているのである、と自負している方々も大勢いる。そういう側面もあるとは思うが、慢心していては足をすくわれる。立派な研究をし科学的に正当なことを述べても、それが必ずしも政策に生かしてもらえるとは限らない。政府も、また、意図的かどうかは不明だがマスメディアも、自分たちの主張に都合の良いように気候変動研究の成果を「つまみ食い」するからである。

日本の産業界には、地球温暖化対策の急激な実施は経済発展の足かせとなる、との危惧が強い。これに対し、再生可能エネルギー分野への投資は新たな成長のエンジンとなり、環境（温暖化対策）と経済（発展）は両立する、といった説明が政府からなされ、メディアも環境と経済は両立するか？　といった両論併記の記事を例によって掲載したりしている。

しかし、産業革命以降の気温上昇を２℃以内に収めるため、温室効果ガスの安定化レベルを二酸化炭素換算で445~535ppmにしようとすると、世界平均のGDPの成長率を年率0・12%、2050年までで5・5%押し下げる、とAR4の第3作業部会の報告には明記されている。再生可能エネルギー分野などへの投資が増えても、その分他の分野への投資が減るわけなので、再生可能エネルギー分野における生産性の伸びが他分野よりも高く、他の分野に投資していた場合に比べてより発展しない限り、新たな成長のエンジンになるとは限らないのである。温暖化に関する脅威面は微にいり細にわたり報じるのに、こうした経済成長への緩和策の負の側面はほとんど報じられることがない。

それでも、供給側の対策として太陽光や地熱、風力などによる発電、再生可能エネルギーの振興や、発電効率の向上、需要側の対策としての省エネの推進などに熱心に取り組むのは、エネルギー需給の持続的な緩和の必要性が先進国を中心として強く認識されているからであり、地球温暖化問題を解決する取り組み、というのは優先順位をあげる理由づけのひとつに過ぎない。

第3次評価報告書以来IPCCの報告書に貢献してきたイギリスの若手大学教員と話している際、「イギリス政府は温暖化対策に熱心だけど、どうして?」と尋ねたら「そういえばそうだねぇ、……どうしてだろう?」という返事が返ってきたことがある。「排出枠取引とかの市場が新たにできたら、ロンドンのシティ（金融街）などが結局実権を握ってイギリスが儲かるから?」と水を向けたら、「そうかもしれないねぇ……」ということだった。とぼけているのかとも思ったが、普通の真面目な自然科学系の研究者の社会動向に対する認識はこの程度なのかもしれない。

一方、第4次評価報告書の第2作業部会の技術支援部隊（実質的な事務局）はイギリスが担当していたが、その主要メンバーと立ち話をしていて、イギリスが原子力発電所の建設を推進する、というニュースの話題になった。「やっぱり、温暖化対策のため？」と聞くと、「それもあるけれど、ロシアからの天然ガスに依存しすぎるのは安全保障上問題があるから……」という答えであった。大抵の施策は単一目的ではなく、複数の思惑、目的達成のために実施されるし、逆にそうでないと実現しにくい、ということだろう。

一方ノルウェーはＩＰＣＣの「気候変動への適応推進に向けた極端現象及び災害のリスク管理に関する特別報告書（ＳＲＥＸ）」の準備から最終成果の普及に至るまで、実質的な主要スポンサーとしてその出版に貢献した。日本とほぼ同じ面積の国土にわずか５００万人足らずが住むヨーロッパの辺境の国がなぜＳＲＥＸをリードしたのか。

その概要を固める予備調査会合がノルウェーの首都オスロで開催された際、ノルウェーの研究者に尋ねてみたところ、「北海油田で国の経済が支えられていて、結果としては温暖化を進展させてしまっているので、その罪滅ぼしだと思う」とのことであった。企業の社会的責任ならぬ、国家の国際社会的責任として温暖化対策に貢献する活動を支援したという見方である。

このように、ＩＰＣＣによる地球温暖化に関わる科学的知見の取りまとめが国際政治的に重宝されているのは、地球温暖化問題が一番深刻な地球環境問題だからではなく、その対策が国家・経済の根幹に関わるエネルギー政策と不可分だからである。

温暖化研究の成果はマスメディアでも頻繁に取り上げられ、論文が載るだけで研究者には勲章ともなるイギリスの『Nature』やアメリカの『Science』などの雑誌でも繰り返し特集が組まれる。国際政治をも動かしている感のある温暖化分野の研究に対する、ある意味では嫉妬に似た感情が蔓延しているのは、何も水分野だけではない。

生態系分野には国連生物多様性条約（CBD）があり、その締約国会議が開催され、ミレニアム・エコシステム・アセスメントを始めとする報告書を出しているにもかかわらず、IPCCや温暖化研究分野ほどには世間の興味を集めない。そうした状況に対する焦りからか、気候変動枠組条約におけるIPCCに対応する組織として生物多様性条約ではIPBES（生物多様性及び生態系サービスに関する政府間科学政策プラットフォーム）を2012年中にも立ち上げて科学的取りまとめの組織的な取り組みを強化し、知名度をあげ、政治的な発言力を強めようとしている。

学術的に考えて生物多様性研究が重要であることには世間的にもほとんど異論はないと思うが、それでもたとえどんなにしっかりした組織で立派な評価報告書をIPBESが出しても、残念ながらIPCCの評価報告書ほどには話題には上らないし、注目を集めることはないだろう。なぜか。

生態系サービスという概念を前面に打ち出し、生態系の経済的価値をいくらアピールしても、その損失を減らすのは防災と同じくマイナスを少しでもゼロに近づける行為であり、個人の利益の追求の中では後回しになるし、目に見えてプラスの効果が見えないという点では為政者の気も引かないからである。2010年10月に名古屋で開催された生物多様性条約第10回締約国会議（COP10）自体は大々的に報道されたものの、その後、国内世論的にも潮が引くように関心が薄れたところをみると、やはりあまり楽観はできない。

もちろん、為政者やマスメディアが注目する研究だけが重要なわけではなく、真の研究者は陽が当たろうと当たるまいと、世間の関心があろうとなかろうと大事だと思う研究を推進している。ただ、国家が学術研究の主要なパトロンとなった現代では、世論の後押しがないと、組織立った大々的な研究は実施しにくい。

さて、気候変動対策と水問題解決とはどういう位置関係であろうか。日本では電力の1・5%が浄水場や下水処理場で、ポンプなどを動かすエネルギー源として消費されている。また、家庭の二酸化炭素排出量の約2割が温水で、これは主にお風呂と、炊事での利用の結果である。したがって、節水しても他の地域にその分水を送ることができるわけでもなく、将来世代のために残しておけるわけではないが、節水すればした分だけ、その水をきれいにしたり、使って汚れた水を清浄にしたりするために必要なエネルギーを節約し、結果として地球温暖化の進行を多少なりとも遅らせることができる。

ところが、大気が人類共有の財産、コモンズであるのに対し、繰り返すが水は個々にはローカルな資源である。世界のどこで温室効果ガスの排出を削減しても同様の効果がある温暖化対策とはそこがちがう。哲学者で京都大学名誉教授の加藤尚武氏が『環境倫理学のすすめ』で言うglobal responsibilityという概念は、水に関しては成立しない。温暖化対策なら、レジ袋を使わない、というのはたとえ微少であっても温室効果ガスの排出削減を通じて何がしかの貢献があるので、できることから始めるのには非常に簡単である。

これに対し水問題解決の場合は、一般市民の身近な活動で解決できるのは身近な水問題だけで、より深刻かもしれない遠くの水問題の解決に貢献するのはなかなか難しい。環境教育や市民レベルの環境保全活動で、地球温暖化問題が中心的に取り上げられるのは、このように、子供や一般市民でも対策活動に取り組みやすい、ということも関係しているだろう。

できることから始めよう、ということ自体は何も悪い話ではない。たとえローカルであっても、都市河川のゴミ拾いや草刈りなど、身近な水環境を改善する活動だって重要である。水もローカルにはコモンズであり、放っておけば収奪しつくされ、劣化するばかりなので、コミュニティとして守る必要があるからだ。

ただ、できることから始めるのは、ともすれば、できることだけしていれば良い、という慢心につながりかねない。地球環境にせよ、地域環境にせよ、できることだけやっていれば良いわけではなく、やらねばならないことをやらない限り、自己満足に過ぎない。

地球温暖化に伴う気候変動の影響が取り沙汰され始めた1990年代前半、私は悩んでいた。省エネルギーも大事だが、ヒトは現代社会に生きている限り、大量のエネルギーを消費する。小手先の省エネで温室効果ガスの排出を削減するのには限界があり、いっそ、死んでしまった方がましなのではないか、と思いつめていたのである。

さらに考えてみれば映画「アイ，ロボット」（2004年）や「地球が静止する日」（2008年）のようにSF映画や小説では地球にとって人類は有害で、人類を排除することが地球のためである、とか、人類は地球の寄生虫のような存在である、といった筋書は珍しいものではない。こうした考え方は、科学技術の進展が必ずしも人類に幸福をもたらさなかったのではないか、という公害問題の進展、あるいは環境劣化の顕在化と共に環境至上主義として20世紀後半にはそれなりの広がりを持って受け入れられていた。そういう文脈では、地球温暖化問題も、人類の繁栄が人類自らの持続性を阻害する、という因果応報的に受け止められていたのである。

「人類は死んだ方がましでしょうか？　地球温暖化、あるいは地球環境問題を考えると」

こういうナイーブな質問にも真剣に答えてくれそうな方に出会う度に尋ねたが、誰も「生きていていいよ」とは言ってくれなかった。かといって「死んだ方がいいよ」とも言われなかったのでそのまま悩みを忘れたことにして生きていた。現代に生きる我々は過去の遺産と将来の資源を食いつぶしているばかりではなく、将来世代を支える有形無形の貢献もできるし、それをせねばならないのではないか、という前向きな思いは、『千年持続社会』に書いた。しかしそれでも、すっきりとはしていなかった。2007年の秋、講義の準備をしている際にふとある思いが浮かんだ。

「手段の目的化に注意」

本来は人類が幸せに暮らすという目的達成のひとつとして地球環境の保全という手段があるのに、主客転倒して人類が滅んでしまっては元も子もない、ということである。つまり、地球環境さえ保全されればヒトの幸せはどうなっても良いというわけではなく、地球温暖化を阻止できても、持続可能性や快適な暮らしが損なわれるのなら、それは手段が目的化してしまっており、本来の目的達成を阻害しない別の手段を考えた方がいいのである。

これに気づいた遠因にはいろいろあり、生物多様性の保全は絶対善である、という従前のドグマに対して、新たに出てきた生態系サービスという考え方が、人間社会に貢献するからこそ生態系の保全は重要である、という人間中心主義に回帰していたことに影響されたという側面はあるだろう。また、ある年の「科学研究費の使い方」という東京大学が作成して配布した小冊子の表紙に「目的は手段を正当化しない」と書いてあった影響もあるかもしれない。言わずもがな、これは、優れた研究のためだからといって、科学研究費補助金の不正経理が許されるわけではない、という警告である。

こうした手段の目的化の例は身の回りにあふれている（表5－1）。シンポジウムや会議、ワークショップなどはアイディアを交換し、研究（あるいは業務）を推進するために本来開催するはずが、開催すること自体が目的になっている会議が非常に多い。本来、良好な研究環境を整えることが研究費獲得の目的だったはずが、特に国立大学の法人化以降、予算獲得が奨励されるようになり、研究費を獲得することが目的になってしまっている人も多い。予算を使うばかりの行政組織では、世のためになる施策を実行するために予算や補助金を得るのが本来の趣旨であるが、予算や補助金が取れそうな、財政当局や配分省庁の覚えが良さそうな施策を提案する、というのも手段の目的化のなれの果てであろう。

本来の目的	目的化しやすい手段
アイディアを交換し、研究を推進する	シンポジウムやワークショップ等の会議を開催する
良い研究環境を整える	研究費や寄付金を獲得する
研究の成果や自分の考えをとりまとめて世に問う	論文を書いて出版し、業績評価を上げる
健康になる	ダイエットをする
好きなようにお金を使う	お金を貯める
良い環境で勉強研究する	良い大学/大学院に入る
持続可能な社会を構築する	地球環境を保全する

表5-1：手段の自己目的化に注意。

　健康のためにダイエットしていても、いつしかダイエット成功のためには健康を害しても良い、と思うようになることもあるだろうし、お金はいつか使うために貯めているのに貯めること自体が目的化する場合もあるだろう。良い環境で勉強、研究するために良いと思われる大学や大学院に入るはずなのに、入ったらそれで満足する、というのはもったいないことである。

　東京都の水道の漏水率が3％（2007年度）と低いことが日本の水道技術の優秀さの表われであるとしてよく引き合いに出される。水のムダを一滴でも減らすためには漏水率は低ければ低いほどいいだろう。しかし、もし経営という観点を入れるならば、漏水率を下げるコストとその便益を比較して判断する必要がある。環境影響も含めてトータルコストを下げることなのか、漏水率の数字を下げることなのか、本来の目的を失わないように、しばしば確認する必要があるだろう。

最後に、温暖化の日本の水への影響について、いくつか書き記しておこう。

まず、年降水量は20世紀の間にはやや減少傾向であったが、統計的には横ばいとみなされる程度であり、むしろ年々の変動、雨や雪の多い年と少ない年の差が増大傾向にあることが指摘されている。気候モデルの推計によると、21世紀には平均値が徐々に増大し、かつ、変動もさらに大きくなる。

頻度は低く希だが極端に強い豪雨に関して、日本の大河川に洪水をもたらす日降水量の極値は概ね台風によってもたらされることは第3章で述べた通りである。意外に思うかもしれないが高気圧や低気圧といった現象に比べると、台風は空間的な大きさが一桁小さく、気象衛星による観測が本格的に始まる1970年代までは、日本付近では米軍の飛行機が直接台風の目付近上空まで飛び、パラシュートをつけた測器を投下して気圧や気温などを計測していた。そういうわけなので陸地から遠い海洋上の台風の発生や進路に関しては必ずしも確かな記録はなく、また、あっても、第二次世界大戦後が主である。

また、そもそも台風の様に発生数がわずかに年20個程度で年々の変動も激しい現象について長期の傾向を高い確信度で推定するのは困難であり、過去増加したのか減少したのかはまだあまり定かではない。しかし、将来に関しては、温暖化により大気が安定化するため発生数は横ばいかむしろ減少するが、一旦発生した際には今よりも強い台風となる可能性が高くなる、という方向に多くの気候モデルの推計は収束している。

一方、中小河川の洪水に関係するような時間降水量に関して、1970年代後半以降については気象庁が全国約1300地点のアメダスで観測している。このデータを使い、我々の研究グループの内海信幸氏は、オランダでの先行研究にならって、日平均気温と豪雨強度との関係を調べた。その結果、気温が1℃上がると、大気中の飽和水蒸気圧が7%上昇するのに対応して、上位1%に相当する豪雨の強度が増大していることが示された。つまり、日本域で降水量の極値を決めている主な要因は基本的には大気中の水蒸気量であり、日平均気温が良い指標なのである。

この結果は気候変動の将来予測ではなく過去の観測に基づいた結果であり、気温上昇の原因が地球温暖化だろうと、都市化に伴うヒートアイランドだろうと、豪雨の強度が増大することを意味している。今後気温が上がるに連れて、いわゆるゲリラ豪雨による都市型洪水をもたらすような極めて短時間の豪雨に関しては、気温の上昇に伴って強度は増すと想定される。

根本的な原因が地球温暖化であれ都市化であれ、豪雨被害を受けた人にとってみれば災難には変わりはなく、また、豪雨洪水に対する備えとしては排水を良くするなど同じ対策で対応できる。もちろん根本的に解決しようとするならば、温室効果ガスの排出を全世界で削減するのか、都市化の影響を緩和するのか、という点では大きく異なってくる。

さて、アメダスの降水（雨と雪）データでは、時間雨量100㎜を超える記録が20世紀末には増えた、という傾向が報告されている。それ以前にも時間降水量データは観測されていたが、記録がデジタル化されておらず、長期傾向は不明であった。

2001年に修士課程で私の研究室に配属された樫田爽氏（現・鹿島建設）はラグビー部出身で、

体力勝負の研究がしたい、と申し出た。そこで、気候変動研究に使われないまま気象庁統計室に眠る時間降水量データをデジタル化して、短時間豪雨の長期的な変化傾向を調べる、という研究に取り組んでもらった。

手書きで記入された観測記録用紙がマイクロフィルムに撮影されていて、誰でも希望すれば閲覧できるようになっていたところ、数カ月通ってノートパソコンに入力し、1890（明治23）年以降の東京気象台の時間雨量データをデジタル化したのである。100年以上の間には雨量計の場所が移転していたり、測定方法が変わっていたり、マイクロフィルムの元の表で時間雨量の合計と日雨量とが合致しなかったり、あるいは、日界が変化していたり、といった問題があり、そのチェックにより多くの時間がかかることとなった。

そうした労力の結果得られた110年分の時間雨量データからは、やはり1970年代以降、強い時間降水量は増加傾向にあるが、1950年代にも同様に豪雨頻度が高い時期があり、この100年間で一本調子に増加しているわけでもない、ということがわかった。長期の気候変動を論じるのに、数十年の記録だけで論じることの危うさを示したことにも意味がある。

この研究の成果は思わぬ波及効果をもたらした。樫田氏の渾身の研究成果を見た気象庁気象研究所の藤部文昭博士ら、気象庁がマイクロフィルムデータの全デジタル化事業を提案、実施し、さらにそのデータを官学の研究者で共有して気候変動研究に資するプロジェクトまで主導されることになったのである。

その結果、例えば藤部博士による全国51地点104年間の日降水量データの解析では、東京に関する樫田氏の結果はむしろ特殊なケースで、全国的には日降水量100㎜以上といった豪雨が特に西日本の秋に増加していることが示されている。また、4時間に50㎜といったそれなりに強い雨も、変動は激しいものの増加しているようである。

おもしろいのは、4時間に1〜2㎜といった弱い雨が年間に観測される回数が20世紀初頭から1980年頃にかけて減少傾向にある、という点である。これはいわゆる地球温暖化による気候変動のせいだとは限らない。都市周辺では大気中の塵やほこり、いわゆるエアロゾルの濃度が高く、水蒸気が凝結して雲を作りやすくなり、却って弱い雨が降りにくくなる反面、その分不安定状態も蓄積されやすくなるので強い雨の頻度も増える、という説がイスラエルのダニエル・ローゼンフェルド博士等によって提案されている。

少なくとも、人工衛星からの観測推定結果によると、都市周辺で雲を形作っている水滴、雲粒の平均的な大きさが小さくなっていることが示されており、地球温暖化以外にも、人為的な気候変動が生じるメカニズムはいろいろと存在する。地球温暖化対策を施して影響を緩和しさえすれば人類は安全・安心に暮らしていける、というわけではない。

第5章のまとめ

- 地球上の水はなくなることはなく、マクロにみれば枯渇はしない。
- 都市の魅力に惹かれて水の供給可能性など環境容量を超えて人が集まるからこそ都市では水の問題が深刻化する。

●今後人口は指数関数的には増加しない。
●先進国では既存の水資源施設の老朽化が今後の深刻な問題として懸念される。
●水道水がまずいから瓶詰水の消費量が増えたというよりは、世界的な健康志向で甘い飲料の代わりとしてたくさん飲まれるようになった。
●瓶詰水が水道水よりも危険性が低いとは限らない。
●海洋深層水は元は塩水である。
●命を守り生活に不可欠な公共サービスを貪欲な民間と非効率な役所のどちらに任せる方がましか、という選択を迫られている。地方自治体が適切に監理する能力を持っていることが一番大事。誰が担うかよりもどのように担われるかが重要。
●安全な水へのアクセスは基本的人権である。
●水供給に必要な費用はその受益者ですべて負担する全費用負担でないと、水供給は持続可能でない。
●産業が無くて困っている地域に資本が投下されるのは喜ぶべきことであり、よほど資源略奪的な事業でない限りは外国資本による日本の山林買占めに過敏に反応するのは得策ではない。現在の日本は海外の非持続的な資源や海外に投資した資本からの収入に大きく頼っている。
●地下水の過剰汲み上げを規制してやめさせることにより、低下した地下水位が比較的速やかに回復しても、一旦沈下した地盤は元には戻らない。
●地球温暖化に伴う気候変動が人間社会に及ぼす悪影響のほとんどは水を通じてである。
●気候が変化してある気温になったり、ある雨の量になったりするのが問題なのではない。現在の気候に適合してそれぞれの地域の暮らし方、生活や生産の仕組みが出来上がっているのに、気候が変わってしまうと従来のやり方の変更を余儀なくされることこそが問題である。なかなかそうした変化に適応できない国や地域に住む人々に深刻な悪影響を招く。

●現在まだまだ発展しつつある国や地域では、今後数十年の水需給の変化を考えた場合には、気候変動の影響よりも経済発展や人口増加などの社会変動の影響の方が深刻である。

●気候変動問題はエネルギー問題である。温室効果ガスとしての二酸化炭素の排出量の削減は省エネルギーの推進、エネルギー源の多角化などを通じて持続可能なエネルギー利用の実現やエネルギー安全保障にも資する。

●産業革命以降の気温上昇を全球平均で2℃以内に抑えるために地球温暖化対策として大気中の温室効果ガス濃度の削減を行おうとすると、世界平均のGDPの成長率を年率0・12％押し下げる、と気候変動に関する政府間パネル（IPCC）の第4次評価報告書（AR4）には書かれているが、日本のマスメディアではあまり報じられない。

●地球環境問題の解決にはできることだけやっていればいいわけではなく、やらねばならないことをやる必要がある。

●地球環境保全のためには人類はむしろ滅んだ方が良い、というのは手段の目的化という誤りを犯している。人類が幸せに暮らすという目的達成の一環として地球環境の保全という手段を用いようとしているはずである。人類がいなくなってしまっては本来の目的は達成されなくなってしまう。

●温室効果ガスの排出以外にも、土地被覆や土地利用変化、あるいは大気中の粉塵（エアロゾル）

濃度の変化などを通じても、人為的な気候変動を引き起こしている。

第6章　水問題の解決へ向けて

人工降雨――現代の雨乞い

危機を煽るばかりでは芸がない。かといって、解決へ向けた技術的、制度的取り組みを羅列して、それで問題がすべて解決するような、楽観をばらまくのも気が引ける。ここでは、様々な水問題の解決へ向けて、いったいどんな取り組みがなされているのか、水供給を増やす、水需要を減らす、水質を保全する、といった個々の視点と、国内外の水問題解決の枠組み、そしていわゆる水ビジネスといった組織的な取り組みについていくつかの視点を紹介する。なお、洪水被害の軽減に関しては第3章や第4章ですでに述べたのでここでは水不足の解消、安全な飲み水の確保に重点を置く。

水資源供給を増やす手段として、真っ先に思いつくのは「雨を降らせばいいではないか」だろう。

2005（平成17）年夏、内閣府のいわゆる総合科学技術会議事務局に私がパートタイムでちょうど勤務していた頃、四国は大渇水に見舞われ、唯一の水瓶と言っていい早明浦ダムは貯水率がゼロになり、ダム湖の底を無残にさらす事態となった。全国的な話題にも上る社会問題となり、当時の小泉純一郎首相にも当然報告された。その際、小泉首相は、「ロシアは人工的に雨を降らせることができるみたいだが、日本ではできないのか」と何気なく官僚に告げたらしい。遡ることさらに2年、2003（平成15）年5月に小泉元首相は、ロシアのプーチン首相（当時）の出身地であるサンクトペテルブルク建都300周年記念行事に招かれて出席した。その際、プーチン首相から、「記念行事の際に雨にならないように、事前に雨を降らせておいた」という話を聞いたことを覚えていたらしい。事前に降らせることができるのであれば、無理やり降らせることもできるのではないか、という気にもなるだろう。

それからが大変だった。「首相が『渇水対策として、水源地に人工的に雨を降らせることはできないのか』と言っているのだから至急対応せねばならない」ということで、総合科学技術会議内で担当チームが急遽作られ、私も多少この分野に縁があるということでメンバーとして加わった。急いで国内の専門家にコンタクトを取り、専門家会合を開催してヒアリングしたり、実際に人工降雨を実施している日本の水道事業体から資料をもらったりして、現状と政府として取り得る施策についてとりまとめた。

とりまとめられた資料は通常の業務に加えて追加的に統括官会合、有識者議員会合、大臣会合と段階を踏んで上のレベルへとあげられて確認され、最後は首相官邸にその資料のご説明に行くこととなった。大臣も含めて6名くらいの集団の末席として私も総理大臣執務室に参上した。何か質問があった際に答えよ、という野尻幸宏参事官（当時の上司。現・国立環境研究所）の命令であるが、後で「沖君、首相官邸に入れて良かったじゃない?!」とだいぶ恩に着せられた。

小泉首相は審議官からの説明を一応一通り聞き、特に興味を示すこともなく、「ああ、そう」という感じの反応で、その後は大臣と懇談をしていた。首相の一言は重いが、重くしているのはある意味官僚組織である。結果として、2006（平成18）年度からの科学技術振興調整費として、人工降雨（と降雪）に関する研究プロジェクトが立ち上がることとなった。

その研究プロジェクト「渇水対策のための人工降雨・降雪に関する総合的研究」の研究代表者であった気象庁気象研究所村上正隆博士に教えていただいたのだが、最初の科学的な人工降雨実験は1946（昭和21）年にアメリカで行われた。きっかけは、ゼネラル・エレクトリック社（GE）の科学者で1932年にノーベル化学賞を受賞したアーヴィング・ラングミュア博士らが、霧がたまたま冷凍箱にドライアイスをたまたま落としたらそこだけ霧が消えたことを見出したのが発端だという。そして、実際、飛行機を用い、砕いたドライアイスを層雲の上からばら撒いたところ、そこだけ雲が薄くなったことが確認されたのである。

そういう意味では、ここで言う人工降雨は雲にドライアイスやヨウ化銀など雲粒や雨粒の成長を促す核となる物質を散布（種まき）し、降水過程を誘因、促進、加速させることを指す。広くは気象改変と呼ばれ、飛行場における文字通りの雲散霧消や、台風など熱帯低気圧の進路変更・上陸前の強度減衰なども含まれる。体育館のような大型実験施設で天井から雨を降らせる設備で「人工降雨」実験が行われることがあるが、あれは散水しているだけで、降雨現象を実際に生起させているわけではない。

とはいえ、火のないところに煙は立たないというように、雲がないところに雨を降らせるわけにはいかない。現状の人工降雨手法には、過冷却状態の水蒸気があるところにドライアイスや液化炭酸ガスを航空機から散布する方法、ヨウ化銀を混ぜたアセトンという物質を地上で燃焼させて微粒子を飛散させる方法（発煙法）などがある。

世界気象機関（ＷＭＯ）が科学的な人工降雨に関する研究を組織的に推進しており、確かに効果はあるとされている。しかし、単に種まきをしたら雨が降ったというだけでは効果があったかどうか科学的には見分けがつかない。種まきをしなくても、雨は降るからである。そのため、実験の際には、人工降雨（実際には人工増雨）に適していると思われる雲を見つけたら飛行機を飛ばしてその雲まで行き、種まきをするかしないかを直前にランダムに決め、種まきをしたりしなかったりして戻る、ということを繰り返す。そうした実験データを集め、種まきを実際にした場合としなかった場合とで降水量が統計的に有意に違うかどうかを検討するわけである。

日本も含めて１９６０年代に世界中で積極的に実験が行われた結果、種まきによる人工降雨は約５％降水強度を増やす、ということになっている。近年、数値シミュレーションでもそうした効果を表現することができるので、どういう雲のどの高度にどういう物質を撒けば良いかの検討が今では可能となっている。ＷＭＯでも、今後の人工降雨実験は観測と共に数値シミュレーションを併用することを推奨している。

それでも実際の現場で利用するにはまだ問題がある。まず、降水強度は変動が激しく、かつレーダや雨量計の測定誤差の方がはるかに大きいため、この５％という効果は非常に微妙である。また、それなりの雨をもたらすようなひとつひとつの雨雲が発達し始めてから雨を降らし減衰するまでせいぜい20～30分である。種まきに適した雲が発生してから飛行機を飛び立たせるのでは遅く、そうした雲が発生しそうな日、時間帯に飛行機を上空にあらかじめ待機させておき、気象レーダ等で発生を確認したら急行して種まきをする、といった態勢を敷く必要がある。さらに、せっかく種まきで降雨が増強されても、降って欲しい地域に降ってくれないと、あまり便益はない。人工貯水池の上流域に降ってくれると制御できるので、水資源管理上は助かるのだが、日本の貯水池上流域は数十からせいぜい２００㎢なので、種まきで増強された雲が狙った流域で雨を落としてくれるか心もとない。

このため、２００６年に始まった日本の人工降雨プロジェクトでは気圧配置が安定しており、適した雪雲の発生予測が比較的容易である冬季の雪雲を対象とした人工降雪により、山岳部（ダム水源地）に積雪の形で水資源を貯えることに主眼を置くこととなっていた。

また、飛行機の利用にはそれなりの費用がかかるため、日本ではあまり熱心に種まきはなされず、発煙筒でヨウ化銀を立ち上らせたりするのが主流である。海外では現在も行われているようであるが、打ち上げ花火のような小型ロケットを飛ばして狙った雲に種まきをする、といった方法が取られることもある。あるいは、中国では空砲を撃つと、その衝撃で雨が降るという、おまじないのような手法が実行されることもあるようである。

大慌てで人工降雨に関する情報を集めた際、滝沢智先生（東京大学大学院工学系研究科教授）が調べてこっそり教えてくださった話によると、渇水時になると実は人工降雨を実施しているという自治体が日本中で案外多いのだが、効果を確かめた上でやっているというよりは、単に渇水に手をこまねいて雨を待つだけでは首長や住民に説明がつかないので「人工降雨も試みています」と言うためにやっている、言ってみれば半ば「雨乞いの儀式」のように実施しているところが大半だ、ということであった。

科学的に人工降雨の研究を続けている気象庁気象研究所の村上正隆博士らにしてみれば忸怩たる思いであろうが、晴れ渡った空に人工降雨を施すと一天俄《にわ》かにかき曇り雨がザーザーと降るといった、手品のようにはいかないため、現時点ではそうした状況に甘んじているようである。

ただし、世界では人工降雨は広く用いられている。2005（平成17）年に調べた際には三十数カ国、100件以上のプロジェクトが実施されていることがわかった。米国では10州で66以上の事業が行われており、民間の人工降雨会社も複数ある。中国は気象局の地方組織にまで気象改変に関する部局を設置するなど国家的に取り組んでいる。2008年夏の北京オリンピック（開会式）の際の取り組みは日本でも報じられ話題となった。

タイでは1990年代半ばから継続的に人工降雨実験を実施しており、王様のプロジェクトとして、世界でも類をみない規模の陣容で臨んでいる。優秀な若手をアメリカの大学に送って気象学を学ばせ、4地域に気象レーダを設置して現代的な観測をしつつ種まきや雲物理観測専用の30機の航空機と100人以上のパイロットを擁し、科学的なデータも収集しつつ、毎年のように水不足になる乾季に人工降雨実験を継続している。

最近はエアロゾルが降水量に及ぼす影響の研究で有名なイスラエルのダニエル・ローゼンフェルド博士（第5章270ページ）も、以前は人工降雨の研究に取り組んでいて、タイの王立人工降雨農業航空局の科学技術指導をしていた。私もタイでの水循環・水資源調査をしている際に知り合っていろいろと教えてもらった。イスラエルは後に述べる点滴灌漑でも世界を席巻しているように、水需給が逼迫しており、人工降雨にも熱心に取り組んでいたようである。

種まきに必要な飛行機の運航コストが1日あたり例えば100万円だとすると、5％しか降雨量が増えないのであればとても見合わない、と思うかもしれない。しかし、貯水池の上流域100㎢に自然状態であれば20㎜しか降らなかったところ、人工降雨によって21㎜降ったとすると、その1

㎜の増分で10万㎥の水が新たに降ることになる。蒸発する分や旱魃で乾いた土壌に浸みこんで保持される分を考えると、1㎜降っただけでは貯水池に流れ込むことはないかもしれないが、20㎜の雨が21㎜になると、その増分は大半が流れ込むと考えて良い。もし10万㎥丸々増えるとすると、1㎥あたり10円のコストということになるので、新たに貯水池を作ったり、海水を淡水化したりするコストに比べると遥かに安い。すなわち、もっと狭い範囲にほんの少し増やすことができるだけでも十分に実施する甲斐はある、ということであり、決して無駄ではない。

誤解を恐れずに言えば、旱魃時に、何かできることはないかという行政的な、あるいは国民統治的な必要性から半ば儀式的に行われているのが人工降雨の現状である。しかし、だからといって全くインチキというわけではなく、科学に裏打ちされている。ただ、実際に雲から雨が降る際にやりとりされるエネルギーに比べるとほんのわずかな擾乱を与え、降水のきっかけを与えることしかできない。管理された工場や農園の中とは違い、開放系である自然の中の多様な雲を相手にする技術である。iPS細胞の場合のように、1000個のうち数個しか成功しない製造法でも大いに役に立つ技術とは異なり、毎回それなりの効果が確実に認められることが人工降雨には求められている。真の実用には、ブレークスルーも含めてもう一段階、飛躍的な技術の進歩が必要だろう。

雨水利用――水の地産地消

雨を降らせるよりは、降った雨を有効に利用する方がより確実である。

水が足りない時期がある地域では、水を貯めておいて使うのが昔からの基本だ。しかし、嘉田由紀子博士（現・滋賀県知事）が「近い水、遠い水」と表現している通り、近代化の中で身近な水循環を地域で維持・保全し利用する、というあり方が崩れてきた。特に都市に降る雨は速やかに排除し、使う水は遠くから、時には流域を越えて運んでくることとなった。

そうした中、エコな暮らしへの関心が高まり、身近な水にも目が向けられて、ある意味では一番「近い水」である雨水が見直されることとなった。そうした取り組みを先導してきたのは墨田区であり、区職員であった村瀬誠博士である。ただ、資源として使うためというよりは、激化する都市洪水を緩和し、あわせて雨水を有効利用しよう、というのが当初の動機づけであった。ゴミ問題の分野では「混ぜればゴミ、分ければ資源」と言われるが、雨水利用に向けた村瀬博士らの標語は「流せば洪水、ためれば資源」である。

１９８５（昭和60）年から利用されている墨田区の両国国技館には日本初と言われる大規模な雨水利用設備が導入され、トイレの洗浄用水や冷却塔の補給に利用されている。また、こうした動きを受けて、１９８８（昭和63）年に開場した文京区の東京ドームでも同様に屋根に降った雨水を地下貯水槽に貯めトイレなどに利用している。また、墨田区では新設する区の施設にすべて雨水利用を導入するほか、雨水タンクの半額補助をするなど、雨水利用促進施策をとっており、今では全国の様々な地方自治体でそうした助成制度が導入されている。２０１２年５月に開業したスカイツリーでも周辺の建物を含め２６３５㎥という大容量の雨水貯留槽が当然設置され、トイレ用水、屋上緑化用水、太陽光パネルの発電効率を高めるための冷却用などに用いられている。

都市の総屋根面積は思ったほど広いわけではないが、雨水利用のための屋根へ降った水の貯留は、都市の洪水をその分確実に軽減できる。厳密には雨のピークを貯めて流さないのが望ましいが、どちらかというと屋根面積に比べて貯水槽の容量が相対的に大きい場合が多く、豪雨時でも全量に近く貯めることができているのではないだろうか。

雨水は清浄であるか、というとそうでもなく、大気中に漂っている汚染物質や屋根の素材を溶かし込んでおり、また、晴れている間に屋根に降り積もった埃や汚れを押し流すので、特に降り始めの雨水はあまりきれいだとは言えない。そのため、少し工夫をした雨水利用設備では、降り始めの雨水はそのまま流してその後貯め始めるような仕組みになっているものもある。また、長期間貯めている間に雑菌が繁殖する可能性が高く、そのまま飲むというよりは、庭の水撒きや洗車などに使うというのが普通である。

ただし、いざという災害時には沸かして飲む、あるいはそのまま飲む、という事態も含めて水が貯留されていることは心強い。墨田区の雨水利用施策では、洪水緩和、水資源の有効利用に加えて、初期消火用や災害時・事故時の生活用水確保が、目的として挙げられている。

墨田区はそうした雨水利用の取り組みを国内外に広げようと日本国内の自治体を組織したり国際会議を開催したりしている。しかし、古典的な雨水利用は日本国内でも島嶼部を中心として昔から行われてきているし、東南アジア各国では屋根の水を数百リットルの甕《かめ》に貯め込んで生活用水に利用している風景が郊外部では日常的に見られる。

また、微地形を利用して水を窪地に集めたり、浸透して無くなってしまわないように単なる池ではなくコンクリートの地下タンクにしたり、さらに天蓋を被せたりして、とにかく雨水を貯めこむ、といった工夫が様々に行われている。これらは総称して「rain（water）harvesting（雨の収穫）」と呼ばれる。

なお、地域によっては、落下しない大気中の液体水、霧や雲から水を得ようという仕組みもあり、南米ペルーのアタカマ沙漠付近のフォグキャッチャーが有名である。漁の網のようなネットを棒の間に張り、大量の水分、霧を含んだ大気が通過する際に結露させてその水滴を集めるような仕組みである。沙漠の大気中に水分があるのは不思議に思うかもしれないが、大陸西岸中緯度の乾燥地域は冷涼な海流の影響で上昇流が生じにくいので雨が降らないのであり、海に近いこともあって大気中の湿度自体はそれなりにあるのである。

海水淡水化は万能か

第1章で説明したとおり、地球上にはたくさんの海水がある。これを利用することができるのなら、少なくとも海に近い地域においては水で困ることはなさそうに思うだろう。品種改良や遺伝子組み換えによって海水でも育つ作物を開発する、という技術開発もあり、汽水域に育ち、塩分を植物体内から排出するメカニズムを持つマングローブの遺伝子をイネに組み込むといった研究も進んでいる。

しかし、我々人間自身は海水を飲んでも大丈夫、にはなかなかならないので、とりあえず海水の利用は淡水化をしてから、ということになる。

古典的な海水淡水化手法は減圧蒸留法であり、低圧にして沸点を下げたところに熱を加えて沸騰させ、水蒸気を取り出して冷やして真水を得る、という原理である。その過程を何段階か連続して繰り返す多段フラッシュ型が実際のプラントでは主流であった。ただし、熱、エネルギーが大量に必要となるため、水が圧倒的に足りないがエネルギーコストは安い中東などでこの方式が用いられている。

近年急速に増えているのが逆浸透膜を用いる手法である。水は通るが主要なイオンは通らないような膜を隔てた淡水と海水との間には、淡水側から海水側へと水が流れ込むような浸透圧が生じる。この浸透圧に抗するように海水側の圧力を50〜60気圧に高めることによって海水中の水だけを真水として取り出すことができる。これが逆浸透法による海水淡水化の原理である。低い圧力でより多くの真水を回収できるような高性能の膜が比較的安価に製造できるようになり、また、エネルギー的には多段フラッシュに比べると少なくて済むことから、エネルギー価格の世界的な上昇も相まって、最近ではこの逆浸透法が主流となっている。

蒸発させるのに比べると、逆浸透法では海水中のゴミの除去などの前処理の手間がかかり、有機物による目づまりや藻類の異常増殖による運転停止という技術的課題もあるが、コスト的には、電気代と膜代が日本では半分ずつくらいだそうで1㎥あたり200〜300円程度になっているようである。エネルギー価格が安く、規模も大きい海外の施設では、目安としては1㎥あたり1アメリカドル程度だ、と言われている。いずれにせよ、数十円で済む地表水の浄化処理に比べると何倍もの費用がかかるが、そもそもの価格が高くはないので、価格差を考えると、どうしても水が不足している場合には許容できる範囲である。

日本でも、沖縄に日量4万㎥の施設が1997(平成9)年に、福岡では日量5万㎥の施設が2005(平成17)年に竣工して供用を開始している。沖縄も福岡も以前は深刻な渇水に悩まされていたが、海水淡水化施設の供用開始後は幸いなことに深刻な渇水には見舞われていない。

沖縄の場合には北部のダム群が連結され、総合運用態勢が整った影響も大きいようだが、いずれにせよそうして渇水頻度が減ると、それまでは沖縄の住宅の風物詩であった屋上の水タンクが、最近の新築では設置されないことも多くなったという。「のど元過ぎれば」で被災リスクが上がる構図が、洪水ばかりではなく渇水に関しても窺える。

海水淡水化された水を農業用水に使っている現場もスペイン南部で視察したことがある。淡水化施設の建設や運営に多額の補助金がEUやスペイン政府から支払われているにせよ、1㎥あたり0・4〜0・5ユーロもする水であったが、それでも採算の合うハウス栽培が行われていた。訪問したアルメリアはプラスチックの海と呼ばれるほどビニールハウスが並んでいるのであるが、それは保温のためではなく、保湿、とにかく水と湿度を保ち乾燥を防ぐためであった。

価格と持続的な供給というエネルギー問題さえクリアできれば、海水淡水化で水問題はすべて解決、という気になるかもしれないが、もうひとつ問題がある。それは、ブラインと呼ばれる濃縮海水である。海水から真水を回収すると、その分濃くなった海水が副産物として得られる。その処理をどうするかが問題である。アフリカとアラビア半島に挟まれた紅海沿いには多くの海水淡水化施設があり、それらから大量の濃縮海水が排水され紅海の塩分濃度を上げている、という笑い話があるほどだ。

淡水化された水を生活用水に使うのであれば、処理した下水と混ぜて放流すれば環境影響も抑えられるに違いない、と思っていたら、さらに有効利用する方策として、下水などを相手とした濃度差発電に濃縮海水を使う、というアイディアもあるそうである。しかし、農業に用いた水は、淡水化してまで灌漑するような地域ではほぼすべてが蒸発散で失われてしまうため、ほとんど戻ってくることはないだろう。ブラインを塩田に使う、といった応用も考えられているが、ある程度まとまった需要がないと、塩を作るだけ無駄になってしまう。

アメリカ合衆国の第35代大統領ケネディ氏の言葉として「水問題を解決できるものは誰でも平和賞と科学賞、2つのノーベル賞を受け取るに値する」が伝えられている。ノーベル科学賞、というものは実際にはない。しかし、1950年代にアメリカで海水淡水化のための大規模な国家プロジェクト研究が行われ、酢酸セルロース膜による逆浸透法が確立しつつあった、という時代背景を考えると、性能の良い逆浸透膜の開発を想定し、化学賞のことであったのかもしれない。いずれにせよ、科学（と技術）の進歩が水問題の解決を通じて人類の平和に資する、という期待が当時から大きかったことを窺わせる。

水をきれいにするのは水を造ること

海水の淡水化に比べると、塩分濃度の薄い汽水や、下水などを浄化する方がはるかに必要なエネルギーも少なくコストも安い。下水処理場で処理された水の再生利用もあれば、個別の施設、大規模なビル群などで独自に処理をして再生利用している例もある。2009年度末の統計で雨水・再生水を利用している公共施設や事務所ビル等の数は全国でおよそ3550施設、雨水・再生水利用量は年間およそ2億7000万㎥、うち2億㎥が下水再生水であり、約290の処理場から供給されている。

用途としてはトイレの洗浄用が圧倒的に多いが、その他散水、消防、修景、冷房、洗車、冷却、清掃、洗浄と続く。修景用水とは、都市化によって水量が減少した河川や水路へ導水を行って、都市内における貴重な水辺空間としての河川の景色を修復するための水のことである。水需給の緩和というよりは下水処理水の有効利用と捉えるべきであるが、そもそも平常時の都市河川の流量が極端に減少したのは、コンクリートやアスファルトに覆われた都市では地中に雨水が浸透することが少なく、雨水のほとんどが下水管を通じて速やかに排水されてしまうためであり、ある意味本来の水循環に戻そうとする営みである。

海外でも、オーストラリアやスペインなど乾燥した先進国で、下水処理水を中水道として各家庭に配水している自治体も出現している。上水と下水の中間なので、「中」なのである。利用可能な水資源量が限られている場所で、しかし庭の水撒きや洗車、トイレなどに必要な水量が多い場合には中水道は有望な選択肢のひとつである。もし問題があるとすると、誤接続である。上水と下水ですら密かに間違ってつなげられていて汚染されている事例が稀に公になるが、それなりに浄化された中水道では、上水道と混じってもすぐには判明しない可能性がより高くなる。

さて、中水ではなく、下水を再び上水にすることも行われている。国際宇宙ステーションでは空気中の水蒸気まで回収、浄化して再利用しているくらいなので尿も浄化して利用されていて当然だが、シンガポールは、通常の下水処理の後に膜を通して浄化し、90％は工業用水として利用するものの、ニューウォーターと呼ばれるこの再生水の一割程度は貯水池に戻される。他の水と混ぜられたニューウォーターは、浄水場に送られて再び上水として配水されているのである。

マーライオンで有名なマリーナ湾を閉めきって淡水化し、いわば河口貯水池を作って一滴も淡水は海に漏らさないほどシンガポールが水資源確保に熱心な理由は、人口密度が高い島からなる都市国家で水資源の絶対量が足りないからである。それだけではなく、以前はマレーシアから0・03$／㎥といった安価で原水を輸入し、浄化して利用し、しかも浄化した上水の一部をマレーシアに2$／㎥といったそれなりの価格で販売していた。ところがマレーシア政府がこの価格設定に不快感を示し、原水価格の値上げや、送水の停止を20世紀の末にほのめかす事態となった。

これを受けてシンガポール政府は自前の水資源確保を主要政策のひとつとし、ニューウォーターを含めた水資源技術の発展と確保に注力した。海を隔てたインドネシアのダム開発にも投資したということである。シンガポール政府が上手だったのは世界各国の造水・水処理関連企業に声をかけて技術開発の拠点を作り、水道供給事業の推進力とした点である。中国語も英語も流暢に使えるという自国の利点も最大限に生かし、国策企業であるハイフラックス社などを通じ、中国での水道供給事業をビジネス展開し大成功を収めている。

日本では下水処理水の直接の地下水涵養《かんよう》は水質汚濁防止法で原則的に禁じられているが、技術的には「トイレから蛇口へ」直結することも可能である。しかし、一旦貯水池に戻すのはやはり心理的なバリアがゼロではないからだろう。シンガポールでは膜処理までしてそのままでも飲めるほどに浄化しているが、他の地域でも膜処理まではしない下水処理水を人工的に地下に浸透させ、少し離れたところで汲み上げて浄化し、水道として供給している地域がカリフォルニア、オランダなどにある。これらも、やはり心理的なバリアを乗り越えるために、一旦地下水に戻すのである。

逆に、飲まない水としては、未処理の下水、生下水をそのまま使う場合もある。世界の灌漑面積の7％にあたる2000万haが排水か汚染水によって灌漑されている、という報告もあり、国によっては、野菜の1／4が排水によって生産されていたり、都市近郊農業で80％の野菜が都市排水で生産されていたりするという例もある。世界的に見ると、日本の従来の「有機」農法は下水灌漑と同じ範疇であり、重金属汚染などがなければ、下水灌漑が必ずしも問題であるとは限らない。

節水

さて、供給を増やす水資源開発に対して、節水によって需要を減らすにはどうすれば良いのであろうか。

すでに何度も述べた通り、節水しても他の地域で利用できるようになるわけではないので、健康で文化的な生活に必要な分の水はむしろ積極的に使うべきである。

しかし、より少ない水で同じレベルの健康で文化的な生活を享受できるのであればそれに越したことはない。水だけではなく、お金もエネルギーも本来同じで、使う量が多ければ良いというわけではなく、使って得られるサービス（恩恵）が充実し、満足できることが大事なのだ。きれいに流れてくれれば良いのであって、トイレの水はやはり毎回18ℓ流さないと気が済まない、などという人はいないだろう。

そういう意味では、省エネ家電の普及に伴って、節水機器が家庭に普及しているのは、少ない水で従前と同じ水の恩恵が受けられるという意味で素晴らしい。もちろん、水を節約する分エネルギーが必要だ、という場合にはどうすれば環境影響が一番少なくて済むのか、あるいは持続可能な社会の実現にふさわしいのか、総合的に判断する必要がある。

農業は一番の水資源利用セクターであり、節水を求める圧力が世界的にも高い。節水農業技術の歴史も古く、点滴灌漑といって、作物の根にぽたぽたと水滴を落として最小限の水量で育てる技術が世界中に広がっている。近年では、土壌水分計を用いて、乾燥したら必要な分だけ補充する、といった技術も導入されている。しかし、こうしたいわばハイテクの技術が導入できるのは商業的農業を行っている先進国のみであり、農業投資余力は少ないが人件費が安いような国では別の適正技術が歓迎される。

例えば、東大農学部で活発に農業、土壌と水に関わる研究活動をされている溝口勝教授が事務局長を務めるJ－SRI研究会では、肥料・農薬・水・種モミを減らして多収穫が実現できるというふれこみのSRIという画期的な手法の普及のための研究調査や情報収集を行っている。本当に肥料や農薬や水、種モミが減らせるのであればすぐにでもみんな切り替えれば良いのではないか、と思うが、適地というのがあるのかもしれないし、従来のやり方を変更することには農家のみならず、周辺の仕組みも含めて大変革が必要なため、なかなか普及しないということなのかもしれない。

日本の水田農業の場合、節水する余地がないわけではないが、節水にはその分の労力がかかり、気にせず水をじゃぶじゃぶ使う方が楽なのだそうである。農業用水はその供給にほとんどエネルギーを使っていないこともあり、平常時は豊かに利用し、10年や20年に一度といった大渇水時には手間暇をかけて節水する、あるいは都市用水に譲りその分補償を受ける、といった対応の方が、普段から少ない水で生産できるような仕組みを導入するよりも社会的に安価で、かつ様々な変動に対して柔軟に対応できるのではないだろうか。

なお、農業用水では、河川などからの幹線水路、2次水路、3次水路と徐々に分流されていくが、支線になるに連れて途上国では素掘りの水路で漏水が著しい場合もある。取水量に対してどのくらいが目的とする耕地に到達するか、という灌漑効率が50%を切る国もあり、そうした状況の改善策として、水路の内側をコンクリート張りにするなどの漏水防止策が講じられる。

しかし、水は循環しており、そうした漏水防止を施すと、実はその漏水によって涵養されていた地下水が減って水位が下がり、それまで利用できていた水路周辺の井戸が使えなくなる、などの例も報告されている。日本ではパイプ灌漑といって、開水路ではなく水道管のようなパイプを通じて田畑に直接水を送る仕組みの導入も進んでいる。そうなると灌漑導水途中の消失は減り、水の調節も容易になるが、他方で、近年その意義が広く認められるようになってきた農業用水の多面的機能のかなりの部分が失われてしまうことにもなりかねない。やはり、人間が自然に働きかけて何らかの便益を得ようとすると、何らかの副作用もまた甘受せねばならないということだろう。

統合的水資源管理とは

管理とマネジメントとは違うと、浅野孝先生（カリフォルニア大学デイビス校名誉教授）と英語の本を訳して出版（『水資源マネジメントと水環境』）した際に虫明功臣先生がおっしゃっていた。それは、管理という日本語が、当初定められた規則通りに物事が逸脱せず運営されるようにと維持する硬直的な語感を持つのに対し、マネジメントは、目的を達成するために適切な手段をその時々で判断しつつ、時には目的すらも成功のためには修正、変更する、といった柔軟で目的志向の語感を持つということなのだと思われる。

そういう意味では、統合的水資源管理、という言葉も統合的水資源マネジメントとしておいた方が良いと思われるが、定訳に従ってここでは管理、としておく。この統合的水資源管理という概念は、1993年に世界銀行が打ち出したとされる。当初は、水と土地を一体として管理し、社会的経済的利益をバランスさせ、人間が水資源利用によって便益を得ることで生態系に深刻な悪影響を与えないようにする、といった理念であった。

しかし、統合的水資源管理、という言葉がはやり始めると、何でも統合的水資源管理だ、ということで、利害関係者の計画策定への参画や、時として利害が相反する水資源を利用する利水計画と洪水から守る治水計画と水環境保全を総体としてマネジメントすること、また、地球温暖化など他の地球環境問題にも目を配りつつ持続可能な発展を支える水資源管理をすること、などの概念も盛り込まれていった。

中村太士先生（北海道大学教授）は従来の河川管理の「水系一貫」から「流域一貫」へ、といった方向性を示されている。それまでは河道管理に留まっていた水管理を、流域の土地利用や生態系保全、都市計画等も含めて管理せねばならない、ということであり、まさに流域一貫は統合的水資源管理のことである。

場合によっては、水管理を担当する省庁縦割りの弊害をなくすことも統合的水資源管理の一部として提案されることがある。日本では上水道は厚生労働省、農業用水は農林水産省、工業用水や水力発電や水ビジネスは経済産業省、河川や水資源や下水道は国土交通省、地下水や湖沼の特に水質管理は環境省、と見事に縦割りになっており、さらに、降る水は国土交通省の外局である気象庁であるし、大規模水害対策は内閣府中央防災会議でも所掌している。地方自治体の水道事業の民間委託に関しては総務省の管轄であるし、海外の水問題解決のための開発援助は外務省が窓口となる。

こうした状況を受け、現在法制化の動きが進んでいる水循環基本法は水管理に関わる水行政の一本化へ向けた取り組みへ弾みをつけようとするものである。

なお、縦割りで水管理の所管が複数の行政機関に分断されているのは何も日本に限った話ではなく、むしろ世界的にもその方が普通である。州や県など地方政府の権限が強い場合にはさらに水管理は細断されている。だからこそ水管理は流域単位で、という主張がしばしば水の国際会議で聞かれるのである。

また、社会基盤整備が進んだおかげで洪水や渇水等に伴う水災害は頻度が低くなっており、他の地域のそうした災害経験を防災、減災対策に生かすべきであるが、地域が分断されているとそうした被災経験、特に失敗した事例はなかなか共有されない。地方分権と共に、水管理、水災害被害軽減の智慧を広域で共有していく仕組みも必須である。

縦割り行政の見直しは、無駄の排除、無用な省庁間の軋轢を無くすためには重要かもしれないが、局あって省なし、課あって局なし、と、揶揄されるように、同じ省庁として水関連部局が一体化されても、その中で相変わらず縦割りが続くようだと事態の劇的な改善は望めない。組織改編も重要だが、統合的に水を管理する、という理念の共有が本質的には重要だろう。

一方で、多面的なマネジメントが必要とされる水に関して、様々な立場、視点から新規施策を常にチェックする部署があるというのは必ずしも悪いことばかりではない。水循環庁ができた後、組織再編があって、もし仮に水防災の部署が縮小されるようなことがあれば、資源としての水利用や水環境保全ばかりが優先されるといった事態にもなりかねない。合意形成に時間と手間暇がかかるにせよ、組織形態がどうあれ、多様な視点を維持することは適切な水マネジメントにとって不可欠である。

なお、縦割りの弊害はメディアによる水に関する報道でも顕在化していた。世界の水問題を取り上げるべきなのはいったい社会部なのか、科学部なのか。政治家の主導があれば政治部なのか、水ビジネスで解決しようとするなら経済部なのか。世界の水問題や水ビジネス、という題材には折に触れて報道する価値がある、ということになった現在ではようやくそうした弊害は無くなったが、2006(平成18)年頃まではメディアの縦割りの隙間に水問題は置き去りにされていた。

省庁にせよ、メディアにせよ、水が分断されて扱われていたのは、逆に言うと、人間社会と水や水循環、水資源との接点が極めて多く、一元化して扱うにはあまりに対象も規模も大きいからである。科学者に必要なのは、複雑で難しい課題を、なんとか取り扱えて解決できるサイズに解きほぐし、そのひとつひとつに取り組み、順番に解決していくことだ、と、気候モデルの父、真鍋淑郎先生(米国地質調査所、プリンストン大学地球流体力学研究所)に教わったことがある。水問題も、あまりにも広汎で多様なため、適切にマネジメントするためには分割して所掌を分けざるを得ないのだ。適切な分割と、統合的なとりまとめ、が常に必要である。

水をめぐる世界の政府の対応

では、日本や世界各国の政府は、世界の水問題をどう認識し、どういう対応をしようとしているのだろうか。

世界の水問題が実際に解決すべき問題であり、その解決は国際貢献にもビジネスチャンスにもなり得る、という認識が広まったのを受け、元首相・日本水フォーラム会長の森喜朗衆議院議員を最高顧問、故中川昭一衆議院議員を会長とする自由民主党の特命委員会「水の安全保障研究会」が2008年7月に水の安全保障に関する最終報告をとりまとめた。報告は水分野での国際貢献がわが国の安全保障につながり、平和協力国家としての使命であると強調し、政治主導で機動的に政策を実現するための「水の安全保障戦略機構」の設立や、産官学の技術と叡智を結集した「チーム水・日本」の結成などを具体的な施策として掲げている。

以下では「チーム水・日本」の枠組みの下に作った「水科学技術基本計画戦略チーム」で提出した「水分野におけるこれからの科学技術研究開発推進の方向について（中間とりまとめ）」（2009年8月）に主に基づいて動向を紹介しよう。

2002年9月の持続可能な開発に関する世界首脳会議（ヨハネスブルグ・サミット）において採択されたヨハネスブルグ宣言では、「貧困削減、生産・消費形態の変更及び経済・社会開発のための天然資源の基盤の保護・管理が持続可能な開発の全般的な目的であり、かつ、不可欠な要件であること」が認められ、「清浄な水、衛生、適切な住居、エネルギー、保健医療、食料安全保障及び生物多様性の保全といった基本的な要件へのアクセスを急速に増加させる」決意が表明され、「世界が、地球を救い人間の開発を促進し世界の繁栄と平和を達成するという共通の決意により団結し、共同で行動すること」が約束された。前にも述べたが、これらがわざわざ宣言される、ということは、少なくともその時点では完全には実現していない、ということの裏返しである。

先進8カ国は、ヨハネスブルグでの目標の実施に焦点をあわせ、2003年6月にフランスのエビアンで開催されたG8サミットにおいて、持続可能な開発のための科学技術の役割を確認し、

「水に関するG8行動計画」に合意した。

２００８年７月にはG８サミットが北海道の洞爺湖で開催された。北海道洞爺湖サミット首脳宣言の中には、①循環型水資源管理が決定的に重要との認識を共有し、②エビアン・サミットで合意された「水行動計画」の実施に向けて努力を再活性化するとともに、次回サミットにおいてG８水専門家により準備される進捗報告に基づき、「水行動計画」をレビューする、③アフリカ及びアジア太平洋地域の水と衛生の問題解決に焦点を当てる、④国際衛生年である２００８年、各国政府に対して衛生施設へのアクセスを優先課題とするよう呼びかける、などが盛り込まれた。

２００９年７月のラクイラ・サミット（イタリア）の首脳宣言には、水と衛生の確保が持続可能な経済成長に不可欠であることが強調され、水と衛生に関するG８とアフリカ諸国とのパートナーシップ強化が合意された。２０１０年６月のG８ムスコカ・サミット（カナダ）では水に関する言及は特になく、世界経済やアフリカ、安全保障などが話し合われた。

２０１１年５月のG８ドーヴィル・サミット（フランス）の首脳宣言では、再び水が取り上げられ、グリーンな成長には資源効率性、気候変動との闘い、生物多様性の保全と並んで健全な水管理の促進が不可欠な要素であり、持続可能な開発に寄与すると強く信じる、とされた。このように、近年のG８サミットでは、ほぼ毎年のように水問題の解決に言及されるようになっている。

もちろん、首脳たち自身がどこまで水問題に関心があるかどうか、というと心もとない。彼らは自分たちのその時点の関心事が大きく取り上げられていれば、「シェルパ」と呼ばれる各国の官僚組織代表たちが実質的にとりまとめる首脳宣言に何が入っていようとさほど気にしていないからである。しかし、各国の官僚組織がそれぞれの部局で実行したいことを裏支えするような文言を入れようと必死に努力した結果の文章であり、国内部局間の調整、国家間の調整を経たという意味では、複数の国々の政府部局が、水問題解決を掲げて何らかの政策を実施しよう、という非常に強い意欲を持っていることを端的に示している。

一方で、2002年の持続可能な開発に関する世界首脳会議（ヨハネスブルグ・サミット）を受けて国連では水に関する部局を束ねたUN－WATERが2003年に組織され、世界水アセスメント計画や世界保健機関と国連児童基金との水と衛生に関する共同監視計画などが実際の行動計画として位置付けられた。世界水アセスメント計画はユネスコ人的資源開発日本信託基金に基づいてユネスコ本部科学局が実施しており、3年に一度の世界水フォーラムに合わせて世界水開発報告書を公表している。

日本は水と衛生分野における二国間援助の約4割を占め、1990年代からトップドナー（支援国）として、世界の水問題の解決に積極的に貢献してきている。政府は2006年、「水と衛生に関する拡大パートナーシップ・イニシアティブ（WASABI）」を発表し、水と衛生分野への一層の積極的な関与を内外に表明しつつ、我が国の経験、知見や技術を活かし、ソフト・ハード両面での包括的な支援を実施している。また、国連事務総長に対する「水と衛生に関する諮問委員会」初代議長を故橋本龍太郎元首相が務め、2007年11月からは皇太子殿下が名誉総裁を務められるなど、水分野の国際的な枠組みを日本が積極的にリードしている。

こうした動きの裏に、水政策の拡大で事業が増える政府部局やいわゆる水ビジネスで一儲けしようと目論む企業の思惑が絡んでいるのはもちろんである。しかし、だからといって、水問題が幻想である、というわけではなく、人権・貧困、食料・生態系、環境、資源・エネルギーなど国際的に取り組むべき様々な課題がある中で、水問題も深刻であり、取り組む価値がある、ということで一応の国際・国内合意が得られている、ということである。

そうした取り組みは宣言を出して予算を取り、会議ばかりが繰り返されて国内、国際の官僚機構の中で消費されていくばかりかと思うと、必ずしもそうではない。世界保健機関と国連児童基金の水供給と衛生に関する共同監視計画が2012年3月に発表したところによると、2015年までに安全な飲み水へのアクセスがない人口割合を半減する、というミレニアム開発目標は5年前倒しの2010年時点で達成された、ということである。1990年時点で24%であった安全な水へのアクセスがない人口割合は、それ以降、中国とインドそれぞれ約5億人をはじめとして全世界で20億人以上が水道や改善された水源を利用可能となったおかげで11%にまで減ったというのだ。

もちろん、それでもまだ7億8000万人が安全な飲み水へのアクセスがないとか、アフリカの国々では目覚ましい改善が見られないとか、変わらずに残る都市と農村の格差、さらには改善された衛生施設を利用できない人口割合については2015年までには達成できそうにない、など、まだまだ水問題は深刻であり、後はもう放っておいても良い、というわけではない。そもそも、利用可能な情報が限られていることを考慮すると、こうした統計の定量的な精度に疑問はつきものだ。とはいえ、目標を立てて国際社会が総体として取り組んでいけば、それなりの成果を得ることができることもあるという一例であり、世の中そう悲観したものでもない、と思えるのではないだろうか。

水ビジネスは世界を救うのか

ミレニアム開発目標の達成は必ずしも先進諸国の政府開発援助のおかげだけとは限らない。各国政府も地方自治体も財政が緊迫し、投資余力がない中で、民間資本を公共財形成に活かすパブリック・プライベート・パートナーシップと呼ばれる仕組みが次々と世界的に導入されている。

従来は環境問題、人間安全保障の問題として取り上げられることの多かった水問題であるが、途上国における人口増加、都市への集中、経済発展に伴い、生活用水、工業用水、農業用水のいずれも需要がしばらくは増大することが明白であり、また、そうした需要増に応えるべく欧米企業が水管理に関連したビジネスをアジアの途上国でも拡大していることから、日本でも、環境保全、国際貢献と経済の両立をにらんだいわゆる海外水ビジネスへの関心が高まっている。

民間のイニシアティブによる産業競争力懇談会の提言を受け、水循環システム運営事業の海外展開のための基盤確立を目的として商社、建設、電機、プラント、素材などの民間企業は合同で海外水循環システム協議会を２００８（平成20）年11月に立ち上げた（２０１２年4月に一般社団法人化）。もし水ビジネスが本当に有望で、商機なのだとしたら、他人には教えず、こっそりと事業を立ち上げて儲けるのが普通である。それなのに、なぜ、同業他社も含めてこうした組織を作り、マスメディアを通じて大々的に宣伝するのだろうか。

まず、ひとつには、社内での説得材料が必要だったのだろう。つまり、水ビジネス事業に乗り出すということを、必ずしも水関連事業がメインではない大企業の中で幹部に認めさせるには、「今後水ビジネスが有望ですから」と説明する材料が必要で、新聞や経済雑誌などで頻繁かつ大々的に掲載されていれば説明もしやすかっただろう。経営陣も、そうした公開情報に載るような話には旨味は少ないと心の中では思っても、後で経営判断を問われる事態になった際の免罪符として「当時は水ビジネスブームでしたから」と言えるほどの材料があれば水ビジネス事業への進出に強く反対するほどでもないと考えただろう。そういう意味では、以前から粛々と海外で水ビジネスを展開し、それなりの成功を収めている企業の中には、こうした動きとは一線を画している場合も多い。

もちろん、単に経済合理性だけでビジネスを進めるわけにもいかない水に関して、どの程度利潤をあげても良いものなのか、あるいは各国の水事業の制度や規制、水ビジネスの成否にも関わる水利用文化、といった情報を企業間で共有するという実利的な側面もこうした協議会設立の目的であった。

また、すぐには悪影響が顕在化しないため、企業のコスト削減策としては真っ先に研究開発費が削られることが多い。そうした中、慣れていない新規事業に関わる研究開発に国の研究開発予算が使えると企業としては非常に助かる。そこで、大同団結して水ビジネスの将来性と経済界のやる気をアピールし、水ビジネスに関わる国の研究開発予算を獲得しようとした、という側面もあるに違いない。この試みは成功し、それなりの研究予算が国によって手当されたが、主に海水淡水化事業が想定され、高機能な膜の開発と大規模プラントの実証試験、という要素技術の開発に留まっているのが残念である。水ビジネス事業に必要なのは、様々な要素技術を統合して目的達成のために最適なシステムを構築し運営するメタ技術や、海外で実施するための適切な契約のノウハウだからである。

メタ技術は、ノウハウとか、属人的な経験としてしか評価されない場合もあるかもしれないが、何を作るか、の方が、いかに作るかよりも大事になりつつある現在、そうしたメタ技術の重要性は増しているだろう。そういう意味では、人財育成も水ビジネス展開には不可欠な要素である。

さらに、海外で実際に水事業を推進するには、やはりその公共的な性格から、国をあげての売り込みが必要になるので、政府に後押しをしてもらうためには、業界をあげて政府に働きかける必要があったという側面もあるだろう。

こうした動きとも連動し、経済産業省は2010年4月には水ビジネス国際展開研究会報告書をまとめた。それによると2007年には36兆円だった世界の水ビジネス市場は2025年には87兆円規模になると推計されており、そのうち上下水道が35兆～40兆円ずつで、それぞれさらに約半分が管理・運営サービス分である。海水淡水化は4・4兆円であるが、素材供給や施設建設などに関わる部分は1兆円に過ぎず、管理・運営サービスが3・4兆円と見込まれている。つまり、製造業の本業であるモノの販売、あるいは施設の設計・整備よりは、それを使って水を供給するサービスの方が市場規模としては大きい。そこで、この報告書では2025年に30兆円あまりに拡大すると見込まれる民間による世界の水道事業のうちの6%、1・8兆円市場を日本企業が獲得することを目指すとしている。こうした動きは首相直轄の国家戦略プロジェクト委員会におけるインフラ輸出の枠組みに取り込まれ、官民一体となって推進されつつある。

さて、水ビジネスは将来有望で日本の産業界は世界を席巻できるのであろうか。

水メジャー、あるいは水バロンと呼ばれ、民営化された世界の上下水道事業の約8割を寡占している3社のひとつ、ヴェオリア・ウォーターの日本子会社での勤務経験を持つ服部聡之氏はその著書『水ビジネスの現状と展望』の冒頭で「モノづくりにかけては精通しているが、本格的なプレーをしたことがない一流のバット職人たちが、ワールドベースボール・クラシックへの出場をかけて結集したような状況」とこうした水ビジネスブームを表現している。

『日本の水ビジネス』で水ビジネスブームの背景や経緯を上手にとりまとめている中村吉明氏も「バット職人」に対しては厳しく、「業界の共存共栄を図るため競争原理が働きにくい環境下で醸成されたコスト意識のなさ……を改善しない限りは海外受注は見込めない」とか「自らリスクを冒して海外の水ビジネスに参入するような気骨を持つことである」といった檄文を書いている。水ビジネスの海外展開に技術的優位性がどの程度必要かに関して、中村氏の歯切れは良くない。

同じ水ビジネスといっても、その設備に必要なモノを売るのと、水供給サービスを担うのとでは全く違う商売であり、前者は製造業、後者は投資事業だという認識がまず必要である。

つまり、世界に誇る技術を持つ日本のメーカーに求められているのは、単に縮小する国内市場から海外市場へ進出し外貨を稼ぐという役割だけではなく、ファイナンスや厳密な契約、様々なリスクをヘッジして事業を成功に結び付けるサービス産業への製造業からの脱却なのだ、という自覚を持ち、一線を越える覚悟が問われているのである。単品でも性能の競争力で勝るモノを売り切ることで利潤をあげてきたメーカーに、そういった変化、あるいは最近の言葉で言うと進化を遂げることが強く期待されている。

そういう意味では、プロジェクトマネジメント的な業務経験も豊富なエンジニアリングメーカーと、現地情報の収集や国際的な契約の経験豊かな商社が核となったジョイントベンチャーに、海外水ビジネス展開の勝機はあるだろう。もちろん、工場で使用される超純水の供給など、先端的な要素技術が比較的そのままビジネスに直結する分野もある。

一方で、国内の水管理、供給、処理サービスの高い品質を考えると、日本は要素技術では先端的であるが統合化技術では欧米に遅れをとっているという通説は必ずしも正しくない。むしろ、日本の水分野では従来「官」が統合化技術を独占してきたため、民間に経験あるいはメタ技術の蓄積が十分ないと考えるべきである。すなわち、水分野で海外事業に乗り出す際には、官において統合化に長年携わってきた技術者の参画を得ることがぜひとも必要であり、これまで官が独占してきた水分野の統合技術、メタ技術を官民で共有し、国内外の問題解決に役立てていかねばならない。もっとも、上手に運営するノウハウを持っている官の水道事業者が、水道事業で儲けるノウハウを持っているとは限らない点には注意が必要である。

国内で水ビジネスの実経験を持たず、海外でのみ事業展開する、という形態にはノウハウの蓄積という面からも無理がある。折からの水道事業広域化の動向を受け、国内にも数多くの水事業運営管理の現場を持ち、そこで培われたメタ技術を武器として海外に進出する、といった戦略を取る必要もあるだろう。

さらに、水ビジネス、特に上下水道事業はその公共的性格から、濡れ手に粟というわけにはいかず、ローリスク・ローリターンの堅実なビジネスである。内部収益率（IRR）で比較すると他の公共的事業、交通やエネルギー供給などに比べてさらに地味な割に、投資規模は大きくならざるを得ず、資金回収も長期にわたるため、ファイナンスが事業成功の鍵となる。

また、欧米のいわゆる水メジャー、水バロンなどと呼ばれるような大規模な民間水道事業会社は近年になって、採算の苦しい途上国からむしろ撤退傾向にあり、やみくもに水事業に進出すればいい、というものではない。それに、例えばフランスの大手水道事業会社であるヴェオリアは水道事業だけではなく、ゴミ収集処理やエネルギー供給、交通なども手掛けている。特定の水道事業だけに社運を賭けて、というのはリスクが高過ぎるだろう。

さらに、漏水、盗水、料金未払いなどの問題、あるいは水質事故や国有化、さらには贈収賄といった海外での水供給事業ならではのリスクに加えて、政治的・社会的・経済的安定に関わるカントリーリスクや為替リスクなど途上国への投資事業共通のリスクにも注意を払う必要がある。

しかし、他の事業に比べてローリスク・ローリターンであっても多少なりとも収益が上がるのであれば、市場では世界的に資金が過剰で金利が安い現在、企業の投資事業におけるポートフォリオのひとつとして水事業が入っていることは悪くない。BOPビジネスということが言われるようになって久しいが、発展途上国あるいは中進国の中間層の所得が上がるにつれ、より高品質の水サービスへの需要も増え、そのためであれば必要なコストを負担しても構わない、という市民が増えることにも期待できる。いずれにせよ、日本製にこだわらず、適正な技術を組み合わせて良質の水サービスを提供し、顧客である市民の満足を高めることが海外での水ビジネス事業の成功の秘訣である。そのためには、目的達成志向のメタ技術の確立や、地元優良企業との連携が鍵となるだろう。

水問題解決へ向けて市民として何ができるのか?

企業の水ビジネス事業、あるいは社会貢献事業や政府開発援助によって安全な水へのアクセスが増えるとして、一市民として世界の水問題解決へ向けて一体何ができるのだろうか。

安全な水へのアクセスがない地域に井戸を掘りに行く、という活動もあるだろうが、行くのにも掘るのにもそれなりのお金がかかり、誰にでもできる活動ではない。水の確保だけを考えると、植樹をする前にその有効性を十分に検討する必要もある。

できることから始めよう、という活動方針を掲げるとしたら、海外の水問題はさておき、自分たちの身の回りの水環境の整備、川や水路の掃除、鮎や鮭など清流の象徴であるかのような魚種の稚魚放流、カヌーや水遊びなど水に親しむ活動、水質や水棲生物調査などに地域コミュニティで取り組むのが手っ取り早いし、実効もあがるだろう。

節水をしても他の地域の水問題の解決や、市民活動の支援にはつながらない、という点に不満があれば、消費者の最大の武器である購入力を生かす、という手もある。

企業が利潤を上げるのは当然であるが、だからといって必ずしも反社会的だというわけでもない。特に、国内外の市民社会がそれなりに豊かで安定していることが企業活動にとっても重要であるといった認識が強まり、また、極端に言えば100年後も自社は存続しているという覚悟から企業イメージやブランドの維持にさらに力を注ぐようになった結果、企業の社会的責任（CSR）を果たそうという取り組みが広がっている。

CSRの一環として水環境の保全や水問題解決に取り組んでいる企業もあり、特定の商品の売り上げに応じてアフリカの井戸掘りや国内の水環境保全活動に寄付をする、といった活動も繰り広げられている。それは宣伝活動、商品のプロモーションの一環だろう、という見方も間違ってはいないが、逆に言うと、善意や好意のみに頼っていない分、持続可能であるということもできる。節電も節水も企業が本気になると組織的に取り組むため一定の効果があがるように、営利企業による業務としての社会貢献はあなどれない。

自分たちの手で何でもやらねば気が済まない、というのもよくわかる。しかし、身近な水問題の解決はそれで良いとしても、それがたとえ功利的活動の一環であるとしても遠くの水については水問題が解決されるならば他人の手に委ねても良いのではないだろうか。水に限らず環境保全支援に熱心な企業の製品を選別して購入することでも、環境保全に取り組んでいるNGOや組織に直接寄付することでも遠くの水問題解決などに貢献することが可能である。

一方、自分たち自身では難しいが世界の水問題解決に向けて何か貢献したいという市民の気持ちに対して信頼のおける受け皿を用意することが、企業やNGOなどの組織に求められている。ただ、解決すべきは世界の水問題だけではないし、今後成長が見込まれるのは一般論としての水事業だけではない。それぞれの創意工夫や発意によって、利益を上げつつ社会にも貢献できる事業を推進する必要がある。

第6章のまとめ

●現状の人工降雨技術では、雲がないところに雨を降らせるわけにはいかない。
●過冷却の雲に雲粒の核となる物質を撒く手法では5%程度降水強度を増やすとされている。
●世界では人工降雨は広く使われている。だからといって確実に効果があるかどうかは不明である。地道な研究が積み上げられている最中である。

●雨水は「流せば洪水、ためれば資源」。
●海水淡水化は実用化されていて、世界的に施設数もどんどん増えている。逆浸透膜を使う方式でもまだエネルギー多消費型であり、コストはまだまだ高い。
●下水処理水を水源に用いる試みも様々である。
●節水するとその分余計に労力が必要になる場合もある。
●マネジメントと管理は違う。
●官庁による水マネジメントの縦割りも悪いことばかりではない。
●複数の先進国の政府部局が水問題解決を旗印に何らかの国際貢献などの政策を実施しようという強い意欲を持っている。
●水ビジネスに必要なのは様々な要素技術を統合して目的達成のために最適なシステムを構築して運営するメタ技術である。また、海外で実施する場合には契約に関する適切なノウハウもとても重要である。
●水ビジネスに必要なモノを売るのは製造業、水供給サービスを担うのは投資事業である。海外水ビジネスに進出しようとするメーカー企業に求められているのは、ファイナンスや厳密な契約に長け、様々な危険性回避策の手を打って事業を成功に結び付けるサービス産業への脱却である。
●水ビジネスはローリスク・ローリターンが基本である。
●これまで官が独占してきた水分野の統合技術、メタ技術を官民で共有し、国内外の問題解決に役立てていかねばならない。
●海外水ビジネスでの成功には地元優良企業との連携が不可欠。

●海外にだけ現場があるのではなく、国内にも数多くの水事業運営の現場を持つことが必要。
●海外の遠い水ばかりではなく、身近な近い水の保全活動も重要。
●消費者の大きな力は購買力。
●今後成長が見込まれるのは一般論としての水事業ではない。企業にしろ、NGOにしろ、活動や成長が確保される利益をあげつつ、事業を通じて結果としてよりよい社会の実現にも貢献できるように運営することが期待されている。

あとがき

研究とは、「不思議」や「非常識」「不見識」を「当たり前」にしていく作業である。真理は、一旦わかってしまえば常識になる。真理は当たり前なのだ。もちろん、当初はコロンブスの卵であり、当たり前のことに気づくまでに、途方もない時間と労力がかかることもある。また、研究者の間では当たり前のことであっても、それが広く世間で知られているとは限らない。問題は、何がすでに常識であり、何がまだ一般には知られていないかが研究者にはよくわからない点である。

幸いなことに私には、年に100回ほど人前で話す機会がある。半分は講義や専門の研究会、学会だが、一般市民や企業向けなどの講演会も少なくない。そうした機会を通じて学んだ「世間ではまだあまり知られていないが、自分の周囲の研究者には常識であること」で、かつ読む人の知的好奇心をかき立てるであろう内容を書き綴ったのが本書である。

原稿を読み返してみると、多くの内容が過去10年、20年のうちに明らかになったものばかりであるにもかかわらず、専門家の間ではすでに当たり前になっているという点が改めて感慨深い。水文学もこの20年で大きく進んだ。その進歩のいくばくかに貢献できたのはこの上ない慶びであるし、また、水文学が進歩する様々な現場に居合わせた幸運を、こうして記録として残せるのもありがたい話である。巻末の参考文献の著者も含め、登場人物は大半が知り合いであり、無味乾燥にならないように、あえて人の物語として書き進めた。

読みやすく書いたつもりだが、平易な内容に限ったというわけでもないので、それなりの読みごたえはあり、水分野の専門家にも大いに楽しんで読んでもらえると思う。一度読んだだけではなかなか理解できない方にも、読書中の頭への刺激、読後の爽快感は楽しんでいただけるように努力した。

紙幅の関係や専門的過ぎるということで図表はだいぶ割愛せざるを得なかった。せっかく制作を手伝ってくださった皆様には大変申し訳なく思っている。そこで、掲載図のカラー版や掲載できなかった図をウェブで公開することにした（http://hydro.iis.u-tokyo.ac.jp/Info/Hydro2012/）。

本書を講義で利用する際などにこの図表を活用していただければ幸甚である。また、世界の水問題を俯瞰する『水の世界地図』（丸善、２００６年）の姉妹編ともいえる『水の日本地図』（仮題、朝日新聞出版）が近日中に出版予定なのでそれらもお役に立てるだろう。

書籍の内容の正確さには常々限界があると思っていたが、鉛筆書きによる質問やコメントで真っ黒になって帰ってきた初校ゲラにはびっくりした。出版社がどこも同じであると思っていたら大間違いである。「てにをは」や仮名遣いだけではなく、通常の学術論文の査読よりもよほど詳細かつ丁寧に本質的な事実確認がなされていた。それでもまだ間違いが残っていることと思う。お気づきの点はどうぞお知らせいただけるとありがたい。

本書は私にとって初の単著である。最初に編集者と打ち合わせをしたのは２００７年のことになる。他にも立ち消えになったり断ったりした新書や単行本の企画がいくつもあった。大学教員の本務は教育と研究であり、本を書くのは副業だ、といううしろめたさがあるためか、執筆の優先度をつい下げてしまい、教育の一環として学生と飲み、研究の一環として仲間と飲んで遊んで過ごす毎日ではなかなか形にならなかった。なぜ今回こうして出版にこぎつけることができたのか自分でも不思議極まりないが、やはり担当の今泉正俊さんの絶妙の舵取りのおかげに他ならないのだろう。

おかげで、2012年3月7日、愛媛大学で行われていた水工学講演会の懇親会の場で日野幹雄先生（東京工業大学名誉教授）から「早く本を書いて、沖君の頭の中にあるものを全部さらけ出してください」と言われた際に、「もうすぐ選書が出ます」と答えることができた。嬉しい限りである。ぐっと読みやすくなった編集・推敲も含めて、今泉氏に大いに感謝の意を表したい。

さて、初の単著と張り切ったため、予定の字数を大幅に超えて書いてしまった。かさばって高価な本は売れないので、本来であればもっと削らねばならないところ、通常よりはだいぶ厚い頁数で出版していただけるのもありがたい話である。それでも、ウォーターフットプリントの国際標準化、地球温暖化の懐疑論、適応策の重要性、将来価値などについての議論は割愛した。また、別の機会にお伝えしたい。当初は「ようこそ水文学へ」という書名も候補にあがっていたのだが、「水文学」では売れない、ということで没となった。いずれ挽回を期したい。

また、いわゆる自然科学・工学系の学術論文にはなりにくいような話題を本書では優先して取り上げたため、水文学は自然科学というよりは人文社会科学に近いと思われたかもしれないが、そういうわけではない。同様に、純粋自然科学的な研究で良い成果を残した教え子やそうした分野で活躍している先輩、同僚、後輩は本書ではまったく紹介できていない。しかし、私の学術的業績はそれらの皆さんのおかげであり、大変感謝している。

辻本哲郎先生（名古屋大学教授）、大学の同僚の村上道夫博士、田中幸夫博士（現・国際協力機構）、乃田啓吾博士、木口雅司博士、Kim Hyungjun 博士、中村晋一郎氏には本書の内容確認や図の作成などに貢献していただいた。図1－4（いろいろなモノの重さあたりの価格）の元々のアイディアは父、沖明との会話にヒントを得たものである。

最後に、初校を読んで「一般受けするように簡単に書き過ぎているんじゃないかと心配だったけれど、案外ちゃんとした内容で良かった」というコメントをくれた妻に感謝すると共に、せっかくの休みの日にも原稿を書いたり修正したりして迷惑をかけた子供たちに謝罪の気持ちを表しておきたい。

2012年5月末、今年も雨季を迎えたタイ・バンコックにて。著者。

参考文献、図表出典

まえがき

〇国際連合教育科学文化機関（ＵＮＥＳＣＯ：ユネスコ）による水文学（hydrology）の定義

International Hydrological Decade, Intergovernmental Meeting of Experts, United Nations Educational Scientific and Cultural Organization, 17 April 1964, Page5.（http://unesdoc.unesco.org/images/0015/001539/153981eb.pdf）

2.1 Hydrology is the science which deals with the waters of the earth, their occurrence, circulation and distribution on the planet, their physical and chemical properties and their interactions with the physical and biological environment, including their responses to human activity. Hydrology is a field which covers the entire history of the cycle of water on the earth.

『水文学』（Hydrology: An introduction）, Wilfried Brutsaert 著、杉田倫明訳、筑波大学水文科学研究室監訳、共立出版、２００８年

Crutzen, P. J., Geology of mankind, 2002 : Nature, Vol. 415, 23

第１章

『日本の水資源　平成23年版』、国土交通省水資源部、２０１１年

『雨の科学―雲をつかむ話』武田喬男、成山堂書店、２００５年
『気候と生命』（上・下）エム・イ・ブディコ、内嶋善兵衛・岩切敏訳、東京大学出版会、１９７３年
『生命と地球の歴史』丸山茂徳・磯崎行雄、岩波新書、１９９８年
『大河文明の誕生』安田喜憲、角川書店、２０００年
Abe, Y., and T. Matsui, 1988: Evolution of an impact-generated H_2O-CO_2 atmosphere and formation of a hot proto-ocean on Earth, *J. Atmos. Sci.*, 45, 3081-3101.
Chao, B. F., Y. H. Wu, and Y. S. Li, 2008: Impact of artificial reservoir water impoundment on global sea level, *Science*, 320, 212-214.
Dirmeyer, P.A., X. Gao, M. Zhao, Z. Guo, T. Oki, and N. Hanasaki, 2006: GSWP-2 : multimodel analysis and implications for our perception of the land surface, *Bull. Amer. Meteor. Soc.*, 87, 1381-1397.
Falkenmark, M., and J. Rockström, 2004: Balancing Water for humans and nature: The new approach in ecohydrology, Earthcan, U. K.
Gleick, P. H., and M. IWRA 1996: Basic water requirements for human activities: Meeting basic needs, *Water International*, 21, 83-92.
Hanasaki, N., T. Inuzuka, S. Kanae, and T. Oki, 2010: An estimation of global virtual water flow and sources of water withdrawal for major crops and livestock products using a global hydrological model, *J. Hydrol.*, 384, 232-244.
International Commission on Large Dams, 2003: World Register of Dams, ICOLD, Paris, France.
Inoue, T., H. Yurimoto, and Y. Kudoh, 1995: Hydrous modified spinel, $Mg_{1.75}SiH_{0.5}O_4$: A new water reservoir in the mantle transition region, *Geophys. Res. Lett.*, 22, 117-120.
石塚正秀・江種伸之「農業用水取水ルールを考慮した分布型水文流出モデルによる紀の川流出解析」

『水工学論文集』第52巻、２００８年２月、３９１～３９６.

Kim, H., P. J.-F. Yeh, T. Oki, and S. Kanae, 2009: Role of rivers in the seasonal variations of terrestrial water storage over global basins, Geophys. Res. Lett., 36, L17402.

Korzun, V.I.,(EDA) 1978: World water balance and water resources of the earth: Studies and reports in hydrology, 25, UNESCO.

Mekonnen, M. M., and A. Y. Hoekstra, 2011: The water footprint of electricity from hydropower, *Hydrol. Earth Syst. Sci. Discuss.*, 8, 8355–8372.

Matsui, T., and Y. Abe, 1986: Evolution of an impactinduced atmosphere and magma ocean on the accreting Earth, *Nature*, 319, 303–305.

Oki, T., The Global water cycle. In K. A. Browning and R. J. Gurney (Eds.). *Global Energy and Water Cycles*, Cambridge University Press, 10–27, 1999.

Oki, T., D. Entekhabi, and T.I. Harrold, 2004: The Global Water Cycle. In Sparks, R.S.J., and C.J. Hawkesworth (Eds.). *The state of the planet: Frontiers and challenges in geophysics*. Geophysical Monograph Series, 150, p.410, AGU, Washington, D. C., 225–238.

Oki, T., and S. Kanae, 2004: Virtual water trade and world water resources, *Water Science and Technology*, 49, 203–209.

Oki, T., and S. Kanae, 2006: Global hydrological cycles and world water resources, *Science*, 313(5790), 1068–1072.

Otaki , Y., M. Otaki, P. Pengchai, Y. Ohta, and T. Aramaki, 2008: Micro-components survey of residential indoor water consumption in Chiang Mai, *Drink. Water Eng. Sci.*, 1, 17–25.

Pokhrel, Y., N. Hanasaki, P. J.-F. Yeh, T. J. Yamada, S. Kanae, and T. Oki, 2012: Anthropogenic

Terrestrial Water Storage Contribution to Sea Level Change from 1951 to 2007, *Nature Geoscience*, Advanced Online Publication, Doi : 10. 1038/NGEO1476.
Ramage, C.S., 1971: *Monsoon meteorology*, Academic Press, 296pp.
Shiklomanov I.A. (ED.), 1996: Assessment of water resources and water availability in the world,
世界保健機関（ＷＨＯ）・国連児童基金（ＵＮＩＣＥＦ）、水供給と衛生に関する共同監視計画：http://www.wssinfo.org/
ミツカン 水の文化センター「第４回里川文化塾『春の小川』の流れをめぐるフィールドワーク」：http://www.mizu.gr.jp/bunkajuku/houkoku/004_20120205_haru.html
全国地球温暖化防止活動推進センター：http://www.jccca.org
国土交通省、下水道資料室：http://www.mlit.go.jp/crd/city/sewerage/data.html
総務省統計局、統計データ世界の統計、第６章 エネルギー：http://www.stat.go.jp/data/sekai/06.htm
経済産業省『エネルギー白書２０１０』第２部第１章第４節「二次エネルギーの動向」：http://www.enecho.meti.go.jp/topics/hakusho/2010energyhtml/2-1-4.html
気象庁、主な地点の平年値：http://www.data.jma.go.jp/gmd/cpd/db/monitor/nrmlist
岡部徹：視点・論点『全世界が狙う南アフリカのレアメタル』http://www.okabe.iis.u-tokyo.ac.jp/docs/071218shiten_ronten.pdf
水道産業新聞社「水の資料館　水道いろいろベスト10」：http://www.suidou.co.jp/best10.htm
Apollo 17: The Blue Marble：http://www.ehartwell.com/Apollo17/
ＭＳＮ天気予報：http://weather.jp.msn.com/
http://www.waterworks.metro.tokyo.jp/customer/life/g_jouzu.html

第2章
『水の未来—世界の川が干上がるとき　あるいは人類最大の環境問題』フレッド・ピアス著、沖大幹監修、古草秀子訳、日経BP社、2008年
『水の世界地図 第2版—刻々と変化する水と世界の問題』Maggie Black, Jannet King、沖大幹監訳、沖明訳、2010年
『BLUE GOLD—独占される水資源』モード・バーロウ、市民フォーラム2001訳、発行：市民フォーラム2001、発売：現代企画室、2000年
『「水」戦争の世紀』モード・バーロウ／トニー・クラーク、鈴木主税訳、集英社新書、2003年
『世界水ビジョン』世界水ビジョン川と水委員会（編）、山海堂、2001年
『家庭生活のライフサイクルエネルギー』㈳資源協会、1990年
犬塚俊之、新田友子、花崎直太、鼎信次郎、沖大幹、2008：「水の供給源に着目した日本における仮想的な水輸入の内訳」水工学論文集、52, 367-372.
沖大幹、2003：「地球をめぐる水と水をめぐる人々」『水をめぐる人と自然—日本と世界の現場から』、嘉田由紀子編、有斐閣選書、199-230.
沖大幹、2005：「水の管理と防災」『国土の未来—アジアの時代における国土整備プラン』、森地茂編著、日本経済新聞社、205-278.
沖大幹監訳、2006：水の世界地図、Robin Clarke・Jannet King著、沖明訳、丸善
河村愛、2003：「仮想投入水量を考慮した世界の水逼迫度の経年変化」東京大学大学院工学系研究科社会基盤学専攻、修士論文

近藤剛、２００９：工業製品の Water Life Cycle Assessment、東京大学工学部社会基盤学科、卒業論文

佐藤未希、２００３：「食料生産に必要な水資源の推定」東京大学大学院工学系研究科社会基盤学専攻、修士論文

丹治肇、１９９８：「21世紀の日本の農業用水の需要予測」『水文・水資源学会誌』11(7)、757–767.

丹治肇、２００２：「仮想水を含んだ日本の水資源評価」第6回水資源に関するシンポジウム 25–30.

花崎直太、内海信幸、山田智子、沈彦俊、Magnus Bengtsson、大瀧雅寛、鼎信次郎、沖大幹、２００７：「温暖化時の水資源影響評価のための全球統合水資源モデルの開発」『水工学論文集』51, 229–234.

平岩洋三、２００１：「ＳＤ分析による今世紀のグローバルな水資源の持続可能性」東京大学工学部社会基盤工学科、卒業論文

三宅基文、２００２：「日本を中心とした仮想水の輸出入」東京大学工学部社会基盤工学科、卒業論文.

Allan, J. A., 1996: Policy responses to the closure of water resources: Regional and Global Issues, P. Howsam and R. Carter, London, Chapman and Hall. In *Water policy: Allocation and management in practice.*

Allan, J. A., 1998: Virtual Water: A strategic resource global solution to regional deficits, *Groundwater*, 36 (4), 545–546.

Burke, M. B. E., Miguel, S. Satyanath, J. A. Dykema, and D. B. Lobell, 2009: Warming increases the risk of civil war in Africa, *Proc Natl Acad Sci USA*. 106, 20670–20674.

Chapagain, A. K., and A. Y. Hoekstra, 2003: Virtual water flows between nations in relation to trade in livestock and livestock products, Value of Water Research Report Series, No.13, UNESCO-IHE, Delft,

The Netherlands, 49-76.

Chapagain, A. K., A. Y. Hoekstra and H.H.G. Savenije, 2006: Water saving through international trade of agricultural products, *Hydrology and Earth System Sciences*, 10(3), 455-468.

Chapagain, A. K. and A. Y. Hoekstra, 2008: The global component of freshwater demand and supply: An assessment of virtual water flows between nations as a result of trade in agricultural and industrial products, *Water International*, 33(1), 19-32.

Falkenmark, M. and J. Rockström, 2004: *Balancing water for humans and nature: The New approach in ecohydrology*, Earthscan, London.

Haddadin, M. J., 2003: Exogenous water: A conduit to globalization of water resources. In Hoekstra. A.Y. (ED.), Virtual water trade: Proceedings of the international expert meeting on virtual water trade. Value of Water Research Report Series No. 12, UNESCO-IHE, Delft, The Netherlands, 159-169.

Hanasaki, N., T. Inuzuka, S. Kanae, and T. Oki, 2010: An estimation of global virtual water flow and sources of water withdrawal for major crops and livestock products using a global hydrological model, *J. Hydrol.*, 384, 232-244.

Hoekstra, A.Y., 2003: Virtual water: An introduction, Value of Water Research Report Series, No.12, UNESCO-IHE, Delft, The Netherlands, 13-23.

Hoekstra, A. Y. and A. K. Chapagain, 2008: *Globalization of water: Sharing the planet's freshwater resources*, Blackwell Publishing, Oxford, UK.

Kummu, M., P. J. Ward, H. Moel, and O. Varis, 2010: Is physical water scarcity a new phenomenon? Global assessment of water shortage over the last two millennia, *Environ. Res. Lett.*, 5, 034006.

Oki, T., Y. Agata, S. Kanae, T. Saruhashi, D. Yang, and K. Musiake, 2001: Global assessment of current

water resources using total runoff integrating pathways, *Hydrol. Sci. J.*, 46, 983-996.
Oki, T., M. Sato, A. Kawamura, M. Miyake, S. Kanae, and K. Musiake, 2003: Virtual water trade to Japan and in the world, Value of Water Research Report Series No. 12, UNESCO-IHE, Delft, The Netherlands, 221-235.
Oki, T., and S. Kanae, 2004: Virtual water trade and world water resources, *Water Science & Technology*, 49(7), 203-209.
Oki T. and S. Kanae, 2006: Global hydrological cycles and world water resources, *Science*, 313(5790), 1068-1072.
Postel, S.L., G.C. Daily, and P.R. Ehrlich, 1996: Human appropriation of renewable fresh water, *Science*, 271(5250), 785-788.
Seekell, D.A., P. D'Odorico, and M.L. Pace, 2011: Virtual water transfers unlikely to redress inequality in global water use. *Environ. Res. Lett*, 6, 024017(6 pages)
Wolf, A. T., S. B. Yoffe, and M. Giordano, 2003: International waters: identifying basins at risk, *Water Policy*, 5(1), 29-60.
Zimmer, D. and D. Renault, 2003: Virtual water in food production and global trade: Review of methodological issues and preliminary results, Value of Water Research Report Series No. 12, UNESCO-IHE, Delft, The Netherlands, 93-107.
気象庁、主な地点の平年値：
http://www.data.jma.go.jp/gmd/cpd/db/monitor/nrmlist/
Water Footprint Network：http://www.waterfootprint.org/
戦後昭和史、エンゲル係数と平均実支出：http://shouwashi.com/transition-engel%27scoefficient.html

世界水ビジョン（英文オリジナル）：http://www.worldwatercouncil.org/index.php?id = 961
世界保健機関（ＷＨＯ）・国連児童基金（ＵＮＩＣＥＦ）、水供給と衛生に関する共同監視計画：http://www.wssinfo.org/
環境省、仮想水計算機：http://www.env.go.jp/water/virtual_water/kyouzai.html
ＷＷＦ、日本のエコロジカルフットプリント：http://www.wwf.or.jp/activities/2010/08/884825.html

第３章

『星の古記録』斉藤国治、岩波新書、１９８２年
『「食料自給率」の罠　輸出が日本の農業を強くする』川島博之、朝日新聞出版、２０１０年
『水環境の気象学―地表面の水収支・熱収支』近藤純正編著、朝倉書店、１９９４年
『一般気象学　第２版』小倉義光、東京大学出版会、１９９９年
『水の文化史』アシット・ビスワス、高橋裕監訳、早川正子訳、文一総合出版、１９７９年
『水が世界を支配する』スティーブン・ソロモン、矢野真千子訳、集英社、２０１１年
『河川工学』高橋裕、東大出版会、２００８年
『日本海・過去から未来へ』日本海学推進機構編、角川学芸出版、２００８年
『ダムはムダ―水と人の歴史』フレッド・ピアス、平沢正夫訳、共同通信社、１９９５年
木口雅司、沖大幹、２０１０：「世界・日本における雨量極値記録」『水文・水資源学会誌』23(3), 231-247.
Murata F., T. Hayashi, J. Matsumoto, and H. Asada, 2007: Rainfall on the Meghalaya plateau in northeastern India: one of the rainiest places in the world, *Natural Hazards*, 42, 391-399.

Justin Sheffield, Eric F. Wood, Earthscan, 2011.『Drought: Past Problems and Future Scenarios』
T. Oki, "Global Water Cycle," Chapter 1.2 in Global Energy and Water Cycles, K. Browning and R. Gurney Eds, Cambridge University Press, 10-27, 1999.
『日本の水資源　平成23年度版』国土交通省水資源部：
http://www.mlit.go.jp/tochimizushigen/mizsei/tochimizushigen_mizsei_tk2_000002.html
『日本の水資源　平成16年度版』（1人あたりダム総貯水容量）：
http://www.mlit.go.jp/tochimizushigen/mizsei/hakusyo/h16/1.pdf
気象庁、地球環境・気候：http://www.data.kishou.go.jp/climate/
経済産業省、『エネルギー白書２０１１』第２部第１章第１節「エネルギー需給の概要」：
http://www.enecho.meti.go.jp/topics/hakusho/2011energyhtml/2-1-1.html
農林水産省「完全自給食の献立・体験報告」：
http://www.maff.go.jp/tokai/kikaku/tokaijikyu/pdf/taiken.pdf
農林水産省「平成21年度　都道府県別食料自給率について」より：
http://www.maff.go.jp/j/zyukyu/zikyu_ritu/pdf/ws.pdf
農林水産省「食料自給率とは」：http://www.maff.go.jp/j/zyukyu/zikyu_ritu/011.html
豪雨災害と防災情報を研究する disaster-i.net：http://www.disaster-i.net/
総務省統計局「男女別人口・人口増減及び人口密度（明治5年～平成21年）」：
http://www.stat.go.jp/data/chouki/zuhyou/02-01.xls

第4章

『黄河断流』福嶌義宏、昭和堂、2008年
『水を守りに、森へ：地下水の持続可能性を求めて』山田健、筑摩選書、2012年
『日本の水資源』高橋裕、東大新書、1963年
『国土の変貌と水害』高橋裕、岩波新書、1971年
『緑のダム―森林、河川、水循環、防災』蔵治光一郎・保屋野初子編、築地書館、2004年
『水の知―自然と人と社会をめぐる14の視点』東京大学「水の知」（サントリー）編、沖大幹監修、化学同人、2010年
『新しい水文学』M.J.Kirkby編、日野幹雄、榧根勇、尾田榮章・高山茂美・玉光弘明・塚本良則・山田正共訳、朝倉書店、1983年
『水文学講座11 河川水文学』高橋裕編、共立出版、1978年
『河川工学』高橋裕、東京大学出版会、2008年
『明解水理学』日野幹雄、丸善、1983年
『国土の変貌と水害』高橋裕、岩波新書、1971年
『水害―治水と水防の知恵』（改訂版）宮村忠、関東学院大学出版会、2010年
『環境リスク論―技術論からみた政策提言』中西 準子、岩波書店、1995年
Barbier, E. B., J. C. Burgess, and A. Grainger. 2010: The forest transition: Towards a more comprehensive theoretical framework, *Land Use Policy*, 27, 98–107.
大木聖子、中谷内一也、2011：「東日本大震災の巨大津波がもたらしたリスク判断への皮肉な効果」日本リスク研究学会等24回年次大会講演論文集」（Vol.24）Nov. 18–20. 2011
小森大輔、木口雅司、中村晋一郎、2012：「2011年タイ国チャオプラヤ川大洪水の実態および課題と対策」『河川』、68(1),18-25.

中村晋一郎・佐藤裕和・沖大幹、２０１２：「我国における戦後既往最大流量の特徴」『土木学会論文集』68(4),pp1453-1458.

虫明功臣・高橋裕・安藤義久、１９８１：「日本の山地河川の流況に及ぼす流域の地質の効果」『土木学会論文報告集』309, 51-62.

渡邉悟・沖大幹・太田猛彦、２００９：「木材の輸入に伴う仮想水（バーチャルウォーター）の算定」『水利科学』第53巻第05号（№３１０）、119-132.

Komatsu H., N. Tanaka, T. Kume, 2007: Do coniferous forests evaporate more water than broad-leaved forests in Japan?, *J. Hydrol.*, 336, 361-375.

Milly, P.C.D., J. Betancourt, M. Falkenmark, R.M. Hirsch, Z. W. Kundzewicz, D. P. Lettenmaier, and R. J. Stouffer, 2008: Stationarity is dead: Whither water management?, *Science*, 319(5863), 573-574.

Rudel, T.K., O.T. Coomes, E. Moran, F. Achard, A. Angelsen, J. Xu, E. Lambin, 2005: Forest transitions: Towards a global understanding of land use change, *Global Environmental Change*, 15, 25-31.

気候変動への適応推進に向けた極端現象及び災害のリスク管理に関する特別報告書（ＳＲＥＸ）：http://ipcc-wg2.gov/SREX/

『２０１１年タイ洪水関連情報』：http://hydro.iis.u-tokyo.ac.jp/Mulabo/news/2011/ThaiFlood2011.html

ＦＡＯ世界森林資源評価２０１０：http://www.fao.org/forestry/fra/fra2010/en/

第５章

『ミネラルウォーター・ショック』エリザベス・ロイト、矢羽野薫訳、河出書房新社、２０１０年

『地球の水が危ない』高橋裕、岩波新書、２００３年
『日本人が知らない巨大市場　水ビジネスに挑む―日本の技術が世界に飛び出す！』沖大幹、吉村和就、技術評論社、２００９年
『水が世界を支配する』スティーブン　ソロモン、矢野真千子訳、集英社、２０１１年
『地球変動のポリティクス―温暖化という脅威』米本昌平、弘文堂、２０１１年
『環境倫理学のすすめ』加藤尚武、丸善ライブラリー、１９９１年
『地球温暖化はどれくらい「怖い」か？　温暖化リスクの全体像を探る』江守正多、気候シナリオ「実感」プロジェクト影響未来像班、技術評論社、２０１２年
『千年持続社会　共生・循環型文明社会の創造』資源協会編集、日本地域社会研究所、２００３年
赤井朋子、２００８：地球寒冷化の影響評価、修士論文、東京大学大学院工学系研究科
三木暁子・中谷隼・平尾雅彦、２０１０：「消費者のためのライフサイクル評価による飲料水利用のシナリオ分析」『環境科学会誌』23(6), pp447-458.
Burges, S. J., 2011: Invited perspective: Why I am an optimist, *Water Resour Res.*, 47, W00H11, 14p
Gleick, P. H., 2003: Water Use, *Annu. Rev. Environ. Resour* 28, 275-314.
Hanasaki, N., T. Inuzuka, S. Kanae, and T. Oki, 2010: An estimation of global virtual water flow and sources of water withdrawal for major crops and livestock products using a global hydrological model, *J. Hydrol.*, 384, 232-244.
Kanae, S., T. Oki, and A. Kashida, 2004: Changes in Hourly Heavy Precipitation at Tokyo from 1890 to 1999. *J. Meteor. Soc. Japan*, 82(1), 241-247.
Rosenfeld D., U. Lohmann, G.B. Raga, C.D. O'Dowd, M. Kulmala, S. Fuzzi, A. Reissell, and M.O. Andreae, 2008: Flood or drought: How do aerosols affect precipitation?, *Science*, 321, 1309-1313.

Rosenfeld D., 2000: Suppression of rain and snow by urban and industrial air pollution, *Science*, 287 (5459), 1793-1796.

Utsumi, N., S. Seto, S. Kanae, E. Maeda, and T. Oki, 2011: Does higher surface temperature intensify extreme precipitation?, *Geophys. Res. Lett.*, 38, L16708, doi:10.1029/2011GL048426.

Stern Review on the Economics of Climate Change：

総務省統計局、家計調査：http://www.stat.go.jp/data/kakei/index.htm

環境省訳『気候変動に関する国際連合枠組条約』：
http://www.env.go.jp/earth/cop3/kaigi/jouyaku.html

『日本の水資源　平成23年度版』国土交通省水資源部：
http://www.mlit.go.jp/tochimizushigen/mizsei/tochimizushigen_mizsei_tk2_000002.html

内閣府大臣官房政府広報室「水に関する世論調査」（平成20年6月調査）：
http://www8.cao.go.jp/survey/h20/h20-mizu/index.html

林野庁「外国資本による森林買収に関する調査の結果について」（平成22年12月9日資料）：
http://www.rinya.maff.go.jp/j/press/keikaku/101209.html

IMF - World Economic Outlook：http://ecodb.net/country/JP/imf_gdp2.html

『コペンハーゲン合意』（外務省訳）：
http://www.mofa.go.jp/mofaj/gaiko/kankyo/kiko/cop15_decision.html

南アフリカの水と衛生 Wikipedia：
http://en.wikipedia.org/wiki/Water_supply_and_sanitation_in_South_Africa; ２０１２年１月16日アクセス

第6章

『水をめぐる人と自然―世界と日本の現場から』嘉田由紀子編、有斐閣選書、２００３年

『水が世界を支配する』スティーブン・ソロモン、矢野真千子訳、集英社、２０１１年

『都市の水循環』押田勇雄編、ソーラーシステム研究グループ著、ＮＨＫブックス、１９８２年

『稲作革命ＳＲＩ―飢餓・貧困・水不足から世界を救う』Ｊ－ＳＲＩ研究会編、日本経済新聞出版社、２０１１年

『水資源マネジメントと水環境―原理・規則・事例研究』浅野孝監訳、虫明功臣・池淵周一・山岸俊之訳、技報堂出版、２０００年

『流域一貫―森と川と人のつながりを求めて』中村太士、築地書館、１９９９年

『日本の水ビジネス』中村吉明、東洋経済新報社、２０１０年

『水ビジネスの現状と展望―水メジャーの戦略・日本としての課題』服部聡之、丸善、２０１０年

『「水の安全保障研究会」最終報告書』自由民主党特命委員会「水の安全保障研究会」、２００８年

Drechsel, P., C. A. Scott, L. Raschid-sally, M. Redwood, and A. Bahri (Eds.), 2009: *Wastewater irrigation and health: assessing and mitigation risk in low-income countries*. London: Earthscan/IDRC/IWMI.

WHO, 2006: Guidelines for the Safe Use of Wastewater, Excreta and Greywater, Volume 2: Wastewater use in agriculture, World Health Organization, Geneva.

「水分野におけるこれからの科学技術研究開発推進の方向について　中間とりまとめ」「チーム水・日本」水科学技術基本計画戦略チーム（２００９年8月24日）：http://www8.cao.go.jp/cstp/sonota/kikoutf/9kai/siryo2.pdf

外務省「水と衛生に関する拡大パートナーシップ・イニシアティブ（ＷＡＳＡＢＩ）」、（平成18年3

月）：http://www.mofa.go.jp/mofaj/gaiko/oda/bunya/archive/wasabi.html

UN-WATER：http://www.unwater.org/index.html

経済産業省「水ビジネスの国際展開に向けた課題と具体的方策（案）」、水ビジネス国際展開研究会（平成22年4月）：
http://www.meti.go.jp/committee/materials2/downloadfiles/g100412a03j.pdf

みずほコーポレート銀行、藤澤裕之「海外水ビジネスにおける日本勢の戦略方向性―後発である日本勢にとってのフォーカスポイント」：
http://www.mizuhocbk.co.jp/fin_info/industry/sangyou/pdf/mif_104.pdf

ミツカン水の文化センター、水の文化編集部「水と持続可能な開発」『水の文化30号　共生の希望』2008年：
http://www.mizu.gr.jp/images/main/kikanshi/no30/mizu30_HQ.pdf

John F. Kennedy によると伝えられている言葉
"Anyone who can solve the problems of water will be worthy of two Nobel prizes — one for peace and one for science."
（仮訳）水問題を解決できるものは誰でも平和賞と科学賞、2つのノーベル賞を受け取るに値する。

ISO	国際標準化機構
LCA	ライフサイクルアセスメント
LRTAP	長距離越境大気汚染条約
NASA	アメリカ航空宇宙局
NGO	非政府組織
PUB	IAHS 観測が少ない地域における水文予測研究計画
REDD	開発途上国における森林保全
SREX	IPCC 気候変動への適応推進に向けた極端現象及び災害のリスク管理に関する特別報告書
SRI	集約的稲作法
SS	浮遊物質
UNEP	国連環境計画
UNESCO	国連教育科学文化機関、ユネスコ
UNICEF	国連児童基金
UNFCCC	国連気候変動枠組条約
UN-WATER	国連水関連機関調整委員会
USGS	アメリカ地質調査所
VWT	Virtual Water Trade；仮想水貿易、バーチャルウォーター貿易
WASABI	水と衛生に関する拡大パートナーシップ・イニシアティブ
WFN	ウォーターフットプリントネットワーク（国際）
WFP	Water Footprint：ウォーターフットプリント
WHO	世界保健機関
WMO	世界気象機関
WTO	世界貿易機関
WWC	世界水評議会
WWDR	世界水開発報告書
WWF	世界自然保護基金

略語一覧

ADB	アジア開発銀行
AR4	(IPCC) 第4次評価報告書
BAR	流域リスク指数
BFG	ドイツ連邦水文研究所
BOD	生物化学的酸素要求量
BOP	低所得者層
CBD	生物の多様性に関する条約
COD	化学的酸素要求量
CODEX	FAO と WHO の合同食品規格 (委員会)
COP	締約国会議
CSR	企業の社会的責任
EU	欧州連合
FAO	国連食糧農業機関
FIFA	国際サッカー連盟
G8 サミット	主要8カ国首脳会議
GARP	地球大気観測計画
GDP	国内総生産
GFDL	地球流体力学研究所
GRACE	NASA の重力回復気候実験衛星
GRDC	世界流量データセンター
GTS	全球通信システム
GWP	グローバル水パートナーシップ
IAHS	国際水文科学会
ICHARM	水災害・リスクマネジメント国際センター
ICSU	国際科学会議
IHD	国際水文学10年計画
IHE	(ユネスコ) 国際水文教育機関
IPBES	生物多様性及び生態系サービスに関する政府間科学政策プラットフォーム
IPCC	気候変動に関する政府間パネル
iPS 細胞	人工多能性幹細胞
IRR	内部収益率

索　引（五十音順）

新潮選書

水《みず》危《き》機《き》　ほんとうの話《はなし》

著　者………………沖《おき》 大幹《たいかん》

発　行………………2012年6月20日
2　刷………………2012年9月20日

発行者………………佐藤隆信
発行所………………株式会社新潮社
〒162-8711 東京都新宿区矢来町71
電話　編集部 03-3266-5411
読者係 03-3266-5111
http://www.shinchosha.co.jp
印刷所………………錦明印刷株式会社
製本所………………大口製本印刷株式会社

ISBN978-4-10-603711-5 C0351